心理学研究方法

Psychological Research Methods

（第二版）

蒋怀滨　张　斌◎主编

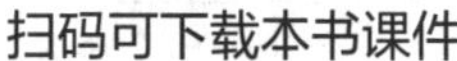

厦门大学出版社
XIAMEN UNIVERSITY PRESS
国家一级出版社
全国百佳图书出版单位

图书在版编目（CIP）数据

心理学研究方法 / 蒋怀滨，张斌主编. -- 2 版.
厦门 ：厦门大学出版社，2025. 8. -- ISBN 978-7-5615-7257-3

Ⅰ. B841

中国国家版本馆 CIP 数据核字第 2025ZU7474 号

责任编辑 宋杨萍
美术编辑 李夏凌
技术编辑 朱 楷

出版发行 厦门大学出版社
社 址 厦门市软件园二期望海路 39 号
邮政编码 361008
总 机 0592-2181111 0592-2181406(传真)
营销中心 0592-2184458 0592-2181365
网 址 http://www.xmupress.com
邮 箱 xmup@xmupress.com
印 刷 厦门金凯龙包装科技有限公司

开本 787 mm×1 092 mm 1/16
印张 17.25
字数 365 千字
版次 2019 年 8 月第 1 版 2025 年 8 月第 2 版
印次 2025 年 8 月第 1 次印刷
定价 58.00 元

本书如有印装质量问题请直接寄承印厂调换

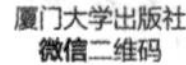

编 者 名 单

主　编： 蒋怀滨（福建技术师范学院）
张　斌（湖南中医药大学）

副主编： 申寻兵（江西中医药大学）
黎志华（湖南农业大学）
任艳娜（贵州中医药大学）
刘成伟（湖南科技大学）
蒋艳华（衡阳师范学院）
熊思成（湖南中医药大学）
赵小云（淮北师范大学）
毛惠梨（长沙学院）
陈妮娅（福建技术师范学院）
卢永兰（福建龙岩学院）

前　言

中小学教育以接受学习为主，而在大学时期，学生除接受现有知识之外，更需要进行自主发现学习，这就要求大学生掌握探索真理的方法，即掌握科学的研究方法。因此，大学时期科学研究方法的学习和训练尤为必要。作为系统教授应用心理学的本科专业核心课程，"心理学研究方法"主要讲授心理学研究方法的基本原理及其在科学研究与实践领域中的应用，引导学生熟练掌握心理学研究设计的类型、常见研究方法以及研究资料的处理与分析，系统了解调研报告的撰写规范。

结合众多应用型本科高校心理学专业特点和人才培养要求，秉承"以应用为前提，研究设计为主线，培养学生的创新实践性研究能力为着力点"的编写理念，《心理学研究方法》这本教材力求达到科学性与实用性的有机统一，真正做到"变原理为应用"，为应用型本科院校专业学生提供心理学研究的实践指南。本教材在编写上遵循以下原则：

(1)系统性

教材内容按照研究过程的顺序展开。在第一章中对心理学研究方法做了简要概述后，研究过程主线依次介绍了课题选择、文献资料检索与综述、方案设计、研究方法选择、资料收集与分析、结果推论与理论建构以及研究报告撰写。内容循序渐进，思路清晰，逻辑明确，有利于学生建构心理学研究过程的完整体系。同时，内容的难度由浅入深、层层递进。在安排本书内容时先从简单的部分入手，在学生基本掌握研究过程、方法与研究结果之后，再导入相对复杂的方法、理论建构等内容，使学生能够步步深入、扎实形成课程的认知结构。

(2)操作性

在篇幅的安排上着力介绍心理学研究的各种类型以及研究过程的具体环节，而一般原理只占少量的篇幅；在介绍每种方法时，不仅说明各种方法的适用条件和优缺点，而且详尽地提供各种方法设计步骤和实施程序。在具体方法上，各章均安排了综合实践任务：要求学生跟着研究方法教学进程，经历研究每个环节，实际完成一项研究，写出研究报告。这既促进学生对方法的理解，又增强对研究、对生活的敏锐洞察力与思考力，进而促进其提高综合实践能力。

(3)实用性

在教材内容编排上,除基本内容外,每章起始均设置导读,帮助学生从宏观角度把握本章内容;章节表述中不时穿插应用范例,以生动具体的案例指引学生将原理应用于研究实践;对重要概念或术语均附有英文对照,方便读者学习时进行参考;章末附带“思考与练习”模块,要求学生根据题目中的问题情境进行相关方法的研究设计,经历研究的每个环节,以任务学习强化并巩固相关原理的掌握;“拓展阅读”模块帮助学生了解重要原理和方法的发展趋势,使其掌握相关方法的新动向和新应用。

(4)前沿性

本教材把握心理学研究方法发展的新成果、新特点,如实验法中效应量的概念和功能、测验法中关系模型的构建、观察法中编码系统、研究结果分析中的元分析使用等;介绍心理学研究借鉴的其他学科方法,包括社会学中的扎根理论、现场研究,计算机科学中的大数据技术,神经科学中的脑电技术以及行为研究中的眼动技术等。

(5)数字化

在教育信息化推动下,本教材实现了纸质版内容的数字化。一方面,灵活运用二维码,将大量的应用范例资源以二维码形式呈现,大大延伸纸质教材的空间;另一方面,配套了丰富的数字资源,如ppt、教学大纲、其他应用范例等,大大方便了教师的教学与学生的学习。

本书部分内容所附网址有效时间以正式出版时间为准。同时,书中所附的应用范例主要来源于编写组和同行有关研究成果,为便于融合本课程教学,特做了删改处理并在参考文献部分注明出处。相关成果只作为教学范例,在此对有关同行表示感谢。为遵循国内图书出版规范,本书每章后的参考文献统一采用国标格式。由于时间仓促及主编和参编人员水平有限,希望读者在学习过程中批评指教。

目 录

第一章　心理学研究方法概述

本章导读

心理学是一门科学，具有所有科学共有的科学本质。心理学又是一门研究“人”的科学，与其他传统科学研究亦有所不同，这些不同集中表现在心理学主要研究对象——人的种种特殊性上。因此，本章开篇便介绍了心理学研究的科学本质及特殊性，旨在帮助读者正确认识心理科学及其在整个科学研究中的位置。与其他任何学科一样，心理学研究水平直接取决于其研究方法，而研究方法又受研究者持有的一般方法论和科学技术水平的制约。因此，本章随后介绍了心理学的一般方法论和具体研究方法以及心理学研究方法的新趋势，能帮助读者一窥心理学研究方法全貌，全面认识心理学研究方法体系。

第一节　心理学研究的科学本质

科学的本质是什么呢？

美国科学促进会（American Association for the Advancement of Science，AAAS）将科学本质分作三个方面进行阐述，其观点如下：①科学世界观（scientific conception of the world）。自然界存在某种规律；科学知识不断发展变化，接近自然规律，但科学无法解决所有问题。②科学探究（scientific inquiry）。科学常常是逻辑和想象相结合的产物，亦需实证支持；科学家致力于验证理论、减少误差，使科学有解释和预测的作用。③科学事业（scientific enter prise）。科学应组织成系统的学科知识并在各种公共机构中进行传播；科学研究必须考虑伦理原则。

继 AAAS 之后，《美国国家科学教育标准》（*National Science Education Standards*，NSES）也从三个方面阐述了科学本质：①科学家通过观察、实验、建构理论模型来解释自然。②在一些新兴领域，常常由于缺乏权威理论而使多种不同甚至矛盾的解释并存，这是正常现象。③评价科学观察、实验、理论模型和科学家的解释是科学探究的一部分；各种文化和社会都会对科学知识做出贡献；科学知识是不断发展变化的，它只是暂时建立在已有知识的基础上。

参照 AAAS 和 NSES 对科学本质的定义，结合心理学的特征、原则，可从心理学研究的科学要求（知识继承、创新）、科学逻辑（观察、归纳、演绎）、科学目的（描述、解释、预测和控制）以及科学规范（伦理性、信效度）四个方面对心理学的科学本质进行阐释。

一、心理学研究的科学要求

（一）心理学研究中的知识传承和创新

所有现代科学研究都需要借鉴前人的相关研究。新兴学科也是在继承其他学科知识的基础上产生的，如人机交互设计就是心理科学和计算机科学相结合的产物。唯有继承前人科学观点，才能减少做进一步观察、实验和推论时的错误。可以说，离开了前人的研究，就难以产生有价值的新科学研究，这是现代科学研究的一大特点。

心理学研究也需要“站在巨人的肩膀上”，即心理学研究者总是要学习、借鉴前人的观点、理论、方法或材料等。在研究之初，心理学研究者会大量引用前人的观点、理论，指出前人研究的不足，并根据这些不足创造性地提出自己的新假设，进一步揭示心理现象的发生、发展规律。可见，在心理学研究中，知识传承是前提，能否根据事实创新性地提出新假设是关键。

（二）心理学研究中的操作性定义和误差控制

1923 年，美国物理学家 P. W. Bridgman 首次提出操作性定义（operational definition），即一个概念的真正定义只能用实际操作而非属性来给出，一个领域的“内容”只能根据作为方法的一整套有序操作来定义。Bridgman 认为科学的名词或概念要避免模糊不清，就应以“测量它的操作方法”来界定。例如，在物理学科中“1 克”的质量为测量 1 立方厘米纯水在 4 摄氏度时的质量。

为心理学领域的抽象定义拟定合适、有价值的具体指标是心理学研究客观、可靠的关键。例如，“挫折感”的抽象定义为“在追求某一目标的过程中遇到障碍时所产生的失望、压抑、苦闷等情绪感觉或反应”。因为不具体，研究者在科学研究中很难根据这一定义直接测量“挫折感”。此时研究者需要把这一抽象定义放到某一具体情景中加以规定。如幼儿正在玩一个他十分喜爱的玩具时，研究人员突然禁止他继续玩，此时幼儿的情绪感觉就是挫折感，其后续行为就是挫折感的反应。这样，抽象性定义就转变成了操作性定义,研究挫折感对其他心理现象或行为的影响就成为可能。

误差是测量值(包括直接测量值和间接测量值)与真值(客观存在的准确值)之差。科学研究十分强调误差控制,对误差控制不当会妨碍研究者获取真实结果,甚至可能得到完全相反的错误结果。实验心理学、心理测量学的研究也十分重视误差控制,包括对实验仪器的检查、是否严格按照实验步骤进行、实验结果是否具有可重复性、实验者是否经过专业培训、实验指导语是否标准化、测验时间安排是否合理、测验环境是否良好等。即使是控制条件相对宽松的个案研究,研究者也有一套相对规范的执行框架来减少误差干扰。

(三)心理学研究的可证伪性

可证伪性(falsifiability)指从一个理论推导出来的结论(解释、预测)在逻辑上或原则上有可能与一个或一组观察陈述发生冲突或抵触。著名科学哲学家 Karl Popper 在《猜想与反驳》中提出"所有科学命题都要有可证伪性,不可证伪的理论不能成为科学理论"。根据这一论点,星座性格论可谓是典型的伪科学。因为星座性格论的观点往往是一些人皆有之的性格描述,让人无法否定。比如金牛座的人会在对话中不知不觉地把自己的想法强行灌输给别人。除非所有金牛座都存在该特征,不存在相应特征的都不是金牛座,星座性格论才具备可证伪性。显然,事实并非如此,金牛座的人也可能人云亦云。

可证伪性包含两个方面。第一,科学理论的表达一般为全称判断,具备被否定的可能。比如,"所有的羊都是白的"这一论断,仅靠再多的白羊也不能证实,而只要一只黑羊就能证明该论断错误。第二,证伪主义认为各种科学理论都只是猜测和假说,不一定会被永远证实,却随时可能被证伪。比如意大利科学家企图通过中微子超光速运动来证伪爱因斯坦相对论中光速是速度极限的观点,这在物理学界引起了人们对中微子运动的研究热情。显然,从这个例子中可以看到科学家"科学可证伪"的思想。

在心理学研究中,研究者如果发现了前人研究的错误,可以用实验进行验证,甚至可以礼貌地请求其提供当时的实验数据。当然,如果研究受到质疑,研究者也可以提供新的证据对这些质疑进行反驳,换言之,这些质疑也是可证伪的。

(四)心理学研究的开放性

科学研究反对闭门造车,心理学研究同其他科学研究一样强调开放性的交流和合作。跨文化心理学(产生于 20 世纪 60 年代)就是个典型例子。跨文化心理学在两种以上文化资料的基础上,研究不同文化背景下人类心理的共同性、差异性,以及社会文化特点对心理产生的影响。比如,一项对"自我"的研究就是由我国研究者与国际学者合作完成的。这项研究要求中国被试和美国被试判断一系列人格形容词用于形容自己、母亲或他人时是否恰当。对比这两组被试的 fMRI 数据发现，在判断自我时，中国被试与美国被试的腹内侧前额叶皮层与扣带回都被明显激活，也就是说中美被试关于自我的认知可能都定位在相同的脑区。另外，中国被试的自我与母亲的激活程度没有差异，而美国被试在自我与母亲的激活程度有显著差异。综合上述结果可推测：在神经机制上，中国人的自我与母亲是联系在一起并与他人区别开的，而美国人则将自我独立出来。当然，这一推测还需后续进一步研究证实，这就为后来研究者提供了方向。

除了国际性合作，心理学研究的开放性也体现在数据开放方面。科学研究中，公开数据是为了得到科学界的监控，从而提高科学自身的纠错能力，改善科学的重复性。心理学研究领域的 *Psychological Science* 杂志鼓励研究者进行数据开放并提供支持：如果作者愿意，该杂志便为其文章贴上"公开数据"的标签，清楚地告诉读者这些数据在哪里可以找到。据报道，从 2013 年到 2025 年贴有"公开数据"标签的文章由 10％增加到 72％。

国内心理学者也开展了相关的尝试：中国科学院心理研究所研究员刘勋正在加紧建设一个用于数据共享的网络服务器平台，用户可以在该平台上共享大规模行为数据和脑成像数据。此举旨在推动心理学实验任务的标准化。

二、心理学研究的科学逻辑

（一）观察

所有科学都建立在客观事实的基础之上。心理学和物理、生物等自然学科的思维逻辑是一样的，即它们认为客观观察是科学研究的重要部分。

然而，如果没有内在思考，单凭外在观察可以获得事物的规律吗？若答案是肯定的，那就意味着研究者只需要花费大量或长时间的观察，就可以"穷究天下之理"了。中国从宋朝开始就有一段类似的学术思想——"格物致知"，即通过大量对事物"理"的外在观察而得出对万事万物的正确认知。明朝哲学家王阳明决心验证这个观点：他选取了自己屋子窗前的一个竹竿子，希望通过对它的长时间观察领悟出一些关于竹子的真理。坚持七天后，他累得病倒了，也没有得出什么新的观点。王阳明因而顿悟，事物规律的获得并不是通过简单的外部观察就可以达成的，应该注重内在的思考。因此他认为当人们产生意念活动的时候，会把这种意念加在事物上，这种意念就有了善恶的差别，即事物本身没有善恶，而是人的内心对事物存有善恶观念，由此展开了"心学"的学术脉络研究。显然，从观察到认识事物规律之间还有一条很长的路要走，这条路就是内在的理性思考。

（二）归纳

前面提到观察的缺点，因而研究者开始借鉴理性主义思想，即相信人内心的理性推理可以作为知识的来源。那么人要如何在观察的基础上进行思考得出事物规律呢？下面介绍心理学研究中一种重要的理性推理方法——归纳法。

归纳法（inductive method）指根据一系列具体的事实概括出真理的方法，即概括解释事物的现象。简单来说就是大量观察事物并做出规律性的总结。比如，三角形三个角之和为 180°这个假设，是在大量观察后进行归纳总结得出的。再比如，太阳东升西落这种简单的自然现象，是在长年观察后进行归纳总结确定的。

心理学研究中常见的归纳方法是个案研究，即对某一特定个体、单位、现象或主题的研究。这些对象往往比较特殊，难以在实验室进行研究。现实生活中，研究者很难邀请到多个患有恐惧症的孩子或婴儿来到实验室进行实验研究，因为他们的语言理解能力差，而且行为是难以被控制的，这时就适合进行个案观察和总结。比如，Sigmund Freud 研究小汉斯个案发现，小汉斯三岁时会询问母亲有没有“小东西”（男性生殖器），由此得出了这个年龄阶段的孩子可能还没有性别意识的假设。Jean Piaget 长期观察他的孩子从婴儿时期以来的行为，总结出发生认识论。

除了对一些问题个案进行观察研究，近来流行的积极心理学取向研究中，也经常对一些特殊的“成功者”个案进行归纳。比如，国内学者王进想要了解运动员退役过程中的心理活动变化如何影响其成功再就业，探索我国运动员在退役过程中为什么有的运动员能够顺利退役，重新开创新事业，而有的运动员却不能。他采用综合个案研究设计，选取 4 个成功和 4 个失败个案，通过访谈、文献和语言分析技术，对 8 个运动员在退役过程中的意识和行为进行剖析。结果发现运动员在退役过程中，主要在心理状态、退役意识、退役计划、自我调节、社会支持和生活满意度 6 个方面表现出区别，反映出退役适应性运动员与退役性运动员之间的不同特征。退役适应性运动员通常有良好的退役意识，主动计划选择退役后的事业发展；退役性运动员则表现出对退役问题消极回避的应对行为。

可是，归纳法就这么完美无瑕吗？先看下面《列子・汤问》中的两小儿辩日故事，一个孩子观察发现日出时太阳大如车盖，日中则小若盘盂，根据近大远小原理可推测日出时近，日中时远。另一个孩子发现日出时天气凉爽，日中时炎热，所以根据近热远凉的原理假设日出时远，日中时近。两个孩子依据的原理都是没有问题的，结果却是矛盾的。为何基于相同事物的观察会出现这种矛盾结果？哪种推断才是对的呢？

由近代天文学研究可知，地球的自转使得地表某处在正午时受日光直射，而垂直距离最短，所以此时太阳与该地距离最近。夜晚时该地背离太阳，离得最远。单从事实结论来看，第二个小孩是正确的，第一个小孩是错误的。然而，近大远小原理是没有错的，为何会得出错误的结论？这是因为人的视觉处理有特定的机制，第一个小孩的观察是一种“月亮错觉”，即地平面附近的天体看起来比天顶的大。根据视物显小理论（convergence micropsia），对于远处的，特别是前面有障碍物遮挡的（例如太阳被山、房子等遮挡时）物体，视觉会有一种补偿机制让它显得较大。可见，单单使用归纳法是会犯错的。因为归纳和观察一脉相承，只要是观察就会受到人类视觉局限的影响，所以有必要在研究前对一些视错觉进行了解。

（三）演绎

用归纳可以得出一些结论，而这些结论可能会因研究者个人局限、研究条件控制不当等因素导致错误，那该怎么验证其正确性呢？归纳是从特殊事实到一般结论的推理过程，要验证这个一般结论是否正确，就要看这个结论是否可以从一般到特殊进行演绎推理。演绎推理（deductive reasoning）指人们以一定的反映客观规律的理论认识为依据，从遵从该认识的已知部分推知事物的未知部分思维方法，是由一般到特殊的认识方法。

演绎的具体方法有以下三种：

（1）前提法。以一些资料或现象作为前提进行演绎推理，得出一个或多个假设。这是心理学研究的一般思路。比如积极心理学研究得出共情促进利他行为，而网络利他行为是利他行为的重要表现形式。基于此，可以推断感恩同样能够促进个体的网络利他行为。

（2）类比法。该方法通常运用在对理论的解释中，比如分析心理学中的曼荼罗概念。曼荼罗原本是佛教用语，象征着宇宙是对称、统一、整体化的结构。分析心理学创立者 Carl Jung 发现很多佛教的信徒都借助曼荼罗进行冥想以达到内心的平静，因此他把人整合内心杂乱思绪使之平和如初的力量比喻成曼荼罗。他认为曼荼罗是深藏在人类心理中的原型意象，具有自发地调整心理混乱、恢复心理平衡和秩序的功能。再比如，生物学中的反刍概念是指有关动物进食经过一段时间以后将半消化的食物从胃里返回嘴里再次咀嚼。心理健康研究者引入此概念形象地解释个体负性思维特点，表现为某些个体对负性情绪本身及其可能产生原因和后果的反复思考。

（3）矛盾解释法。如果有两种相互矛盾的一般结论或观点，研究者就会尝试整合这两种结论或观点，说明这两个结论或观点是可以并存的，只是各自产生的条件不同。比如关于错失焦虑与大学生被动性社交网站使用的关系，先前研究的观点主要有两类。一种观点认为错失焦虑是被动性社交网站使用的原因，错失焦虑水平较高的个体为了满足内心了解周围动态的心理需求，缓和内心的焦虑感，会更频繁地浏览社交网站上的信息，致使被动性社交网站使用水平较高。另一类观点则认为，被动性社交网站使用是错失焦虑的原因，社交网站上呈现的信息往往具有新奇性、夸张性和修饰性，个体频繁地浏览此类信息会增加与上行社会比较的可能性，会让用户产生一种错误的认知，即朋友的社交关系比自己的生活更幸福、更令人向往，因而会使个体产生怅然若失之感，错失焦虑水平进一步增加。之后，有研究者运用交叉滞后设计，采用错失焦虑量表和被动性社交网站使用量表对大学生群体进行间隔 8 个月的两阶段纵向调查，结果发现错失焦虑与被动性社交网站使用存在交互影响。即错失焦虑与被动性社交网站使用在 8 个月内能够互相预测，存在强化螺旋效应。由于社交网站上暴露的大量信息能够满足个体了解外部动态的心理需求，因而错失焦虑水平较高的个体倾向于频繁地浏览和监控社交平台上他人发布的即时性信息，在该过程中个体由于知晓了大量未参与的事情或活动，进一步强化其错失了情境或信息的信念，因此错失焦虑水平会进一步加剧。

演绎是心理学研究逻辑的重要体现。在心理学研究中，对一个具体问题提出假设时，要提供一个理论支持这个假设，如婴儿期的依恋关系能预测日后的精神疾病这一问题，可以从依恋理论来着手。若一项新研究还没有相关理论来提供支持，也可以将研究结果作为基础创建一个新理论或对旧的相关理论进行扩展或质疑，这也是在心理学研究中进行演绎的价值所在。Michael Rutter 于 1972 年所做的研究就是对 John Bowlby 母爱剥夺理论的拓展。他通过研究发现，母爱剥夺并不仅仅像字面上一样单指分离经历，而是包含两个方面：缺乏（即在亲子关系中缺乏活力）和剥夺（分离经历造成其失去被爱的权利）。依据以往对母爱剥夺理论的理解，要给孩子一个良好的童年，只需要不给他造成分离经历就可以了（父母可能因此恨不得每时每刻出现在婴儿身边，不愿意或拒绝给孩子自由的空间），而 Michael Rutter 认为只有少数亲子问题是由母婴分离造成的，比如父母几乎没有花时间在孩子身上，而是把孩子交给爷爷奶奶、亲戚或者保姆。事实上，母婴关系中某种成分的缺乏才是大多数亲子问题的关键。这种成分包括爱、持久的关系的发展、稳定而没有破裂的关系和积极的相互作用。Michael Rutter 的深入研究拓展了母爱剥夺理论。

然而在科学研究中，使用演绎法也有犯错的可能。演绎推理得到的结论往往和整个推理过程的假设一脉相承。如果假设存在缺陷，即使演绎的过程没有错误，得出的结论也会存在缺陷。比如下面的例子：所有的哈士奇都是狗（大前提）。旺仔是哈士奇（小前提）。因此，旺仔是狗（结论）。这里，结论是通过对前提假设的演绎得出的。然而，再看看下面的例子：所有的哈士奇都能怀孕。旺仔是哈士奇。因此，旺仔能怀孕。从逻辑上说，第二个例子得出的这个结论毫无破绽。但若例中旺仔是一只雄性哈士奇，最后结论就十分荒谬了。因此，如果在进行演绎推理时出现了错误，一方面要检验演绎推理的步骤是否成立，另一方面还应该思考各个前提是否成立。

（四）假设检验

以归纳法和演绎法提出的假设，还需使用假设检验法决定理论真伪。检验假设

时，研究者使用的三种基本方法是证实法、证伪法和鉴定法。以下依次介绍这三种常用的假设检验法。

1.证实法

证实法(validation)指研究者努力收集支持或者验证一个假设的证据。研究者常选用证实法来探索某新理论是否符合现实。在这种情况下，研究者会有意识地选择检验某种数据，甚至使用有利于支持他们理论或者假设的实验室情境。

对于注意选择过程，Broadbent 提出了知觉选择模型，也称为过滤器理论，该模型指出神经系统加工信息的容量是有限的，不可能对所有的感觉刺激进行加工。当信息通过各种感觉通道进入神经系统时，要先经过一个过滤机制。过滤器对信息进行筛选，只选择较少的信息进入高级分析，其他信息被完全阻断在外。过滤器的工作方式是“全或无”的。Broadbent 利用双耳分听实验尝试证明这一理论模型，并得到肯定的结果。实验过程中让被试的两耳同时分别听两组不同的声音材料，要求被试只注意来自一只耳朵(追随耳)的声音信息，而忽略另一只耳朵(非追随耳)所听到的信息。刺激呈现结束后，让被试报告刚才听到的信息，结果表明被试能很好地再现追随耳的信息，无法报告非追随耳听到的信息。

2.证伪法

证伪法(falsification)指研究者试图搜集证据以便证伪或者推翻已有假设的方法。经得住证伪法的理论或者假设其实更好地说明了该理论或者假设的有效性。像大多数学科一样，心理学也有互相竞争理论共同发展的良好传统。因而，来自不同“阵营”的研究者常常努力证实他们自己的理论，同时尝试证伪来自相反“阵营”的理论。

Deutsch 不认同早期注意选择模型的结论，重新提出反应选择模型，用以解释注意选择的发生机制。相应模型假设注意发生在知觉判断之后，反应之前。中枢的分析结构可以识别一切输入，几个输入通道的信息均可进入高级分析水平，得到全部的知觉加工。输出是按信息重要性来安排的，对重要的信息才会做出反应，如果有更重要的信息出现就会挤掉原来重要的东西，改变重要性排序，从而做出另外的反应。这种重要性的安排依赖于长期的个人倾向、上下文、指导语等。Deutsch 实验过程中给被试左右耳同时呈现刺激并要求被试注意双耳，但要对左、右耳听到的靶子词分别做出反应。结果显示被试双耳的反应正确率十分接近，且都达到 59%～68%。这说明注意选择既不是单通道的也没有哪个耳朵的信号被衰减，从而反驳了早期注意选择模型。

3.鉴定法

鉴定法(qualification)是检验假设的第三种方法。在这种方法中,研究者试图鉴定一个理论或假设为真或伪的限制条件。在很多情况下,通过规范每个理论为真的条件,两个明显矛盾的理论就得以整合。为调解注意选择模型和反应选择模型的对立,Lavie创造性地提出了知觉负载模型。该模型假设,当前任务对注意资源的耗用程度决定了与任务无关的干扰刺激得到多少加工。在低知觉负载下,注意资源自动溢出去加工干扰刺激(晚选择),支持知觉反应模型;而在高知觉负载下,注意资源被当前任务耗尽而无法加工干扰刺激(早选择),支持知觉选择模型。Lavie的知觉负载假设解决了选择性注意研究的早选择(知觉选择)和晚选择(反应选择)模型之争,也得到了多项实验结果的证实。有研究者采取视觉双字词追随任务,考察了知觉负载和视野类型对词汇再认准确率的影响。分别使用6个和2个生活中常见的汉语双字词代表信息负载水平(6个为高,2个为低),每个词分布视野左侧和右侧,每行同时呈现一个词。让被试在实验中注意右侧视野或左侧视野(追随视野),每个实验试次刺激呈现后,让被试进行词语再认测试。结果显示在高信息负载下追随视野与非追随视野的有意识提取的正确率具有显著差别,并且视野间有意识提取与自动提取之和的正确率也具有显著差别,注意的选择符合知觉选择。在低信息负载下追随视野与非追随视野的有意识提取的正确率无显著差别,二者有意识提取与自动提取之和的正确率也无显著差别,注意的选择符合反应选择。

(五)理论建构

心理学与现代科学一样,都以决定论作为指导思想。决定论相信宇宙万物的运动都遵循一定的规律。因此,心理学研究者相信人的心理活动也是有规律的,并且试图把这种规律用语言表达出来,这就是理论建构。理论建构是心理学研究中至关重要的一环。心理学理论的建构主要有两种方式:归纳理论方式和演绎理论方式。下面简要介绍这两类理论的特点及建构方式。

1.归纳理论的建构

归纳理论建构遵循归纳法的思想,即从特殊到一般的思想。具体做法为:通过大量的观测得到许多直接经验,对这些繁多的经验由繁到简、去伪存真地进行归纳,得出归纳理论。

下面以变革型领导理论的研究来说明归纳理论建构。继领导权变理论后,国外出现了一种变革型领导理论,这种理论将关注焦点重新转移到领导者身上。西方研究者提出,变革型领导是领导者通过让员工意识到所承担任务的重要意义和责任,激

发下属的高层次需要或扩展下属的需要和愿望，使下属认为团队、组织和更大的政治利益超越个人利益。变革型领导行为的方式概括为四个方面，即理想化影响力(idealized influence)、鼓舞性激励(inspirational motivation)、智力激发(intellectual stimulation)、个性化关怀(individualized consideration)。但是，李超平等人发现针对我国被试的测量并没有体现以上四个方面。于是他们利用归纳理论建构的思想对我国背景下变革型领导理论的结构展开了研究：

步骤一，把变革型领导理论的定义呈现给被试(员工)，要求其写出5～6条领导表现出的变革型行为特征。

步骤二，两名组织行为学专家和3名研究生对被试的描述进行归纳整理并对被试的描述是否符合变革型领导的概念进行评判。具体的归纳过程是根据描述的类似性，通过多轮讨论将其概括成几类特征，最后发现了榜样示范、奉献精神、品德高尚、领导魅力、愿景激励、智能激发、个性化关怀、寄予厚望8类特征。

步骤三，如果步骤二发现归纳合理，那么召集专家进行问卷编制，收集两轮样本，样本一通过探索性因素分析来对8类特征进行统计学归纳(得出多个可能模型)，之后根据探索性因素分析归纳出的特征对样本二进行验证性因素分析(拟合多个模型的数据)，通过比较多个模型的数据指标得出最佳模型。

最终，研究发现变革型领导的四因子模型最为合理，包括领导魅力、愿景激励、智能激发和个性化关怀。

2.演绎理论的建构

建构演绎理论与建构归纳理论的方法相反，遵循从一般到特殊的思路。

建构演绎理论的一般步骤包括：①选择研究课题，并确定一般性理论的应用范围；②确定研究的变量并使之具有可操作性；③收集和分析有关变量之间关系的命题；④从命题出发进行逻辑推理，得出演绎理论。

Hull就是通过演绎建构其“学习理论”的。Hull认为，虽然很多理论是通过大量的观察总结(归纳理论建构)获得的，但是通过演绎的方法也可以有所收获。他认为用数学公式来表示理论更有利于建立理论中各变量之间的关系，使演绎得出的理论更有效、更有实用价值。Hull学习理论的核心观点是，学习的本质在于降低内驱力(内在需求)。为了说明这个理论，他引进了几个相关变量。其一是习惯强度(habit strength)，即习惯反应的力量。Hull指出，习惯强度的形成除受强化制约外，也受刺激与反应之间是否在时间上接近影响(原始刺激后立即做出的反应才可能被之后的刺激强化，形成刺激—反应的神经联结)。另一个是诱因动机(incentive motivation)，是对行为反应的强化刺激。基于此，Hull提出了一个公式来说明内驱力如何影响学习：Ser(学习反应潜能)$=K$(诱因动机)$\times D$(内驱力)$\times H$(习惯强度)。在心理学研究中，归纳与演绎的理论构建方式常常是结合在一起的。研究者可以归纳出理论，也可以演绎出理论，这并不是矛盾的，两种方式得出的理论没有明显的好坏之分，它们都需要经历实践的检验。

三、心理学研究的科学目的

德国社会学家 Max Weber 提出了“工具理性”(instrumental rationality)的概念：通过实践的途径确认工具(手段)的有用性，从而追求事物的最大功效，为人的某种功利需求服务。此后的学术界，特别是自然科学领域由此发展出了“描述、解释、预测、控制”的四维目的性价值观。确认手段的有用性需要对研究的手段进行描述并解释，就好比写说明书；然后通过说明书可以使用这个手段(工具)，并能在头脑中预判接下来发生的事件(产生什么结果)；最后根据学科的不同目的实现对某个对象(人的心理、行为或其他自然界事物)的控制。迄今为止，大多数学科的研究仍然在沿用这些目的的全部或几个，一些自然学科至少使用了前三个目的，比如浏览器公司的研究人员利用互联网技术搜集、存储、检索、分析、评估上网者浏览信息的类型来预测个人的喜好，并给不同人推送不同的新闻和广告，以期达到使人们高频率使用浏览器的商业目的。

心理学虽然以实现人类幸福的终极目的为己任，但终极目的需要以工具性目的为前提。在这一过程中，描述、解释、预测及控制这四个目的缺一不可。比如在情感访谈类节目中，一位专家对某青少年来访者情绪易激动、打架、退学行为等问题进行分析，通过一步一步的询问，最后总结是由来访者童年缺少安全感导致的，来访者也表示赞同。然而对于来访者而言，知道这一切的原因就能做出改变吗？专家只做到描述来访者症状并给出合理解释，来访者或许能获得短暂的心安，但若不久后碰到类似事件，比如老师不信任、家长不关心，这可能使得来访者再次出现心理与行为问题。因此对心理异常的结果进行预测并提出干预方案也很重要，比如专家可以通过来访者的陈述、来访者家长与来访者的沟通方式预测到家庭沟通方式可能对来访者症状造成不利影响，并针对这一问题进行家庭角色互换治疗来提升家长和孩子的沟通能力，从而改善来访者的心理与行为问题。

总之，从研究目的角度来看，一项严格的科学心理学研究并非停留在描述解释阶段的“软科学”，而是一门具备四维目的的“硬科学”。

四、心理学研究的科学规范

(一)实事求是

实事求是原则，也就是客观性的原则。规律是客观的，研究者需要在尊重证据的前提下坚持正确观点。对规律的探求应该做到实事求是，这是一切科学研究的基本要求——求真务实。然而,心理学研究是一个主体与客体相互作用的过程,容易产生主观化的错误。例如,功利心会促使极少数研究者违背心理学研究规范,篡改数据;即便有务实的研究态度,研究者由于过度期望实验成功表现出的态度或行为也很容易使研究受到影响,或者研究者只挑选了需要的信息,舍弃一些不符合假设的事实,做出与客观情况不符合的片面结论。总之,一个有科学操守的研究者,当发现实验结果和假设有出入时,不应该急于下结论,而是分析原因,再次进行观察、实验,以客观事实为判断依据。与客观性密不可分的是可重复性(repeatability),指别人应当可以在相同的实验条件下重复研究结果。

(二)理论与实践相结合

心理学研究之所以强调理论和实践的结合,主要是因为心理学研究的终极目的是为了造福人类,所以应该将成果"落地"来服务人类,而不是将其放在象牙塔内。其次,实践往往会带来一定收益(如经济受益、理论不足的反思),可以促进心理学研究的蓬勃发展,形成良性循环。

然而在实际情况中,心理学研究者遵循这一原则时会遭遇一些困难。首先,很多心理学研究结果的应用效果相比自然科学见效慢(由于步骤较复杂、成效较难评估等),所以不容易获得实践机会。一些自然科学的研究结果,比如某研究者发明了成功治疗抑郁症的新药物,由于药物治疗简单、见效快,市场需求巨大,可能立即会有合作公司商谈推广事宜。而心理学研究者探索出一套有效针对抑郁症治疗的心理咨询技术,相比药物治疗步骤复杂且见效慢,所以可能需要开设多场讲座、培训班进行宣传才能得以推广,而这将耗费研究者大量的时间和精力。

(三)伦理性

在进行心理学研究,特别是社会心理学和教育心理学实验研究时,经常要采用一些控制情境或被试的研究手段及方法,这时就应特别注意在创设情境时切忌采取违背伦理性原则的方法,如欺骗被试、隐瞒研究目的、威胁恫吓以及其他可能造成研究对象身心受到伤害的方法。社会心理学中著名的"模拟监狱实验"就因对伦理性原则重视不足,造成被试心理紧张、情绪抑郁及产生各类消极心理症状而遭到社会各界的批评。教育心理学研究也不能用创造情境诱使被试产生不良行为的方法来获取研究资料。在科学性与伦理性相矛盾时,应首先保证伦理性,放弃研究或采用其他不违伦理的方法。国外的心理学研究者非常重视研究的伦理问题,并制定了一系列研究人员必须遵循的伦理规则,如美国心理学会(American Psychological Association, APA)颁布的《心理学工作者的伦理学原则和行为规范》(*Ethical Principles of Psychologists and Code of Conduct*)。

（四）信效度

效度是指在研究过程中，研究工具、材料和方法能测量到研究对象的程度。效度是一个在研究前后都值得思考的重要问题。例如在内隐态度研究中，内隐联想测验（IAT）是公认的内隐态度测量范式，它的一大特点就是测验的隐晦性使得被试的回答难以作假。IAT 的原理是设定相容任务（如乞丐丑陋等）与不相容任务（乞丐美丽等），若相容任务反应时间显著短于不相容任务反应时，就说明被试对乞丐存在消极的内在态度。然而有研究者发现，当告知被试实验目的时，即使不了解实验原理，被试也能通过保持相同按键速度使两种任务无差异，从而掩饰了自己的内隐态度。因此，对于一些被试，特别是掌握相关原理或已有相关经验的被试，应该谨慎对待。当然，除了研究工具的局限性，研究者还应该在研究前查阅相关文献，了解研究材料、方法有哪些缺点，并找到措施进行避免。完成研究后，也应该在讨论部分对研究的效度进行反思。即使研究的效度良好，还需要注意信度问题。信度是研究结果的可重复性。前文提到，无法重复的研究是没有意义的。

信度和效度的关系是什么呢？效度高则可预测信度高，但效度低不代表信度低，信度高也不代表效度高。比如，有人用一把尺子去测量一把椅子的高度（60 cm），若尺子的每一分度都比实际小一半（0.5 cm），这样测得的椅子高度将是 120 cm，之后再测了 100 次，也都是 120 cm。虽然此次测量信度很高，但都是徒劳无功的，不准确的，即效度很低。这说明效度低不代表信度低，信度高不代表效度高。如果使用一把正常的尺子（效度高），测量 100 次的长度结果也会是比较一致的（信度高）。所以效度高则信度高。

第二节　心理学研究的特殊性

心理学研究与传统科学研究亦有所不同，由于人的心理现象难以直接观测，所以它具有很多特殊性。其中最根本的是人的特殊性。由于人的特殊性，进而又产生了人与环境互动时的特殊性。

一、研究对象与研究者的特殊性

心理学研究的主要对象是人，其特殊性表现在下述几个方面。

（一）自我意识性

作为心理学研究对象的人是有自我意识的有机体，这就决定了心理科学研究不

像物理、化学等自然科学那样，可以轻易地获取研究对象。比如针对孤独症患者的研究需要征召特殊的研究对象。基于伦理性原则，被试要自愿参加研究，这就使该研究的数据收集十分困难。另外，心理学研究往往还需要研究对象积极参与、配合研究活动，否则研究就无法进行，或者会导致研究结果不准确，难以取得预期效果。

(二)社会性

心理学研究的对象既是生物实体，又是社会实体，社会性是其显著的特征。在涉及研究对象社会性方面的心理学研究(如班级内的社会测量、学生道德认知研究、个性测验等)中，被试往往出于社会比较的考虑，按照社会所赞许的反应标准进行反应，而不是按照自己的真实行为进行表现。这种社会赞许性反应往往影响研究结果，造成研究的误差。

(三)复杂性

人的心理活动受多种因素影响，因此心理科学研究涉及的各种变量多而复杂。多变量特点使研究对象可能受许多变量或因素(包括研究涉及之外的因素)的影响，这种可能发生的多层次、多水平的交互作用，使研究对象变得复杂，增加了研究工作的难度，影响结果的准确性。尽管在心理学研究设计中有许多控制无关变量的方法，但无关变量往往难以完全控制。

(四)难以操控性

与自然科学研究不同，心理学研究通常不能对研究对象精确控制与操纵。自然科学研究者可以将研究对象按照需要加以分解、组合并控制，例如化学研究者可以对物质进行分解或化合的研究，生物研究者可以切除猴子、老鼠等实验动物的肢体或脑加以研究或进行实验。但是，心理学研究者则不能随意控制或操纵研究对象，既不能把人当成老鼠一样关在笼子里观察其行为变化，也不能切除大脑的一部分观察其行为变化；既不能为了研究离婚对儿童心理发展的影响而迫使社会中实际存在的夫妻离异，也不能为了研究不同教育方式的效果而对某些被试实施有损身心健康的实验处理。心理学研究者不仅要从科学的角度考虑，还要从道德、习俗、伦理及人道等角度考虑变量的操纵，由此造成的对研究对象不能严密控制或操纵的特性，也给心理学研究带来一定困难。

(五)发展性

人的心理具有发展性。在心理学的纵向研究中，应该尤其重视成熟因素的作用。例如，在心理学研究中某些学生成绩或认知发展得分的前后测结果出现了差异，这就需要研究者分析这种差异是偶然的还是实验处理造成的，是教育方式的效果还是心理成熟的结果。人类心理的发展性使心理学研究对象具有不稳定、难以定量化等特点，可能会造成结果的解释和预测的误差。

（六）差异性

人的心理还具有个体差异性。这种差异性表现在两个方面：一是没有任何两个人的心理是完全相同的，从某一个人身上获得的结论可能完全不适用于表面情况相似的另一人；二是没有任何人的心理可以在任意两个时刻保持不变。人的心理和行为总是受所处环境中难以预料的变化或个体间的相互作用影响而随时发生变化。这种差异性决定了心理学的理论或规律大多是针对大量的被试建立起来的，具有统计规律性，有时并不适用于个体。

二、心理学研究中人与环境的相互作用

心理学研究是主、客体相互作用的过程。一方面，研究对象要根据研究者的要求或实验控制做出反应，而研究对象的反应又会反过来影响研究者的行为。这一情况在心理学研究，尤其在访谈法、观察法、实验法中表现突出。这种主客体相互影响、相互作用的关系，可能造成事先不能预期的无关变量的产生，使研究的问题或性质发生改变，从而影响研究的科学性。例如，在心理学研究中出现的“实验者效应”、“霍桑效应”和“罗森塔尔效应”等就体现了这种主客体之间相互影响、相互作用的关系，这种关系的存在也给解释和预测带来了困难。

第三节　心理学研究的科学方法

科学研究是通过各种科学方法，按照科学的认识过程以寻求客观事物的本质及其变化发展规律的一种思维活动或过程。一般来说，科学方法可分作一般方法论和具体研究方法。同其他任何学科一样，心理学研究的水平直接取决于其研究方法，而研究方法又受研究者特有的方法论和科学技术水平制约。因此，了解和掌握心理学研究的一般方法论和具体研究方法极其重要。

一、心理学研究的一般方法论

一般科学方法论具有跨学科的性质，其代表了系统科学的基本原则。系统科学主要包括“老三论”（系统论、控制论、信息论）和“新三论”（耗散结构论、突变论、协同论），它既是现代科学（自然科学、社会科学和思维科学）发展、综合的结果，又是现代

科学研究共同的一般方法论。

(一)系统论(systems theory)

在20世纪60年代以前,西方科学研究的方法基本是按照René Descartes的《谈谈方法》进行的。这对西方近代科学的飞速发展起了相当大的促进作用,但也有其一定的缺陷。如人体功能的研究,彼时只关注各部位的功能,而忽视部位间的相互作用。直到阿波罗1号登月工程的出现,科学家才发现,有的复杂问题无法分解,必须以复杂的方法来对待,因此一些科学家开始重视生物学家Bertalanffy在20世纪40年代提出的系统论思想。

系统是由一些相互联系,并且与环境发生相互作用的各部分组成的总体。系统方法则是一种强调把对象放在系统中加以考察的方法,即把研究对象作为一个整体加以研究,不仅研究该对象,更研究与该对象有联系的其他对象。格式塔心理学流派格外重视系统论思想。该流派强调经验和行为的整体性,反对当时流行的构造主义元素学说和行为主义"刺激—反应"公式,认为整体不等于部分之和,意识不等于感觉元素的集合,行为不等于反射弧的循环等。该流派提倡把心理现象作为一个整体加以研究,如研究知觉的整体性、综合性。

(二)信息论(information theory)

1948年,Shannon的《通信的数学理论》标志着信息论的诞生。次年,Weave和Shannon在《科学美国人》上发表了一篇介绍性的文章,使信息论思想从工程领域扩展到其他各领域。随后,Miller和Frick发表了《统计行为论和反应顺序》一文,第一次明确论证了信息论与心理学的关系,并提出了对"行为组织"进行定量分析和对事件发生顺序进行模式分析的方法,标志着心理学研究开始运用信息测量的方法。

信息论在认知心理学、工程心理学研究中有比较广泛的应用。由于心理活动往往受实际生活中的复杂情景和多种变量影响,心理学家日益重视双变量甚至多变量的信息运算。在考虑两组或两组以上事件时,信息论的真正功效便得以显现。

(三)控制论(cybernetics)

N.Wiener所创立的控制论是研究系统的状态、功能、行为方式及变动趋势以控制系统的稳定,使系统按预定目标运行的科学。

心理学研究中也运用了大量控制论的方法:

(1)系统性控制方法,即通过反馈指导行为,以某种标准来接收系统状态的偏离信号,并采取步骤来修正系统行为以减少误差。比如工程心理学把控制论方法应用于控制器和监视器的作业活动分析上,使人们对控制器的研究从静止地研究控制器设计本身提高到研究整个控制作业的动态过程，进而向高级认知研究发展。管理心理学中组织控制模型是建立在控制论的基础之上的。它包含了信息接受和反馈（员工信息接受和反馈）、决策（决策规则和决策者反馈）和控制过程（组织活动）。组织在三者的协同控制下向着某个组织目标发展。比如领导通过员工反馈的信息了解现况，根据决策规则来策划或修改某种组织活动，再对员工发送修正后的信息。

（2）功能模拟方法，即通过对研究对象模型功能的分析研究，来揭示原型（被模拟对象）的形态、特征和本质。例如通过计算机模拟人的心理状态。

（3）黑箱模拟方法，即将系统抽象为“黑箱”，考察其输入、输出及相互关系，进而建立黑箱模型研究系统内部结构和机理的一种方法。例如认知心理学中通过测验研究被试刺激—反应模式来推测被试信息加工机制的实验。

（4）反馈方法，即研究信息传播者如何自觉合理地运用信息反馈，来调整、校正和优化自己的传播方式。例如广告心理学中对广告信息吸引力的研究。

（四）耗散结构论（dissipative structure theory）

这是物理学家 Prigogine 继系统论后提出的探讨系统演化及其有关规律的理论和方法。Prigogine 提出著名论断：非平衡是有序之源，即一个远离平衡态的开放系统，在不断与外界进行物质和能量交换的条件下，系统将可能发生突变，由原来的无序混沌状态转变为一种在时空或功能上的有序结构。事物的这种在非平衡状态下新的稳定有序结构，就称为耗散结构。Jean Piaget 的认知过程理论就包含耗散结构理论的思想，他用图式、同化、顺应、平衡几个概念解释了认知过程。图式（schema）是主体内部的一种动态的、可变的认知结构。Piaget 反对行为主义 S→R 公式，提出 S→（AT）→R 的公式，即一定的刺激（S）被个体同化（A）于认知结构（T）之中，才能做出反应（R）。在适应环境的过程中，图式不断变化、丰富和发展，而非停留在一个水平上（非平衡性）。同化（assimilation）是通过已有图式同化外界的异类信息的。这个已有图式是坚固的、不易改变的，或者强于外界信息的，否则会产生相反的进程——顺应。顺应（accommodation）即修改已有图式使之符合外界信息。平衡（equilibrium）指的是已有图式和新信息势均力敌，无法产生同化或顺应效应，但这种平衡是暂时的、相对的。

（五）突变论（catastrophe theory）

数学家 R.Thom 创立的突变论是对系统论的进一步完善和升华。突变论研究系统从一种稳定状态向另一种稳定状态的非连续变化。这两种稳定状态称为双峰态分布，并且两个峰态之间有个不可通达区，比如问题解决过程中，当个体对信息的加工和整合达到临界水平时，认知结构发生突变，从“无解”状态跃迁至“顿悟”状态。这些思想在心理学中也有所应用。纵向研究中，如果测量的数据是单峰态的，则说明心理发展过程为连续的；如果是双峰态的，则心理过程为不连续的。

（六）协同论（synergetics）

1971 年 H.Haken 提出了另一种继承系统论的思想——协同论。Haken 从协同性的角度说明了系统的发展。他认为自然界是由许多系统组织起来的统一体，这许多的系统称为子系统，统一体就是大系统。子系统受少量的“序参量”支配，有序结合成大系统。所以协同论也是研究系统组织的理论。该理论试图论证各种自然系统和社会系统从无序到有序的演化都是组成系统的各元素之间相互影响又协调一致的结果。Overy 和 Molnar G Szakacs 用协同化思想解释音乐共情。其观点是个体会在与外部环境（物理环境和人际环境）的互动中，不知不觉地与音乐在频率和方向上保持一致，并根据音乐的运动变化做出自动化的心理调适，以保持自我与信息客体的一致性。如果违背这种自然趋势性，个体会感受到紧张与不安。这些一般性的科学方法论都具有普遍意义，已经逐渐成为心理学研究的方法学基础。

二、心理学研究方法的体系

心理学研究方法的体系可以分成三级体系，如图 1-1 所示。最高级研究范式是量化研究和质化研究，量化研究的二级研究范式是相关研究和因果研究，量化研究的三级研究范式是横断研究和纵向研究；质化研究的二级研究范式是横断研究和纵向研究。近年来，量化研究和质化研究、横断研究和纵向研究的研究方法趋于整合。

量化研究和质化研究是心理学研究领域的两类基本研究范式。偏好量化的研究者多使用实证主义倾向范式，他们希望自己的研究能有预测的效果。为了达到这个目的，他们必须经过精确、严谨的运算。为了运算，他们必须对研究对象或现象进行高度抽象；而要高度抽象就必须对研究的对象或现象赋值。这些历程就是“量化”的过程。质化研究的偏好者往往对量化研究持批判与反思态度。这些研究者对预测没有兴趣或觉得很难，他们认为研究的目的主要在于意义的交流与理解，而要获得深入的理解，就应该通过思考。他们不在乎精确，而关心深刻；不主张赋值，获得量度，而喜欢思辨。他们将这种与量化不同的研究历程称为“质化”。心理学研究中，通常在研究者对心理现象的运行机制还没有非常了解，或对心理现象的影响因素不是十分清楚时，就会使用质化研究。比如，在一项关于玩《王者荣耀》如何影响青少年心理的研究中，研究者采取了体验式观察的方法，包括线上体验游戏，组建游戏战队，进入相关 QQ 群、微信群与其他游戏者交流等。经过几个月的体验式观察，他总结了这款游戏的吸引力所在，如公平性（普通玩家可以通过经验练习战胜购买游戏装备的玩家）、互动性（游戏中的语音模式等和游戏外的 QQ 群、微信群交流等）、群体认同（个体不

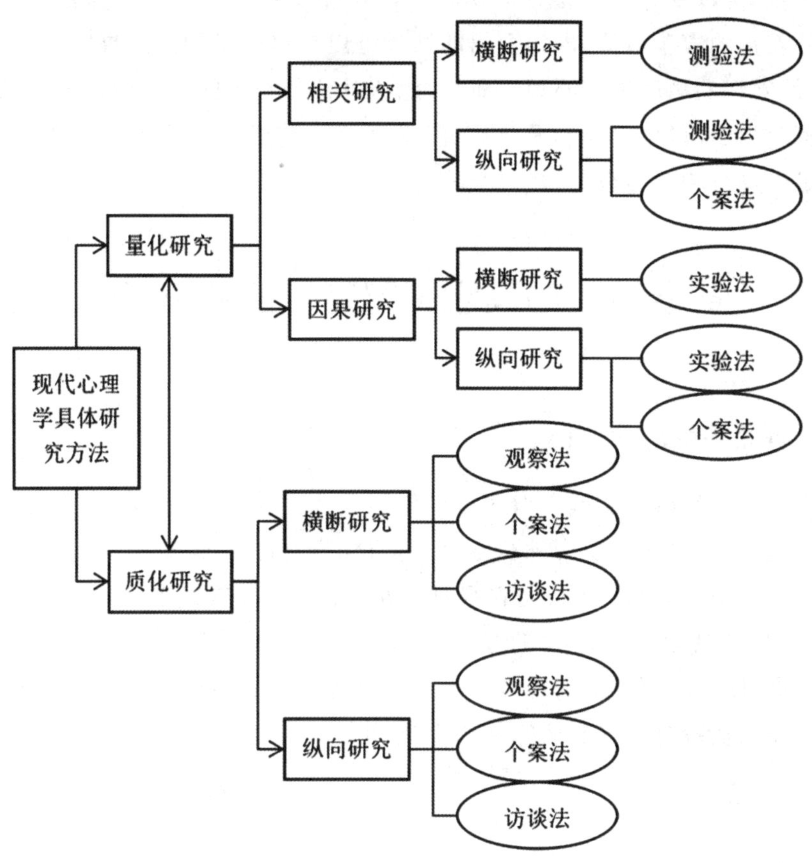

图 1-1　心理学研究方法的体系

玩游戏会受到玩游戏的群体排斥、游戏中技术差的个体会受到排斥)等。根据质化研究,研究者还能产生一些新的研究问题,比如游戏中的权力关系是否会影响到现实生活中的权力关系(队长与队员)、游戏中的角色互动能否增强社会关系网络以及社会群体的团结等。

量化研究和质化研究既有区别又有联系。在进行量化研究前,往往需要质化研究提供思路。质化研究也可以对其研究对象进行量化,并进行一些比较初级的统计测量。但是质化研究者通常认为他们通过详细的访问与观察,可以更加接近对象的真实想法,而量化研究者仅靠远距离的推论,往往无法理解被试真实的心理活动。而量化研究者则认为解释性的经验材料是难以重复验证的,带有极大的主观性。除了量化研究和质化研究两大体系外,心理学研究方法还有横断研究和纵向研究之分。横断研究即在某一时间内对一定对象进行的研究,纵向研究即针对一批被试进行长时间的追踪研究。此外,量化研究还有相关研究和因果研究之分,相关研究是通过量表测量、问卷调查、专家评定等方法进行的对变量间关系的研究。由于难以严格控制其他额外变量,所以变量间关系只能视为一种相关关系。而因果研究由于采用了严格控制额外变量的实验方法,所以得出的结果可以解释变量间的因果联系。

总之,从宏观的角度理解心理学研究,能够对种类繁多的心理学研究方法有较为系统的理解。当然,量化研究和质化研究、横断研究和纵向研究的区分不是绝对的,它们之间可以进行相互整合,形成混合式研究。

第四节　心理学研究方法的新趋势

一、心理学研究的生态化取向

传统实验室所进行的实验以概率论的随机化思想为理论基础,但是在心理学研究的实际过程中,常常无法实现随机取样,并且由于传统实验室实验情境的人为性、要求特征以及其他因素的影响,使它很难准确、充分地反映现实生活中人的心理过程。20 世纪 70 年代以来,随着心理学研究方法论重点的转移,心理学家日益重视研究的生态效度,即要求研究能对现实生活和文化背景中的心理过程产生更大的意义,具体表现为现场实验日益受到研究者的重视。

(一)现场研究概述

现场研究(field study)是指在自然情境下进行的研究,研究者操纵自然情境中的某种条件,观察这种条件变化对被试行为的自然效果,从而研究心理现象。这种方法既主动操纵条件,又在自然情境中寻找被试进行研究,兼有实验法与观察法的某些优点。由于研究者是把研究放到现场中实施,现场研究通常采用两种方式:一是在未加限制的公共场合,用一般公众作为被试进行研究;二是到现场中研究选定的现成群体。以一般公众为被试的现场研究通常采用以下方式进行:一是研究者针对特定的被试,观测他们对某一环境变化的反应,如 Barefoot、Hoople 和 McClay 等人的个人空间的研究。研究者坐在一个公共饮水处附近假装看书,如果有人要喝水就不得不侵入研究者的个人空间。操纵的自变量是研究者和饮水处之间的距离(30 cm、150 cm、300 cm),因变量是路过的人去饮水处喝水的比例。二是研究者设置一种情景或呈现某种行为,等待被试碰巧进入现场,以此来引发被试产生反应。比如现场研究考察助人行为。研究者设计一个衣着考究和衣着破烂的助手倒在街头,观测过往行人停下来并提供帮助的人数。现场研究因为在自然情境中进行,隐藏了正在进行研究这一事实,可以无干扰地测量行为,所以该方法在研究社会行为时应用比较普遍。

在现场中选定现成群体(如用现成的班级、车间等进行研究)则往往难以掩藏正在进行研究这一事实,并且不能随机分配被试,因此这种情况下常采用准实验设计形式。

(二)现场研究的特点

1.自然性

Tunnel 指出,进行现场研究时,所有变量操作应以真实自然的方式进行。他提出自然性(naturalness)的三个维度:自然的情境、自然的处理和自然的行为。自然的情境,指实验室以外的生活情境。自然的处理一般指和日常生活事件有关联的处理。自然的行为涉及对因变量的测量和记录,若是研究者要求被试自我报告或者回忆先前情况下的行为,则不属于自然的行为。例如,采取现场实验,研究者考查音乐节奏以及共餐人数对就餐时间的影响。选择某高校校园食堂,在靠近电视(音乐播放源,无图像)的就餐区域内,分别由三名主试坐在该区域,利用纸笔和计时器等工具,一边吃饭一边尽可能不明显地记录该区域内学生就餐时间。研究者将音乐节奏分为快节奏、慢节奏两种,同时采用了没有音乐的一个对照组。因变量是就餐时间:从就餐者选好座位开始就餐,到就餐完毕离开食堂的时间。分成两个组,单人组和多人组,单人组为无同伴单人前来就餐,就餐中无交谈,没有看书等其他特别动作。多人组为互相之间认识结伴前来,就餐过程中有交流的就餐者。此外对一些无关变量进行了控制,如音量、灯管、食堂拥挤度保持恒定。结果发现:(1)总的来说,音乐节奏对就餐时间的主效应是显著的,快节奏音乐下的就餐时间少于慢节奏下的就餐时间;(2)单人组被试就餐时间显著快于多人组被试共餐时间;(3)音乐节奏和共餐人数对就餐时间存在交互作用;(4)单人就餐时随着音乐节奏加快,相应进餐时间显著下降,多人就餐时较少受音乐节奏影响。

2.复杂性

现场研究条件是开放的、动态的,包含了各种比实验室条件要复杂得多的因素,许多在实验室里不可能模拟的情境可以用现场研究。因此,现场研究提供了研究复杂心理过程的方法。另外,在现场情境中,许多变量的强度、变化范围远远大于实验室条件。现场研究变量的这些特点恰恰是实验室研究设法将其消除或控制的原因。不少曾经在实验室研究中得到的社会心理效应,在现场条件下却观察不到。例如,Darley 和 Latane 在实验室情境中进行了一系列研究。结果表明,随着旁观者数量的增加,帮助陌生人的被试比例下降,因此他们提出责任扩散理论。而 Piliavin 等人在纽约城地铁车厢进行的旁观者干预现场研究结果却表明,地铁车厢内人们的帮助行为出现频率和速度不受目击者数量的影响。因此,针对旁观者因素如何影响助人行为还需做进一步研究，如旁观者是否与受伤者同处一个车厢、是否直面受伤者且无法立即离开等。

(三)现场研究的优点和局限

从上述现场研究的特点，可以分析出现场实验的优点和局限。

1.现场研究的优点

现场研究被认为具有较高的外部效度或生态效度。外部效度涉及研究结果的概括力和外推力。因为研究从一开始就是在现实世界中进行的，因此研究结果比较容易直接推广到现实中去。

现场研究允许研究者操纵自然条件下的各种因素，实施比较符合实际条件的实验处理，其研究的生态性较高。相对而言，实验室研究所实施的实验处理带有很大的人为性，其生态性就比较低。

现场研究的被试，行为是主动的、积极的。由于在自然情境中，被试在心理上易于被卷入到研究中，这时观测到的被试行为是真实可靠的。另外，现场研究避免了要求特征的影响。在自然情境下，被试没有意识到他们处于实验中，因此被试不会为了迎合研究者而做出非自然的行为。而在实验室实验中，被试总会意识到自己正参加一个实验，其在实验室和自然情境中的行为是否一致，往往有待证实。例如，Broughton 的一项关于睡眠/觉醒模式的研究表明，有嗜睡障碍的患者在实验室中进行记忆和认知测试时，测验结果正常，而患者离开实验室后仍会出现短时记忆问题，说明患者可能已知晓了测验的目的和标准答案，其回答并不代表真实情况。

当前，许多研究者试图用现场研究去重复实验室研究，如果现场研究的结果支持实验室研究，这就增加了实验室研究结果的有效性；反之，则可以帮助研究者从中寻找、发现影响研究结果的其他变量，引导进一步研究。例如前文中 Piliavin 等人所进行的旁观者干预现场研究。

2.现场研究的局限

导入自变量控制，以推知自变量的变化怎样影响因变量是实验的基本逻辑。在研究过程中，如何操纵自变量？如何同时对在复杂情境中都可能发生变化的其他额外变量进行控制或随机化处理？因变量指标是什么？对上述问题的回答很大程度上反映了实验的内部效度问题，即实验中的自变量与因变量之间因果关系的明确程度。而现场研究的特点决定了不可能允许研究者过多地控制环境。因此，现场研究的主要局限概括如下：

(1)缺乏对环境额外变量的充分控制。现场研究缺乏反应控制，因为不提供指导语来指导被试,被试的反应可能很宽泛。因此现场研究得到的因变量数据往往是计数资料而非计量资料,研究者只能从非参数检验中寻找需要的统计方法。

(2)现场情境下很难持续操纵一个自变量,现场研究通常用研究助手来设置一个情境,助手的行为可能无法始终保持一致,其可能不自主地对被试自然行为进行反应,这就使研究结果受到更多额外变量的影响。

(3)现场研究的样本可能缺乏代表性。在现场条件下往往不能随机选取被试,因此公园或商场里的被试无法代表那些不常去那里的人。

上述现场研究的局限与其复杂性特点密切相关。研究者不能像实验室实验那样严格控制影响内部效度的无关变量,使现场研究较难确定变量之间的因果关系。但是,研究者可以在不同时间、运用不同方法对变量之间的关系进行多次检验,如果不同方法和时间的研究结果比较一致,就能为确定因果关系提供充分的依据。

因此,研究者选择现场研究时,目的往往不在于其内部效度,而是进一步验证实验室条件下的结果,检验复杂的现实情境中有关变量的因果关系是否依然存在。

二、心理测量技术发展的新趋势

(一)传统测量理论的发展

实验心理学的核心思想之一是操纵外在条件使被试的某些心理现象前后发生差异,这就要求研究者能够对心理特征、状态进行测量。然而在实际研究中,不仅很多心理特征难以操纵,如性格、智力、信念、特质等短时间内难以改变,而且只靠设备仪器也难以直接捕捉这些心理特征。以往研究者试图通过测量头颅形态来判断不同的人格,通过测量血型来判断人的气质等,最后发现这些假设只是一种偶然联系。于是,一些研究者创建了心理测量学来间接测量这些特殊的心理概念。

心理测量学把它间接测量的这些概念称为潜变量,这种潜变量难以直接测量,是由研究者推理出来的。而另一种外显变量则是可以直接测量出来的。潜变量通过外显变量来表示,研究者一般通过量表来间接测量潜变量。外显变量与潜变量的关系、潜变量与潜变量的关系可通过统计模型来表示。

根据数据类型可以将这些统计模型分为四类:因素分析、项目反应理论、潜在剖面分析、潜在类别分析。其中,由于研究者经常将量表分数(外显变量)通过 Z 分数等方式转化为连续型数据,并认为某种人格特质也是连续数据(比如理论上不同人有不同的完美主义人格特质,因而如果用数字表示程度高低,则可出现无数个数值),所以因素分析在人格测验研究中十分常见,但它并不是最新的模型。

近来在大型能力测验中兴盛的是项目反应理论(item response theory,IRT),其外显变量是离散型(分类型)数据,而潜变量是连续型数据。项目反应理论弥补了经典测量理论的缺陷。例如,假设在考卷上设置了3道对错判断题,每题1分。对于每一道判断题,可以用1表示答对、0表示答错进行量化。这意味着统计得分时只有4种可能数值:0、1、2、3。假设考生A答对了第一题和第二题,答错了第三题;考生B答错了第一题,答对了第二题和第三题。如果用经典测量理论来给考生计分,则两位考生都得2分,水平一致。但用项目反应理论做进一步分析,则可能会出现不同结论。因为项目反应理论估算的不是表面的分数(外显变量),而是A和B的能力值(潜变量)。具体而言,研究者首先需要计算三道题的难度值,若发现题目难度由低到高依次为第一题、第二题、第三题,则可以根据作答情况推断,答对后两题的考生B的能力值高于考生A。

项目反应理论说明连续型潜变量的量性差异(如学习能力高低)导致了外显变量(如作答正确率)的量性差异。而个体的心理差异不仅存在水平高低的差异(对应连续型数据),也存在结构上的类别差异(对应离散型数据)。比如,心理临床诊断中医生既要根据症状程度高低判断有没有精神类疾病,还需要进一步确认病人患上的是哪一种疾病。因而,研究者提出了潜在类别模型和潜在剖面模型,用于测量离散型潜变量的质性差异导致外显变量量性或质性差异的情况。

如果研究的外显变量和潜变量都是离散型变量,以往研究者会运用系统聚类法。系统聚类分析通过广义距离来进行分类,并且强调分类指标的完整性。而潜在类别分析(latent class analysis,LCA)是基于概率模型的分类,有更为规范科学、客观的标准来判断类别数目以及模型的有效性。其分类的主观臆断程度较低,受外显变量增减的影响较小。已有研究发现,当类间总体方差不等时,潜在类别分析的分类效果优于旧方法。如果有研究者要对高中学生的数学测验水平进行分类,也想对学生所属学校的水平进行分类,区分出好学校和坏学校,就可以用潜在类别分析。具体做法是:先抽取某地区所有高中的数学测验成绩,并通过LCA对学生水平进行分类(优异、良好、薄弱),然后分析这三种类别的学生在各校中的比例,便可将学校分成A类(好)、B类(差)。

潜在剖面分析(latent profile analysis,LPA)与潜在类别分析相似,都研究类别型潜变量,不同的是其外显变量是连续型数据。比如,研究医生对网络成瘾的诊断是否准确,就可以用LPA的方法。不同于LCA的是,LPA研究的外显变量是连续型数据,比如通过网络成瘾量表得分(连续型外显变量)将患者归为严重网络成瘾者、一般网络成瘾者和非网络成瘾者(离散型潜变量)。

近来,研究者还发展出了一种因子混合模型(factor mixture model,FMM)。这种模型用来解决潜变量既包含类别型数据也包含离散型数据的特殊情况。

(二)结构方程模型

20世纪70年代初,在Jöreskog和Wiley等统计学家的努力下,由因素分析所代表的潜在变量研究模型与路径分析所代表的关系模型得到了有机整合,结构方程模型(structural equation model,SEM)理论逐步发展起来,并在心理测量学、计量经济学等学科中迅速得到应用。Ullman 定义结构方程模型为"一种验证一个或多个自变量与一个或多个因变量之间一组相互关系的多元分析程序,其中自变量和因变量是连续的"。该定义突出其验证多个自变量与多个因变量之间关系的特点,具有一定的代表性。

1.结构方程模型的基本原理

结构方程模型的基本原理是"三个二",即两类变量(测量变量和潜变量)、两个模型(度量模型和结构模型)以及两条路径(潜变量与测量变量之间的路径和潜变量之间的路径)。

(1)两类变量

在 SEM 中,变量有两种基本的形态:测量变量(measured variable)与潜变量(latent variable)。研究者观测得到的测量变量资料是真正被分析与计算的基本元素;而潜变量则是由测量变量所推估出来的变量。SEM 分析中,测量变量的变异受到某一个或某几个潜变量的影响,因此又被称为潜变量的观测指标(indicator)或显变量(manifest variable)。在结构方程模型路径图中,潜变量用椭圆表示,测量变量用矩形表示。

(2)两个模型

在结构方程模型中,最重要的概念由两个部分所组成:第一是测量模型(measurement model),反映了测量变量与潜变量之间的关系,其构成的数学模型是验证性因子分析;第二是结构关系的假设检验,透过结构模型(structural model),使潜变量之间的关系可以用路径分析的概念来讨论。

(3)两条路径

一条路径来源于测量方程,反映潜变量与测量变量之间的关系。另一条路径来源于结构模型,反映潜变量之间的关系。

2.结构方程模型的优势与局限

结构方程模型是对回归分析和路径分析方法的改进。从建模思路上讲,它的优点是:第一,引入潜变量使研究更加深入。回归分析、路径分析不允许潜变量的存在,只有结构方程模型可以将多个潜变量及其测量变量置于同一模型中分析,研究它们之间的结构关系。第二,结构方程模型虽然也类似于路径分析模型利用联立方程组求解,但放宽了模型的限制条件,同时允许自变量和因变量存在测量误差。第三,结构方程模型既发展了路径分析的优势,又克服了路径分析基本假设过多、无法包含潜

变量、不能处理互逆因果关系等缺陷。

当然,结构方程模型也不是十全十美的。它在模型设定、模型拟合、拟合检验以及对结果的解释等方面都还存在或多或少的问题。比如,现有理论不能准确提出有说服力的因果模型则难以使用结构方程模型;在模型设定与模型识别过程中所做的比较,可能和最初的理论假设有出入甚至相悖;研究者可能没有充分的数据以保证模型的拟合等。

三、眼动与脑成像技术在心理学研究中的应用

(一)眼动技术在心理学中的应用

关于眼动的本质,Just 和 Carpenter 提出了"眼—心理"(eye Gmind)假说,该假说认为眼球运动为注意力分配提供了动态追踪路径。几十年来,眼动追踪技术已经被成功且广泛地运用到了心理学相关领域的研究中。其中大多数应用都是有关信息加工的研究,比如阅读、场景知觉、视觉搜索、音乐阅读和分类。眼动的测量揭示了基本的认知过程、阅读理解机制和视觉加工过程。但是,眼动追踪技术在不同研究中会以不同的方式被运用,研究者会为各自的研究拟订特异的眼动测量指标。因此,提出一套通用的眼动测量指标框架对于心理学研究者进行眼动追踪研究是至关重要的。

许多学者根据不同的标准对眼动追踪测量指标进行了深入探讨。Liversedge Paterson 和 Pickering 说明了眼动的时间测量,并且深入讨论了时间和空间测量。Goldberg 和 Kotval 在计算机接口的研究中揭示了基于眼动定位的空间测量。随后,Jacob 和 Karn 总结了 21 个包含眼动追踪技术的研究,指明了常用的眼动追踪测量指标:注视次数、每个兴趣区(AOI)花费的时间比例、平均注视时间、每个兴趣区的注视次数、每个兴趣区的平均凝视时间、固定速率(计数/秒)。当前,公认的指标可以确定为三种类型——时间、空间和数。

首先,时间尺度意味着在一个时间维度内测量眼球运动,例如在特有兴趣区的注视时间。几种常见的眼动指标有总注视时间和首次注视时间。时间测量也许能回答与认知加工有关的"什么时候"和"多久"的问题,其多用于说明阅读问题的发生机制。其次,空间指标在空间维度内测量眼球运动。它涉及位置、距离、方向、序列、相互作用、空间布局或注视间的关系、眼跳间的关系。注视位置、注视顺序、扫视长度和扫描模式等指标都属于该范围。空间测量也许能回答与认知加工有关的"哪里"和"怎样"的问题。最后,"数"的指标对眼动的测量建立在数或频率的基础上。例如,注视次数和再注视次数属于这一类型。这些"数"的测量经常用于揭示视觉材料的重要性。

总的来说,上述的结构框架为理解各种类型的眼动指标提供了基本指导原则。而不同领域的研究也可能关注不同类型的眼动指标。例如,阅读研究可能更关注时

间测量，视知觉加工研究可能更关注空间测量。

（二）脑成像技术在心理学中的应用

直接观察大脑结构和功能的脑成像技术在近年来取得了突飞猛进的发展，它也是当代神经科学研究最重要的成就之一。脑成像技术由于能够直接探测大脑正常结构和功能的神经基础，特别是高分辨率、实时性的功能脑成像，在心理科学研究中发挥了重要作用。脑成像技术主要包括脑电图（electroencephalogram，EEG）、脑磁图（magnetoencephalography，MEG）、事件相关电位（event-related potential，ERP）、正电子发射断层扫描（position emission topography，PET）、核磁共振成像（magnetic resonance imaging，MRI）、功能性核磁共振成像（functional magnetic resonance imaging，FMRI）、磁共振波谱（magnetic resonance spectroscopy，MRS）和功能性近红外光谱（functional near-infrared spectroscopy，fNIRS）。在探测大脑功能及其神经活动变化时，ERP 和 fMRI 是心理学研究中最常见和最重要的脑成像技术。

1.事件相关电位

事件相关电位也被称作内源性事件相关电位。它是一种特殊的诱发电位，主要研究认知过程中大脑神经的电生理变化，并赋予刺激以不同的心理意义，因此又被称作认知电位。ERP 中应用最广泛的是 P3（P300）电位，可以通过听觉刺激、视觉刺激以及体感刺激等记录神经元的活动变化，还可以通过个体认知加工过程（记忆、推理或决策等），通过平均叠加技术从头颅表面记录大脑活动的电位变化。

例如，田录梅等人采用事件相关电位（ERP）技术，探讨同伴在场与自尊水平对青少年冒险行为的影响。实验采用气球模拟风险任务比较不同条件下青少年冒险行为量的差异。研究者在被试进行气球模拟风险任务的同时收集其 ERP 数据。结果发现：（1）同伴在场时青少年冒险行为更多，比无同伴在场诱发的 N1、P3、LPP 波幅更大；（2）高自尊青少年更加冒险，且诱发的 P3、LPP 波幅更大。其中，N1 成分被认为是反映个体对刺激的早期注意，个体对目标投入的注意资源越多 N1 波幅越大。该研究中同伴在场诱发了更大波幅的 N1 成分，说明同伴在场使青少年对冒险中的奖赏信息更加关注。如果青少年在同伴观察下能够通过冒险获得物质奖赏，那么其收获的可能不仅是物质奖赏，还有来自同伴赞美的心理奖赏，从而使冒险行为中奖赏的价值提高，奖赏与损失的相对平衡被打破，使得青少年对冒险损失有所忽视转而更关注奖赏。P3 波幅被认为与金钱奖赏的神经反应有关，高金钱奖励诱发高波幅。该研究发现同伴在场时青少年对冒险信息加工时 P3 波幅增加，结合 N1 成分的讨论可以推断，同伴在场增加了冒险行为中奖赏的价值，也使得青少年对奖赏的加工比损失加工占据优势。LPP 波幅与刺激情绪效价无关，却与情绪唤醒程度有关，刺激越具有动机意义，其诱发的 LPP 越大。这一结果说明同伴在场、自尊不仅影响奖赏加工过程中的情绪体验，还会驱动个体为了获得奖赏而去冒险。

2.功能性核磁共振成像

这是一种显示大脑各个区域静脉毛细血管血液氧合状态核磁共振信号微小变化，以确定血氧含量是否增加的技术，因此又被称为血氧水平相关成像。该技术具有无创伤性、无放射性、可重复性，以及较高的时间和空间分辨率，可准确定位脑功能区域等特点。fMRI 主要被用于推算大脑活动与注意力、情感、记忆和决策之间的关系，可以作为个体智力、阅读能力、个性和其他特征的测量工具。

例如，马军朋等人采用 fMRI 技术探讨分析型和整体型两种认知风格个体在归类任务中是否表现出神经活动的差异。该研究中，被试需从两个待选物中选出与目标物属于同一类别的一个。同时，研究者采用 fMRI 技术扫描并记录被试完成任务时的 BOLD 信号。结果发现，与基线任务相比，整体型和分析型个体均激活了额-枕网络脑区，包括额下回、楔前叶、枕中回等，表明不同认知风格个体在任务中可能共享与工作记忆等相关的脑区。另外，与分析型个体相比，整体型个体在右额下回、右旁海马回呈现更广泛的特异性激活。这一结果说明认知风格可以影响归类过程中的脑活动，而整体型个体大脑右半球更强烈的活动表明这一类型认知风格个体在归类时更依赖远距离的语义联结。

四、大数据时代下心理学研究的新趋势

网络的广泛应用以及与现实的密切交织，不仅改变了人们的生活方式，也推动了学术研究范式的变革。一方面，海量的(移动)互联网用户借助微博、论坛等社交媒体产品和移动互联网工具记录自己的生活，并进行突破传统时间、空间限制的高密度人际、人机互动，累积了前所未有的海量在线文本、图片、视频信息；另一方面，数据挖掘等计算机和信息技术的发展，使得高效处理和分析海量人类行为数据成为可能，从而奠定了海量数据挖掘的技术基础。网络大数据为心理学的发展带来了前所未有的机遇。

心理学致力于探究人类的心理与行为规律。(移动)互联网平台和网络应用积累的海量网络大数据记载着大规模人群所思、所想和所感，这为挖掘人类的心理与行为规律提供了庞大、客观、真实的数据资源。尤其是现代化数据分析技术的发展，例如开源统计分析软件 R 语言、社会网络分析技术为数据挖掘和数据分析提供了坚实的技术支撑。受信息科学在生物基因、天文学等领域成功应用的启发，Yarkoni(2012)首次提出了“心理信息学”(psychological informatics)这一新颖的交叉学科概念。他把利用计算机和信息科学技术工具来获取、管理和分析心理学数据的研究领域称为“心理信息学”。作为一门立足心理学研究问题的新兴交叉学科，心理信息学的研究

重点在于如何借助计算机和信息科学技术的优势，在心理学研究的各个分支领域和研究环节中充分发挥作用，从而为心理学问题提供更为客观、科学的研究证据。

下面介绍几个结合大数据进行研究的心理学领域。

（一）大数据与情绪心理学

情绪是目前为止和大数据结合最为紧密、成果最丰硕的研究领域。传统心理学关于个体情绪在日周期水平上的波动节律研究，尤其是围绕积极情绪和消极情绪开展的研究，一直没有得到较为一致的结果。究其原因，主要是研究抽样存在偏差（主要以大学生为主），在实验室或基于自我报告的调查等测量方式对情绪的波动节律进行精确测量也均存在较大的偏差。

Golder 和 Macy 认为，社交媒体的兴起所产生的海量用户行为数据有跨文化、样本量大、客观、实时等特点，为解决上述问题提供了可能。他们在一项研究中分析了 2008 年 2 月至 2010 年 1 月间覆盖全球 84 个使用英文国家约 240 万用户产生的 5 亿多条 Twitter 数据的情绪信息。结果发现，积极情绪和消极情绪在一周 7 天产生的波动节律几乎一致。积极情绪在周六、周日显著高于工作日。在日内波动上，积极情绪在早上（大约是人们上班的时间）开始下降，而在晚上（大约是人们下班的时间）回升；而消极情绪则在早上（早 7～9 时附近）达到最低点，随后在一天内均呈上升趋势，0 时左右达到峰值。这种现象支持了人们可通过一晚上的睡眠恢复情绪的假设。

（二）大数据与健康心理学

随着人们对健康问题的关注，与健康相关的心理与行为规律也逐渐受到研究者的重视。大数据应用于健康相关的研究课题，无论是在学术界还是产业界都是关注度非常高的应用领域之一。利用网络大数据进行健康心理领域研究的基本假设是：人们线下的健康状况、健康行为等特征与其在线上的社交媒体表达、网络搜索关注等行为之间存在一定的联系。因此涉及健康心理学的大数据研究，可通过人们在网络上的行为特征来尽可能地揭示，解释甚至预测人们的健康状况。

Ginsberg 等认为，每年大约有 9000 万成年人会通过网络搜索引擎搜索特定疾病相关的信息，这为通过网络搜索引擎数据监测疾病暴发状况提供了可能。他们利用人们在 Google 上 5000 万条搜索数据，成功开发了预测季节性流感传播的模型。相较于传统流感预测工作，由于数据收集方法和过程的限制，往往会有 1 至 2 周的延迟。因此，他们的预测研究对监测和预测流感的爆发趋势，从而为政府相关部门做好流感应急准备和部署具有重要价值。

此外，社交媒体数据也被证明对预测健康问题具有重要作用。例如，Eichstaedt 等人的研究发现，人们在 Twitter 上的网络表达对于美国各郡的心脏病死亡率有显

著预测作用。其中，与负面社会关系、分离和负面情绪（尤其是愤怒）相关的网络表达和心脏病死亡率呈正相关；而积极情绪和心理参与相关的网络表达与心脏病死亡率呈负相关。

可以看出，心理学与网络大数据的结合，既为传统心理学通过具有代表性的大样本深入挖掘个体层面的心理与行为机制提供了更为广阔的平台和机会，也同时为深入挖掘大规模人群在群体层面涌现出的群体心理性行为规律提供了可能。

思考与练习

1.如何证伪“星座决定个体的性格”？试提出你的研究设想。

2.试列举心理学的一项经典研究，并说明此研究过程如何体现批判性思维。

3.传统实验心理学在方法上存在怎样的困境？相关技术的发展和应用对困境的突破有怎样的贡献？

4.大数据对传统心理学的研究有怎样的推动作用？试举例说明。

5.请阐述心理测量学中的潜变量与观测变量有怎样的联系并举例说明。

拓展阅读

唐纳德·麦克伯尼，2010.像心理学家一样思考：心理学中的批判性思维[M].2版.北京：人民邮电出版社.

该书以娓娓道来的对话方式，从问题出发，以生动鲜活的例子和富于逻辑思辨的语言分析了心理学中一些最常见的和最容易引起质疑的问题。该书就心理学是不是科学、心理学是什么等心理学中的常见问题进行深入浅出的探讨，从而澄清人们对心理学的一些误解，加深对心理学科学性的理解，同时也可以提高读者对日常生活中某些现象和事物的批判性思考能力。

朱廷劭，2017.大数据时代的心理学研究及应用[M].北京：科学出版社.

近年来，大数据概念在心理学领域引起高度关注。该书以中国科学院心理研究所计算网络心理实验室（CCPL）的一系列研究成果为内容主线，系统介绍了网络心理学的基本概念、研究方法、研究工具及研究进展，旨在使读者能够全面地了解这门新型交叉学科的整体概况，清晰地理解大数据对心理科学的研究逻辑和研究方法所产生的深远影响，深刻地领悟利用网络大数据开展心理学研究的非凡科研价值与广阔应用前景。

赵小明，2017.互联网心理学[M].北京：经济管理出版社.

该书创造性地提出了一套全新的互联网时代心理学理论。该书认为受互联网影响，人与人的关系，不再是过去意义上的社会关系，而会成为互联网时代社群关系的总和。这意味着互联网的深刻革命性将改变人的定义，重组人类文明，所有建立在人的定义基础上的心理学、教育学理论，都将被改写。通过该书，读者可以把握互联网时代下心理学理论的新进展。

张春兴，2002.心理学思想的流变：心理学名人传[M].上海：上海教育出版社.

该书以心理学名人传记的形式，循心理学有史以来思想流变的脉络，选出代表不同时代、不同流派的心理学家108人，并按时代、流派归类，简述其生平、经历，并从其所持的理论、观点及研究方法着眼，探讨他们在承先启后过程中的影响和作用。该书文字表述通俗易懂，人物评传简明扼要，有助于读者了解心理学的历史发展及思想的流变。

闫国利，白学军，2012.眼动研究心理学导论：揭开心灵之窗奥秘的神奇科学[M].北京：科学出版社.

该书从眼动的基础知识入手，介绍人的视觉和眼动的基本模式，对眼动记录方法的发展和现状进行了评述，继而对眼动分析法在心理学研究中的应用进行了系统的介绍并提供翔实的案例供读者理解。此外，该书还设有知识栏、眼动名著简介、眼动研究大事记、眼动研究专业词汇等板块，增加了该书的趣味性、可读性和工具性。

葛詹尼加，2011.认知神经科学：关于心智的生物学[M].北京：中国轻工业出版社.

该书一一介绍了认知神经科学中的重要理论观点并提供来自前沿技术的证据。与纯粹的认知或神经生理学教材不同，该书强调各门学科之间证据的相互印证，特别是研究高级心理功能学科中的最关键方面。该书的另一特色是力图让学生像认知神经科学家那样思考。该书对功能性核磁共振成像(fMRI)、核磁共振成像(MRI)、正电子发射断层扫描(PET)和事件相关电位(ERP)等诸多用来探索心智与大脑关系问题的研究手段进行了相近的介绍，旨在使学生逐渐了解各种实验手段的利弊，灵活运用各种手段并使它们互为补充。

参考文献

牛盾，高志强，2007.不同信息负荷下注意选择性研究[J].心理科学(2)：341-343，315.

张亚利，李森，俞国良，2021.错失焦虑与大学生被动性社交网站使用的交叉滞后分析[J].心理科学(2)：377-383.

程开明，2006.结构方程模型的特点及应用[J].统计与决策(10)：22-25.

贾凤芹，冯成志，2012.内隐联想测验"内隐性"的可控性研究[J].心理科学(4)：799-805.

贾绪计，林崇德，2014.创造力研究：心理学领域的四种取向[J].北京师范大学学报(社会科学版)(1)：61-67.

金玉国，2008.从回归分析到结构方程模型：线性因果关系的建模方法论[J].山东

经济(2):19-24.

雷玉菊,周宗奎,贺金波,等,2017.网瘾者对真人愤怒面孔的记忆优势效应[J].中国临床心理学杂志,25(3):421-416.

黎志华,尹霞云,蔡太生,等,2014.留守儿童情绪和行为问题特征的潜在类别分析:基于个体为中心的研究视角[J].心理科学(2):329-334.

舒华,2008.心理学研究方法[M].北京:人民教育出版社.

王大鹏,1989.耗散结构理论与心理、心理学[J].甘肃社会科学(1):28-33.

王凡,2008.现场实验的内部和外部效度:兼与实验室实验的效度比较[J].心理科学(4):932-935.

王进,2008.运动员退役过程的心理定性分析:成功与失败的个案研究[J].心理学报(3):368-379.

喻丰,彭凯平,郑先隽,2015.大数据背景下的心理学:中国心理学的学科体系重构及特征[J].科学通报,60(5):520-533.

杨玉芳,孙健敏,2012.心理学:自然科学与社会科学的交叉[J].中国科学院院刊,27(s1):3-12.

张洁婷,张敏强,焦璨,等,2013.多水平潜在类别模型在教育评价中的应用:以英语学业能力测验为例[J].教育研究与实验,31(3):78-84.

朱廷劭,汪静莹,赵楠,等,2015.论大数据时代的心理学研究变革[J].新疆师范大学学报:哲学社会科学版,36(4):100-107.

第二章　课题选择与文献检索

本章导读

任何一项心理学研究都始于选择一个合适的研究课题。如何选好研究课题是整个科学研究过程中最重要、最困难的工作之一。因此，要学会做心理学研究，掌握心理学研究方法，首先就要学会如何选择研究课题。此外，任何一项研究都是在前人研究基础上进行的，因此研究文献的检索在心理学研究中具有十分重要的意义，是研究的重要准备工作之一。本章主要讨论课题选题原则及确定程序，介绍课题选择的有效策略以及课题论证和评价的方法。继而，介绍研究文献的种类和来源，检索文献的原则和方法以及如何批判性地阅读文献和撰写文献综述。

第一节　课题选题原则及确定程序

同其他科学研究活动一样，心理学研究是一项高度自觉、富有创造性的探究性活动。这集中表现为研究者积极不断地提出问题和探求问题答案。因此，讨论研究课题的选择，首先应该从研究问题谈起。

怎样才算是一个“好问题”呢？Fraenkel 和 Wallen 认为研究问题应该具备三个基本特征：①问题切实可行，即研究在有限的时间、精力和财力下可以完成；②问题清晰，即问题中关键词的定义准确、无歧义，其他研究者可以对其达成共识；③问题有意义，即研究成果有价值，可以增加有关人类及自然的重要知识。

针对以上“好问题”的特点，下面详细讨论选题的原则。

一、选题的原则

(一)课题可行性

可行性原则指研究者需具备研究某课题的主客观条件。主观条件主要是指研究者的理论水平、研究能力、方法准备、时间和精力等;客观条件主要是指研究对象可否获得,有关的研究资料、设备以及必要的经费是否具备。这意味着同一课题由于研究者自身研究能力与可利用的外部资源不同,其可实现性也是不同的。有些研究课题虽然具有重要的理论和应用价值,但对单个研究者和群体来说,如果主客体条件不满足,这样的课题就不得不放弃或者对其加以修改。

大学生经常对心理病理学相关课题感兴趣,如精神分裂或多重人格障碍等,但在本科阶段,从这类样本中收集信息是不合适且十分困难的;在接触监狱工作人员等复杂敏感的样本时,本科大学生也往往没有时间或资源对该特殊群体进行观察研究。从这个意义上来说,研究者一味追逐前沿热门不一定是明智的,心理学研究初学者更应该注意遵循课题可行性原则。例如,一个心理学专业本科二年级的学生选择“视觉阅读过程的眼动和脑电研究”作为研究题目就不符合可行性原则。首先,本科二年级学生在“视觉阅读”“眼动研究”“脑电研究”等方面并不具备足够的理论水平和知识储备;其次,完成一项研究课题,往往需要三个基本条件和三个要素,即理论条件、物质条件、能力条件,以及人、财、物三要素,这些条件和要素通常都不是本科二年级学生所具备的。最后,初次从事科研的人员,最好选择一些研究范围小、易完成,又是本领域亟待解决的课题。

检验课题是否遵循了可行性原则可以从以下几个方面入手:

(1)研究者对相关领域研究背景与已有文献是否掌握或有无可能尽快掌握。

(2)研究者是否可获得进行研究所需要的研究工具、技术及相应的设备。

(3)研究者是否具备正确实施该研究的必要经验与技能。

(4)研究者是否可以获得愿意合作的研究对象。

(5)课题所涉及的内容与方法是否符合伦理标准。

(6)研究者能否获得完成该课题所需的经费。

(二)课题清晰性

课题清晰性的含义就是研究者到底要研究什么问题。例如,“教师觉得为学习障碍儿童设特殊班级的想法如何?”这个课题就不是很清晰。首先,“教师”该如何理解?教师类型如何界定(如幼儿教师、小学教师和中学教师)?是否包含所有学校(公立和私立)?是涵盖全国所有省份学校的教师还是仅仅涉及某个地区?这些问题都需明确。其次,“觉得”也很模糊。它是指认识?还是指什么情绪反应或潜在行为反应?最后,“特殊班级”和“学习障碍”也需要说明。例如,学习障碍儿童的一个定义是年幼儿童有明显的学习和行为失调,不能适应学校教育,一般由智力落后、文化剥夺或外国语言问题等原因造成。但这个定义本身也包含一些模糊的词,像“明显的学习失调”,就可以有多种含义,“文化剥夺”也可能有多种含义。所以将课题定义清楚比想象中的要困难。要使研究课题清晰,研究者应该明确界定研究问题的陈述形式。

课题的陈述形式有以下几个原则:

1.明确、具体

在观察客观现象,思考已有认识的基础上,研究者可能会发现很多疑点。不过,若这些疑点不能被明确具体地表述出来,那么就很难进入科学研究的视野。可以说,明确地表述问题是迈向问题解决的第一步。为此,问题的陈述应当具备以下特征:

(1)明确可操作或测量的变量。例如,在“老年人幸福感与睡眠质量是否有关”这一问题中,所涉及变量就是具体、可测量的。与此相对,“老年人心理问题与身体健康是否有关系”这一表述则笼统、模糊,必须进一步具体化才可以作为研究的问题。

(2)概念意义明确,避免歧义。例如,在“独生子女大学生与同伴交往是否理想”这一问题表述中,“理想”的概念不明确,因此该问题难以研究。若改为“独生子女大学生对与同伴交往的满意度如何”或“独生子女大学生与非独生子女在同伴交往满意度上的差异”,则概念更为明确。

(3)语言表述符合逻辑。问题都有其前提,所以研究者在表述上要对问题与前提的关系进行合乎逻辑的陈述。例如,若从以亲子相互作用理论为前提出发,讨论母亲抚养困难感受与幼儿的消极行为特征之间的关系,就可表述为:“既然母亲与幼儿之间存在双向作用,那么幼儿的消极行为特征是否与母亲的抚养困难感受明显相关呢?”但如果表述为:“既然母亲与幼儿之间存在双向作用,那么母亲的抚养困难感受是否能决定幼儿的消极行为特征呢?”则问题与前提的关系不符合逻辑。

2.语言客观中立

由于问题提出是科学研究的开端,而科学研究要求研究者持客观中立态度,因此问题的表述应当采用不带任何主观好恶等感情色彩的中性语言。也就是说,问题表述中不宜体现研究者的价值判断。例如,若探讨农村幼儿教育师资与城市幼儿教育师资的差异,则问题可表述为“××市农村幼儿教师平均受教育年限是否与城市幼儿教师平均受教育年限存在显著差异”。

问题表述应站在中立的立场,以客观态度揭示现象的本质。所以,在问题表述中用词要谨慎,如好、差、落后、先进、对、错等带有褒贬色彩的词语,应该用不同、差异、得分高于、得分低于等中性词代替。

（三）课题价值性

课题价值性即课题须值得研究，具有理论和实践意义。例如，如果有研究者选择研究“精神分裂症患者的反应是否不同于正常人”，这个课题便没有研究价值。因为即使他确实找到了两者在反应时存在差异，也无法对这种差异做出确定的解释。如果把课题改为“精神分裂症患者的注意力是否不同于正常人”，这样的课题就有研究价值，因为它与已知的心理过程有着确定的联系。研究者选取的课题应该是当前心理学研究中具有代表性，被普遍关注和亟待解决的重大问题或热点、难点问题，这样有利于建构心理学理论体系，或满足人类的现实需要。

高度创造性是科学研究活动的本质特征之一，所以新颖、富有创意的研究课题直接关系到课题的价值。在心理学研究中，课题的创新性主要表现在三个方面：①课题所涉及的问题在内容上是前人未触及或探讨不深入的。②课题中不同问题的组织框架与线索是新颖的，或是研究的角度不同于前人。例如，对爬走和行走动作的研究由来已久，但从动力角度对两者进行探讨则较为新颖。③课题在问题解决方法上有所革新。例如，对于教师课堂行为的研究，已有研究多采取直接观察法，研究“实际发生”的行为。若从学生知觉的角度来探讨学生心目中对教师课堂行为的主观认识，则在方法上显著优于已有研究，可以获得新的发现。

总之，研究者选题时应该明确课题有无理论价值或应用价值，以及是否具有创新性。

二、课题确定的程序

在心理学研究中，研究课题的选择过程受诸多方面影响，如课题的性质和特点、研究者的知识背景和课题经验、研究者的工作基础等。但一般来说，确定一项新的、正式的科研课题大多要经过以下几个基本过程。

第一步，初步选出研究课题。在这一阶段，研究者或接受有关部门下达的科研课题，或根据社会实践需要初步提出研究课题，或在自己以前研究工作的基础上发展出一个新研究课题，或通过查阅有关文献，针对以往研究的不足初步提出一个科研课题。

第二步，对研究课题进行初步探索。初选研究课题之后，研究者必须围绕初选课题进行一些初步的探索。探索的方法有很多，如广泛检索研究文献，向有关专家、内行请教、学习，进行实地考察，等等。探索是为了对拟探讨问题的研究历史、现状、必要性、价值、主要方法等许多方面有清楚的了解和把握，最终目的在于将研究课题具体化。

第三步，将研究课题具体化。在初步探索的基础上，研究者应当经过从抽象到具体、从整体到局部、从大到小的过程，将研究课题具体化。把一个研究课题（如“青少年网络利他行为的特点、影响因素与塑造对策研究”）具体化为一个个可以直接着手的问题（如青少年网络利他行为现状调查和主要特征、家庭教养与网络利他行为的关系、友谊质量与网络利他行为的关系、大五人格与网络利他行为的关系以及多元化培养策略），能够将研究课题展开为一个有待研究问题的网络，便于具体着手研究。例如，研究者选择“网络利他行为对青少年发展的影响”这一课题进行探索，可以将影响的方面涵盖道德品质、积极人格、主观幸福感等。研究课题与问题的关系如图 2-1 所示。

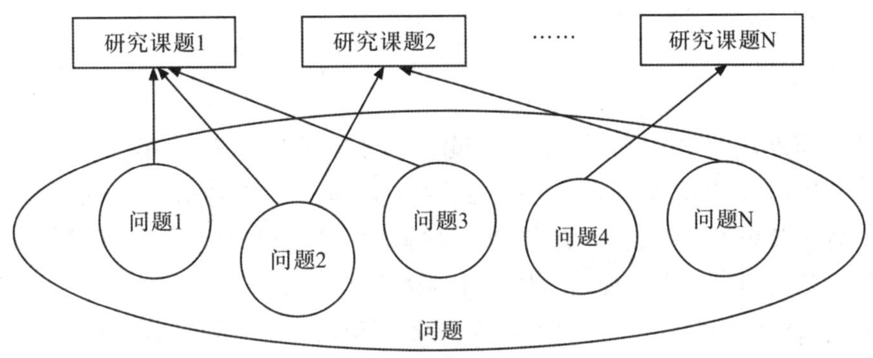

图 2-1　研究课题与问题关系示意图

第四步，撰写课题论证报告。在上述工作的基础上，研究者需要综合各方面的情况，撰写选题报告，对课题的名称、国内外研究动态（即相关主题研究综述）、问题提出、理论意义与应用价值、研究内容、创新点、研究思路与方法、计划安排、经费预算和预期成果等进行说明、论证。

第五步，征求意见，反复修改。课题论证报告完成后，研究者可以通过撰写课题论证报告，或将课题论证报告送交有关同行评阅的形式，征求大家的意见。在集思广益的基础上，对课题论证报告进行修改，使选题更加准确、完善。

三、课题论证报告的撰写

如前所述，课题论证报告阐述了研究者拟探讨课题的研究背景、内容、价值与具体方法等，其质量直接反映了课题研究者的学术水平和科研能力，是课题能否被批准、资助的决定性因素之一。因此，熟练掌握课题论证报告的撰写方法十分重要。下面介绍课题论证报告主要部分的撰写方法。

（一）国内外研究动态部分

在课题论证报告中，研究者应综述与研究课题有关的文献，介绍和分析国内外研究成果、发展脉络和存在的主要问题，阐述本研究课题提出的依据、意义，其目的在于进一步证明探讨本课题相关问题的必要性，说明课题的科学性和创新性。

撰写该部分时，应注意以下几点：①由于课题论证报告篇幅有限，而课题涉及的领域或方面又比较多，因此写文献综述时应紧紧地围绕课题探讨的中心问题，不可罗列大量无关或关系较小的研究文献；②对已有文献的评述应当客观、全面，不可在未充分检索相关文献的情况下妄作定论，使用诸如“国内在该方面的研究完全空白”或“已有研究毫无价值”等语句；③已有研究存在的问题、不足可能很多，研究者应以高度简练的语言逻辑清晰地论证本研究拟突破、创新、改进的关键部分，不应将笔墨过多放在一些具体、细小的问题上。

（二）问题提出部分

课题论证报告中，对研究课题的直接论证从陈述课题的研究问题、意义开始。在填写时应开宗明义，用精练清晰的文字简明扼要地勾画出整个研究的轮廓，说明研究的具体问题及其理论意义、应用价值，以使评审者一开始就对整个研究课题有初步的概括了解。陈述问题时应当使用通俗易懂的语言，力求简单清晰。

在陈述研究问题时，应注意以下几点：①论证伊始应以“本研究的目的是……”或类似句式点出研究目的，用几句精练的句子概括研究的重要问题。避免过分注重说明细节，导致评审者难以把握研究大意。②应简要概括研究的主要假设，对研究的主要结果做出概括性预测。③应具体说明研究本课题对于发展心理学相关理论或指导社会实践有何重要意义。比如，拟进行研究在理论或方法上有什么重要创新，将如何完善、扩展或修正现有理论，有助于解决哪些实践中迫切需要解决的问题。总之，提供研究意义方面的详细信息将有助于表明拟研究课题的紧迫性和价值。

（三）研究思路和方法部分

在研究方法部分，应当对研究对象和拟采用的方法、工具等加以说明。对于研究对象，应指明研究对象的特征、数量、来源，以及抽样方法等。研究方法部分应简要介绍本研究将采用何种收集资料的方法、具体测量工具及手段是什么。撰写该部分时，应将重点放在说明研究的总体思路、设计的逻辑思想、主要测量方法和被试选取方法等方面，而不必过多、过细地介绍有关细节。

第二节　课题选择的策略

上一节讨论了选择研究课题时应当遵循的一些基本原则。本节将具体阐述如何在这些原则的指导下选择研究课题，即课题选择的策略问题。

一、检验以往理论选择课题

通过科学研究揭示心理活动的客观规律，建立和发展心理学有关理论，使其具有对社会生产实践、教育实践活动的普遍指导作用，是心理学研究的另一重要目标。心理学理论由解释某些心理现象的相互关联的若干陈述组成，它们可能需要检验，也可能需要修正、完善，还可能被新的科学事实推翻。因此，有许多值得探讨的理论问题可以作为研究课题。在进行这方面的选题时，可从以下几方面入手。

（一）为证实他人或自己的某一理论观点而选择相应课题

一般来说，科学理论对客观事物的概括内容通常要比现有研究中已证实的有关已知事实多，即它的概括化超越了可获得的经验事实。这样，通过对尚未证实但应当能观察到的特殊现象做出推论、预测，理论就具有指导、刺激进一步研究的功能，而研究者也正是通过检验其理论推论（预测），来检验科学理论解释的正确性、完善性。因此，选题的基本策略之一是根据该理论做出推论和预测，通过该推论和预测可否得到证实来检验该理论是否正确。比如，Sternberg 采用英文字母实验材料，发现短时记忆信息提取主要按照完全系列扫描进行。后续研究者可以采用汉字为材料进一步检验短时记忆信息提取的规律是否适合我国被试短时记忆认知过程。

（二）通过对现有理论、观点进行质疑而提出研究课题

这要求研究者要有批判性思维，不迷信权威和他人理论，敢于怀疑，善于发现理论解释的漏洞。在科学史上，Einstein 提出相对论、Lavoisier 推翻燃素说、Aristotle 许多结论被驳倒，在某种意义上都是始于科学家大胆怀疑看起来似乎无懈可击的理论。在心理学研究领域，如果对目前盛行的一些理论略加分析，也不难看出其中可能存在的不足，并由此可以开辟研究领域和提出研究的具体课题。比如，Albert Bandura 的观察学习理论认为，榜样模仿是人们学习的主要途径，而另一种可能则是人们基本上是通过行为强化来学习的。事实上，质疑选题与上述从争论中选题在本质上是一样的，不同的是从争论中选题时，争论双方已提出了不同观点，只需留心分析，并提出课题；而质疑选题则是要求以批判的态度对待现有理论、观点，根据自身已有知识和经验提出不同的观点，再确定研究课题。

需要指出的是，在理论领域选择课题，无论从上述三方面中的哪方面入手，研究者都需要注意以下几点：①要充分熟悉、真正理解该理论；②大量查阅有关文献以了解该理论的研究背景；③根据该理论做出一个或多个可被研究的推测；④制定能检验该理论推测性假设的研究设计。通常，研究者检验的内容既包括理论的正确性，又包括理论的概括化程度即它能应用的范围的大小，比如一个理论陈述能否适用于以前

未被检验过的环境、时间、被试、领域等。

二、从以往理论之争或方法缺陷中选择课题

(一)从理论之争中发现课题

同其他科学研究领域一样,心理学研究对于同一心理现象、过程的解释也时常存在分歧,出现过许多著名的争论。如遗传决定论与环境决定论之争、有关记忆遗忘的干扰说和衰退说等。在心理学各分支学科的特定研究领域中,还存在着许多微观理论观点间的学术争论,并且双方都有一定的事实依据和理论依据。因此,了解这种争论的历史、现状和争论的焦点,乃是发现问题、提出研究课题的重要途径。在心理学发展史上,心理学家对许多问题的研究常常是在有争论特别是在持完全相反的观点的刺激下进行的。例如,有关自尊与攻击行为的关系,以往研究者提出了两种观点。一种观点认为低自尊导致攻击行为,低自尊者会把自己的自卑和失败外化为对别人的攻击行为;或者说攻击行为的来源是低自尊者希望通过攻击他人来提升自己的力量感,甚至是借此方式提高自尊。另一种观点则假设高自尊诱发攻击行为,攻击作为一种具有冒险属性的行为,是需要足够勇气来支持的,勇敢、自信等正是高自尊者的典型特征,总体上高自尊者的攻击水平相对较高,而低自尊个体由于害怕失败往往避免自己的攻击行为。近期,有研究者引入同伴接纳作为调节因素,发现了自尊与攻击关系受到同伴接纳的调节作用。具体来说,对于低同伴接纳个体,无论其自尊水平高还是低,表现出的攻击行为都较强;对于高同伴接纳个体,随着自尊水平的升高,其表现出的攻击行为降低。

(二)注意已有研究在方法学方面存在的问题

在研读已有研究文献时,要注意分析、思考所阅读的文献在方法学方面是否存在问题。比如在研究工具方面存在严重不足,或是某些变量没有得到适当控制。为了弄清低效度的测量工具(或未控制变量)对研究结果有无影响,就需要在改进测量工具(或更严格地控制变量)后进行研究。这些在方法学上有重要修正的新研究将检验原有研究结果是否可信、有效,或是对原有研究结果予以全新解释。例如,关于社交网站和错失焦虑的关系,以往研究者主要采用横断设计,形成了两类观点。一种观点提出,错失恐惧可能会诱发社交媒体成瘾。另一种观点则认为,错失恐惧可由社交媒体成瘾诱发。之后有研究者使用交叉滞后的纵向追踪设计,得到了错失恐惧与社交媒体成瘾存在不同时点相互预测的准因果关系。在这一过程中,交叉滞后的方法通过对两个变量前后时点的预测分析,可以得到它们之间孰因孰果的关系判断,从而准确揭示心理或行为的准因果机制。

三、从理论或方法盲点选择课题

这需要研究者善于发现已有知识链条中的空白点（即空缺成分）并对之进行研究。在通常情况下，一方面，由于研究者学术背景、水平、精力、研究条件等种种原因的限制，每个研究者都往往只能关注和研究一部分有价值的研究课题。这样，众多研究者的视野必然比单个研究者更广阔。另一方面，历史上总有许多重要的问题仍未被研究者所察觉，这可能是由以往研究者认识水平、研究手段有限造成的，也可能是由以往研究者错误地低估某些问题或变量的研究价值造成的。因此，在检索与评价研究文献时，对以前尚未研究的问题可予以优先考虑，从中很可能发现比当前研究更有价值的课题。例如，有关心理旋转机制的探索，以往研究主要开展了心理旋转对字符、图形等客体旋转和身体部位旋转的研究，而缺乏主体因素对心理旋转的影响过程。基于此，有研究者以场认知风格作为主体性因素，探讨了其对个体心理旋转的作用规律。结果发现，两类场认知方式的被试的心理旋转反应时、正确率曲线都呈倒"V"形分布，但场独立性的被试比场依存性的被试的反应速度快且正确率高。这即是一个典型的旨在填补已有知识空白的研究实例。又例如，以往研究主要使用行为实验法考察装饰材料影响多媒体学习的认知机制，却很少使用眼动来辅助行为实验，进而难以精确追踪多媒体学习的注意过程。由此，可以将眼动技术引入此项课题研究，精确记录对某些区域注视时间、注视次数、注视点比率、眼跳次数等，从而为装饰材料影响多媒体的认知加工提供实证依据。

四、根据社会需要选择课题

心理学研究的重要目的之一就是解决现实生活与社会实践中的问题。因此，根据社会的需要，看清时代的潮流，审时度势，选择当前社会实践中迫切需要解决的一些问题作为研究课题，是课题选择的重要策略之一。目前，在我国现实生活和社会实践中存在着大量值得研究的心理学课题。例如，社会变迁过程中人们的价值观变化，当前青少年问题性网络使用及干预，青年群体婚恋观特征，空巢老人社会支持系统模式，留守经历对大学生发展的影响，在线学习效果的心理促进机制，自闭症儿童的认知缺陷和干预，领导风格对员工工作投入和绩效的影响，大学毕业生慢就业心理动因和疏解策略，经济活动的决策特点和规律，产品设计和开发的用户体验测评，青少年心理危机影响因素及干预模式，儿童青少年创新思维发展与培养，等等。对研究者而言，需要深入实际，在社会实践和日常生活中注意搜集、把握那些为社会所关心的、亟待研究解决的共同问题，从中选择与心理学领域有关的问题作为自己的研究课题。

通常，来自社会实践和现实生活中的课题大多属于应用性研究，其研究结果具有较大的应用价值，能直接为社会实践和现实生活服务。

需要特别指出的是，选择实际问题作为研究课题，并不意味着研究可以缺乏理论基础，忽视理论价值，而是指问题与实际社会需求的联系更为直接和迫切。因此，来自实践领域的课题选定后，还需检索文献，学习有关理论，以便更好地开展对该问题的研究，以使来自实践的课题也具有重要理论意义。

第三节　文献检索

一、文献检索的意义

初步确定心理学研究课题以后，研究者通常要仔细检索有关文献。文献(literature)是记录、保存、交流和传播知识的一切材料的总称。检索心理学文献有重要的意义，在整个研究过程中都必须进行。因为文献记载了非常丰富的心理学理论、研究方法、数据、案例和启示，能反映出心理学研究最新进展和水平，是心理学研究工作必不可少的信息来源。它不仅可以帮助研究者收集特定问题的各种研究观点和结果，还可以提供对当前研究有用的思路和方法。因此，确定课题以后，继续查阅文献有利于研究者评价和发展初步确定的课题。具体表现在以下三个方面：

第一，有助于寻找知识的空白点。科学研究是为了有所发现，有所前进，那就需要进行前人没有进行过的，或前人进行得还不够全面完整的研究(即知识空白点)。若不熟悉相关文献，研究者挖空心思想出来的课题和方案，可能会是早已研究过的、已有定论的东西。因此，从已有文献中了解某个领域的研究现状，寻找空白点进行研究，是课题选择的思路。这里要注意两点：一是要查找文献，弄清楚研究的问题是否空白点；二是问题要有重要意义，即使问题是空白点但其研究毫无价值，也是不值得研究的。

第二，有助于发现矛盾的结果。在研读文献时，研究者偶尔会发现，针对同一问题的不同研究可能存在不同甚至彼此矛盾的结果。例如，通过检索文献，了解到关于精神分裂症唤醒水平的研究出现两种不同的结果。一种结果是精神分裂症病人的自主神经系统反应少而弱，唤醒水平低；另一种结果则恰好相反，病人处于缓慢的高唤醒水平，自主活动明显多而强。针对这种情况，陈仲庚等重新设置实验条件展开研究，研究结果支持精神分裂症病人唤醒水平更高的学说。但正如前文所述，并不能因此就完全否定唤醒水平过低说，只能认为在这种特定的实验条件下唤醒水平过低说是不合适的。遇到这类矛盾结果时，应当秉持批判性思维，弄清楚不同研究出现不同结果的差异来源。

第三，重复已发表的研究。有两种情况。一种是简单重复研究，目的是验证某一已发表的研究结果及其相联系的解释是否真实可靠。一个研究结果，尤其是与之相联系的解释，绝不是一次研究所能完成的。一般要经过他人反复验证，确实能得出其重复结果且解释合理才具备可靠性。例如，Sternberg 发表有关短时记忆信息提取实验的报告后，即有不少研究者对之产生兴趣，完全重复或对实验条件稍加改变后予以重复，均得到一致的结果，这就说明了 Sternberg 记忆实验结果及其解释的正确性。重复研究是科学研究中常见的选题方式之一。另一种情况是，当研究者初涉某一领域的研究，对该领域研究内容尚不熟悉时，可以选择某些经典的研究予以重复，以熟悉有关的工作并印证其结果。有时，一些研究既是对前人研究的重复，又是创新。例如，在中国儿童身上进行 Piaget 守恒实验，观察中国儿童在守恒作业的质和量上具有什么特点并将研究结果与欧美儿童比较。将研究对象的民族看作一个自变量，该研究便足具创新性。

总之，文献资料是学习和研究工作的基础，没有文献资料就无法进行有价值的科学研究。

二、检索文献的原则

随着现代科学技术迅速发展，研究文献也急剧增加，快速有效地检索研究文献是研究者必不可少的基本能力。要高效率地检索文献并充分利用文献，研究者应遵循下述原则。

（一）围绕研究课题，收集相关文献

通常情况下，文献检索是研究的一个环节，旨在根据事实来验证假设真伪。因此，文献检索在时间、来源及数量上均无须求全，反而应有所限制，必须尽量与假设有关，避免散漫无章或文不对题。研究者应以质量较高、影响广泛、学术性强的文献为主要检索对象，紧密围绕研究课题开展收集、阅读、整理等文献工作。在少数情况下，研究课题即为综述，整理某领域已有研究，那么文献检索本身即成为研究主体，则文献检索应尽可能广泛，力求全面反映已有研究特点。

（二）着重把握研究新进展，兼顾研究的历史发展脉络

充分了解当前研究的主要思路、方法、结果及理论框架，对于确保课题的前沿性无疑是极为重要的，因而文献检索应重视对最新文献的收集与分析。不过，科学研究有其连贯性，知古才能通今。为此，文献检索亦需重视对以往研究不同阶段代表性文献的把握。在收集文献过程中，采用倒查法，即先查新近文献，后查过往文献，并注意文献在时间上的连续性，如此有助于研究者兼顾最新进展与历史发展演变。

（三）注意检索原创性、代表性文献

应尽可能检索第一手资料以及被广泛引用的重要文献，全面地了解已有研究的成就与不足，避免受到多次转述资料的误导而曲解犯错。同时，还应当广泛检索各种派别、各种观点的代表性文献，这不仅有利于研究者从争论中发现问题，而且有利于研究者修正、扩展研究思路。

（四）兼顾文献内容的"博"与"专"

不仅要检索与课题直接有关的资料，而且应当检索相关领域、相关学科与课题具有连带关系的文献。这是由于当代科学日趋具有分化与综合并存的特点，心理学内部不同领域与教育学、社会学、医学、管理学、计算机科学、统计学、经济学等多门学科之间出现许多彼此相通的交叉点，使得不同领域与不同学科在知识背景、思想观点、研究方法与研究课题等方面均可能产生联系并且有必要相互借鉴、启发甚至联合攻关。

（五）查找收集文献与阅读整理文献紧密结合、交替进行

检索文献的过程不是盲目地收罗已有的研究结果，而是具有明确的目的性与计划性。因此，查找与阅读整理两个环节虽有一定先后次序，但不是绝对固定的。只有及时对已查寻的文献进行整理，研究者才能恰当地确定下一步资料查询的方向、重点，及时纠正错误，发现新的重要检索对象（被广泛引用的文献），从而提高查阅文献的效率与工作质量。

文献的查寻和阅读整理两方面会交替进行。有些初学者常常会犯一个错误：试图在收集到所有相关文献后，再进行阅读和整理。这种做法往往导致其在大量文献面前无所适从，或者经过艰苦的整理后发现以往的收集工作存在严重失误，遗漏了重要文献，结果费时费力又毫无成效。因此，就检索文献的全过程而言，其正确程序表现为：初步查找文献—阅读和整理文献—重新确定查询方向、重点或目标—进一步查找文献。这样交替进行下去，直至找到所需的文献。

三、文献的来源

（一）书籍

心理学方面的书籍主要有教科书、专著、资料性与参考性工具书等。

教科书是为心理学专业的学生或研究者编写的专业性书籍，具有较好的科学性、系统性和逻辑性，主要介绍心理学某一分支的有关基本理论和研究成果。其参考资料大多经过反复验证，比较可信。如果有关所选课题的材料很少，可先从教科书开始

搜集材料。对于最新出版的,并附有大量参考书目和文献索引的教科书,应着重查阅,这有助于了解相关进展并提供进一步查寻文献资料的各种线索。有的教科书还配有教学参考书,对查寻资料大有益处。但是,教科书的某些特殊要求和出版周期较长、更新速度慢等因素,使教科书的结构定型、内容偏于反映学术界普遍同意或较为流行的观点,因而较难跟上学术研究的最新进展。同时,对于许多有争论、分歧或矛盾的问题、观点和研究结果,教科书通常也不能加以具体介绍和分析。

专著是对心理学研究领域中某一专题进行全面、系统、深入论述的著作。内容包括对有关问题进行研究的详细历史与现状,以往和现在不同学派、学者在该方面的不同见解、具体研究工作、研究方法和成果,著者对它们的评价,著者本人的独到见解与研究成果,著者本人对存在的问题、出路和发展趋势的看法等。对于从事心理学的研究者来说,专著比教科书具有更大的检索价值,它不但向研究者详细介绍了某一特定研究问题的历史、现状和发展趋势,而且附有大量、全面、详细的参考文献作为检索线索。

在各种各样的资料性与参考性工具书中,手册和年鉴对研究者的科研工作有重要帮助。手册是对心理学某一分支或某一具体领域的研究和进展状况进行全面介绍的工具书,其特点是概括介绍有关问题的研究历史,特别是在某一时期内研究的新成果及方法、存在的问题与可能发展的方向。研究者可以通过它在较短的时间内迅速获得大量重要的、有价值的信息。有的手册每间隔一段时间(几年或几十年)出版一个新版本,具有连续性,因而对于系统了解某一方面的研究历史进展很有帮助。在我国心理学领域,还没有这类手册供研究者检索,从有关图书馆中可检索到这类手册的英文版,如《实验心理学手册》(*Handbook of Experimental Psychology*)、《儿童心理学手册》(*Handbook of Child Psychology*)、《学前教育研究手册》(*Handbook of Preschool Education Research*)等。

年鉴是汇集一年内重要时事文集和统计资料的工具书。如我国出版的《中国心理学年鉴》共分为五个板块:中国心理学会开展的主要工作;心理学会各分支机构的工作;省、自治区、直辖市学会工作;国内重要的心理学研究和教学单位的情况;心理学学术刊物相关工作情况。这为研究者全面了解国内心理学学科发展进程提供了翔实、可靠的参考资料。对于许多心理学方面的研究工作,年鉴中的统计资料具有重要的价值。另外,在有关图书馆可查到美国加州年鉴公司出版的《心理学年鉴》(*Annual Review of Psychology*)。该年鉴并不是介绍一年内心理学研究的学术动态,而是由有关专家执笔,对心理学各分支、领域研究的进展作全面、系统的综述,有时也包括对新出现的研究领域、问题和方法做专题性综述。这些综述资料相当丰富,并引证了大量研究文献,对从事心理学研究很有参考价值。

除教科书、专著、手册、年鉴外,还特别值得研究者注意检索的是各种英文版新进展连续系列丛书,如《发展心理学研究进展》(*Advances in Developmental Psychology*)、

《儿童发展与行为研究进展》(*Advances in Child Developmental Behavior*)、《儿童精神分析研究》(*The Psychoanalytic Study of the Child*)、《明尼苏达儿童心理学专题讨论会文集》(*The Minnesota Symposia on Child Psychology*),以及许多专门的有关知觉、学习、社会心理学、人格方面的新进展、综述书籍。这些丛书定期或不定期出版,出版间隔短则一年一卷,长则五六年一卷,连续编号,每卷多集中某一专题或年龄范围,主要介绍该领域最新研究进展。在实际的研究工作中,应注意查阅,从中了解有关研究的最新进展与动态。

(二)期刊

期刊是定期或不定期的连续出版物,它可以是公开发行的正式刊物,也可以是内部交流的非正式刊物。一般来说,期刊具有出版周期短、内容新颖、论述深入、能及时反映最新研究动态等特点,这使得它成为最为重要的研究文献资料。刊登心理与教育科学研究成果内容的期刊主要有以下几种。

(1)专业学术杂志。目前,国内外有关心理学方面的专业学术杂志多达数百种。其中,我国正式出版的专门刊物有 11 种,全国和各省市心理学学术组织不定期出版的内部交流刊物也有多种。表 2-1 列出了常见的 9 种心理学期刊。

表 2-1　国内主要心理学期刊

期刊名称	主办单位	简介
《心理学报》	中国心理学会、中国科学院心理研究所	主要发表我国心理学家最新、最高水平的心理学科技论文
《心理科学》	中国心理学会	全面反映心理学各个分支的成果,论文涉及心理学各个领域,反映国内外心理学的最新研究成果和最新进展
《心理科学进展》	中国科学院心理研究所	主要发表能够反映国内外心理学各领域研究新进展、新动向、新成果的理论性和综述性论文
《心理发展与教育》	北京师范大学	是国内唯一的发展心理学与教育心理学专业学术刊物,主要发表儿童青少年心理学和教育心理学领域的高质量研究报告与论文
《心理与行为研究》	天津师范大学心理与行为研究中心	主要发表认知心理、发展与教育心理、生理与医学心理、心理学史与基本理论、心理测量与研究方法、管理心理等心理学研究的论文
《心理学探新》	江西师范大学、中国心理学会理论心理学与心理学史专业委员会	主要发表心理学理论研究、实证研究和方法研究的探索性文章

续表

期刊名称	主办单位	简介
《中国心理卫生杂志》	中国心理卫生协会	涉及学科包括精神病学与精神卫生学、健康心理学、儿童发展心理学、教育学、社会学等，是跨学科的学术期刊，全面反映我国心理卫生领域的研究现状和学术水平
《中国临床心理学杂志》	中国心理卫生协会	主要发表应用心理学的论文及相关的基础和理论研究成果，内容包括心理咨询与治疗、心理与教育测量、神经心理、健康心理、病人心理、少儿学习和行为问题等
《应用心理学》	浙江省心理学会和浙江大学	主要刊登心理学应用研究和应用基础研究的论文、评述、研究报告和学术动态

国外英文心理学刊物有200多种。不同杂志具有不同的特点与侧重点，研究者应注意了解各刊物的特点，并根据自己的不同需要进行有选择的检索。

(2)大学学报。全国许多大学特别是综合性大学和师范大学的学报都有社会科学版或教育科学版，如北京师范大学学报(社会科学版)、华东师范大学学报(教育科学版)等。这些大学学报都发表过大量心理学方面的科学论文和研究报告。这些文献基本上都是专门从事有关研究工作的学者、专家、研究人员撰写的，有较高的学术价值，很值得研究人员检索。

(3)文摘杂志。这是一种期刊型情报索引刊物。中国人民大学书报资料中心编辑出版的各种报刊复印资料即属此类。其多是专门从全国各种报纸杂志上选取汇总有关心理学方面的文章，并定期出版，内容有全文复印、摘录和索引。美国心理学界编辑出版的《心理学文摘》(*Psychological Abstracts*)包含心理学方面的科学研究成果和主要著作。其特点是信息量大，分类详细，有简要介绍。通过文摘，研究者可以迅速了解每篇文章对自己研究课题的参考价值，以便更准确地检索原始文献。

此外，查阅文献时还应注意国外出版的综述型期刊，如《心理学综述》(*Psychological Review*)、《心理学简报》(*Psychological Bulletin*)。这些杂志主要发表普通心理学、教育心理学方面的文献综述。通过这些文献综述，研究者可迅速了解有关专题的研究历史进展与现状，并获得大量直接参考文献、索引。

(三)学位论文

心理学方面的学位论文主要有学士学位论文、硕士学位论文和博士学位论文，其中后两者具有重要学术价值和检索价值，它们是研究生为获取学位而在导师指导下进行专题研究后写出来的学术论文。这类论文许多没有公开发表，或由于论文较长，所发表的也只是论文的一部分，它们通常由研究生毕业高校保存。目前，我国各大学特别是师范大学系统有大量攻读心理学学位的硕士、博士研究生，他们在这门学科各具体领域进行了大量富有创造性的研究，并写出了许多高质量的学位论文，应注意检索。

（四）学术会议文献

学术会议是学者、研究者进行科研成果交流的重要场所。全国各省市有关心理方面的众多学术组织都会定期或不定期地召开各种学术会议，交流各自的最新研究成果，或共同研讨某一方面的学术问题。从与会者提交的大量会议论文资料中，研究者可以及时地了解到最新的研究成果、研究动态和研究趋势。全国有关科研机构，高校各院/所的资料室在搜集有关会议论文资料方面往往比图书馆更有效、更便利，因而它们所拥有的会议论文资料比较多，比较齐全，检索时应注意利用这些资料室。

（五）报纸

报纸是以刊登新闻报道和评论为主的定期连续出版物，一般是每天、每周或每月出版。由于出版迅速，因而情报、信息及时。许多一般性报纸，如《人民日报》《中国科技报》《中国青年报》都经常报道心理方面的新闻、研究成果、学术动态。《光明日报》有专门的教育科学版，定期刊登有关心理学理论、研究、应用方面的内容。《中国教育报》则是专门刊登教育方面的新闻报道和评论的出版物。从有关报纸中，研究者不仅可以了解到某些研究的新进展、新动态，更重要的是还可以认识到在社会实践中心理科学工作者提出的亟待解决的新课题，对研究者选择有价值的研究课题有很大的帮助和启发。

（六）电子文献

除上述几种以印刷形式记录、保存和交流的研究文献外，在此特别值得一提的是最新发展起来的网络化计算机的电子数据存储形式。当前，文献资料的网络化已经成为科学技术发展的一个新的趋势，越来越多的文献资料可以在互联网上查询、浏览、下载和阅读。这大大增加了研究者所能掌握的文献数量并提高了方便程度。

近年来，随着互联网的逐步应用，出现了越来越多的电子期刊数据库，研究者只需要在任何一个联网终端电脑前轻敲键盘即可查到大部分需要的资料，这给研究者带来了极大的便利，节省了很多时间和经费。这种方式主要包括搜索引擎、大型期刊网站、大学图书馆网站以及作者个人网站等。

搜索引擎是指一些大型的、专门提供搜索服务的网络内容服务网站。这种网站会定期自动搜索所有网络上的资源，并进行内在组织管理，然后将信息通过查询结果的方式呈现给用户，在一些很好的搜索引擎上可以找到大部分想要的资源。这些搜索引擎主要包括 Google(http://www.google.com)、百度(http://www.baidu.com)以及搜狗(http://www.sogou.com)等。并且，上述引擎均有学术搜索板块。

大型期刊网站是指由一些大型出版商、协会以及学术组织所承办的期刊网站，它们会将每期的期刊电子化，并将其呈现在网站上，以免费或者付费的方式提供给读者阅读。这类网站主要包括 Nature(http://www.nature.com)、Science(http://www.sciencemag.org)、APA(美国心理学会)(http://www.apa.org)、PNAS(美国科学院院刊)(http://www.pnas.org)、中国心理学会(https://www.cpsbeijing.org)等。

大学图书馆网站是指各大学图书馆的电子资源，目前几乎所有的大学图书馆都提供电子期刊查询服务，可以查询到本馆资源，有些可以查询复印的报刊资料，有些还可以查询到硕士、博士论文库，有些也会定期购买一些国内外比较著名的电子出版物并对本校师生免费开放，比如北京师范大学图书馆(http://www.lib.bnu.edu.cn)、北京大学图书馆(http://www.lib.pku.edu.cn)和清华大学图书馆(http://www.lib.tsinghua.edu.cn)等。

作者个人网站是指论文发表者的个人网站，他们一般会将自己已发表的论文放在个人网站上，向全世界来访者免费提供。

四、文献检索方法

面对众多的心理学文献，研究者如何在短时间内用较快的速度检索所需的、尽可能多而全的心理学文献呢？这需要掌握一些常用的方法和技巧。下面重点介绍参考文献查找法和检索工具法。

(一)参考文献查找法

参考文献查找法又称滚雪球法，指研究者根据自己所需查找的有关内容先找出最近发表的一篇文章或出版的一本书，再从已知文章和书籍所附的参考文献目录查找内容相关的文献，然后根据这些文献各自所附的参考文献目录，掌握更多的有价值文献的方法。严格说来，各类杂志上发表的心理学类文章和有关书籍均附有丰富的参考文献，可供读者查找。通过参考文献来查找的优点是所查文献的针对性强、直接而集中，效率也高。特别是研究者找到的首篇文献是所研究专题的文献综述时，他既可以对该专题获得全面概括的初步了解，也可以快速获得该专题充分的参考文献。其不足是参考文献不够全面，而且会受到首篇参考文献作者水平和所能涉及的资料范围的影响。

参考文献查找法的关键是如何找到最近发表的首篇文章或最近出版的书。一般有以下途径：一是请专家推荐，因为专家对本领域的进展情况比较了解；二是经常浏

览比较权威的杂志目录；三是利用检索工具。

（二）检索工具法

检索工具法是利用已有的检索工具来查找文献资料的方法。随着计算机技术和互联网的发展，现主要借助计算机和互联网进行电子检索。

计算机检索（computer retrieval）就是利用计算机对存储的文献进行检索。研究人员将大量的文献资料按照一定的格式输入计算机中。经过计算机的加工处理，以一定的结构存储在计算机的内部或外部存储介质上，如硬盘、U盘等，成为电子文献。查询者按照自己对文献的需求，编写成检索提问式，按一定的要求输入计算机，由计算机对检索提问进行处理，并与已存储在计算机外部介质上的电子文献资料进行检索运算，最后计算机检索系统将检索结果按要求显示或打印输出，这就是计算机检索，也称为电子文献检索。目前，计算机检索已被广泛地应用在文献检索工作中了。

利用计算机检索文献信息既可以利用单机检索，也可以利用计算机网络检索。单机检索是利用已有的静态数据库进行检索（主要是以硬盘为载体的数据库）。而利用计算机网络检索除了可以检索专业的动态数据库以外，也可以检索其他网络资源。联机检索更有优越性。

计算机检索有很多优势。一是检索速度非常快，通常只需几秒钟查询的结果就会呈现；二是费用便宜，有些数据库甚至是免费的；三是可以获得打印的检索结果，甚至摘要和全文；四是可以同时检索多个关键词或运用多种检索途径（如表 2-2 所示）。

表 2-2　部分心理学文献检索数据库

名称	链接
ProQuest	https://www.proquest.com/
EBSCONET	https://www.ebsconet.com
PsycINFO	http://www.apa.org/pubs/databases/psycinfo/
PsycNET	http://www.apa.org/pubs/databases/psycnet/
PsycArticles	http://www.apa.org/pubs/databases/psycarticles/
PsycBOOKS	http://www.apa.org/pubs/databases/psycbooks/
BIOSIS Preview	http://www.biosis.org/products_services/previews.html
Science Direct	https://www.sciencedirect.com/
Wiley Online Library	https://onlinelibrary.wiley.com/
PNAS	http://www.pnas.org/
中国知网	http://cnki.net/
超星数字图书馆	http://book.chaoxing.com/

续表

名称	链接
万方数据库	http://www.wanfangdata.com.cn/
维普期刊	http://qikan.cqvip.com/
读秀	http://www.duxiu.com

其中，中国知网(China National Knowledge Infrastructure，CNKI)是目前国内文献收录最完整、信息量最大、内容最权威可靠的动态知识资源体系，包含了大量的中文期刊、学位论文等。善用 CNKI 的搜索技巧可以帮研究者快速找到想要的资料。下面将简要介绍如何利用 CNKI 文献资源进行心理学文献的在线检索。

(1)首先进入知网首页(http://www.cnki.net)，知网首页的界面见图 2-2。

图 2-2　中国知网首页示例

(2)点击“检索”可以重新进行检索。

(3)分组浏览。

- 按学科：可以发现与关键词最为相关的学科领域，了解不同学科之间的交叉和融合，发现研究新热点；
- 按发表年度：可以发现同一年度与关键词相关的文献；
- 按作者：可以发现某领域的专家，跟踪该学者的最新研究成果；
- 按研究层次：以研究分类层级进行查找；
- 按机构：寻找科研实力较强的研究单位，全面了解研究成果在各单位的分布，追踪重要研究机构的成果。图 2-3 为检索示例。

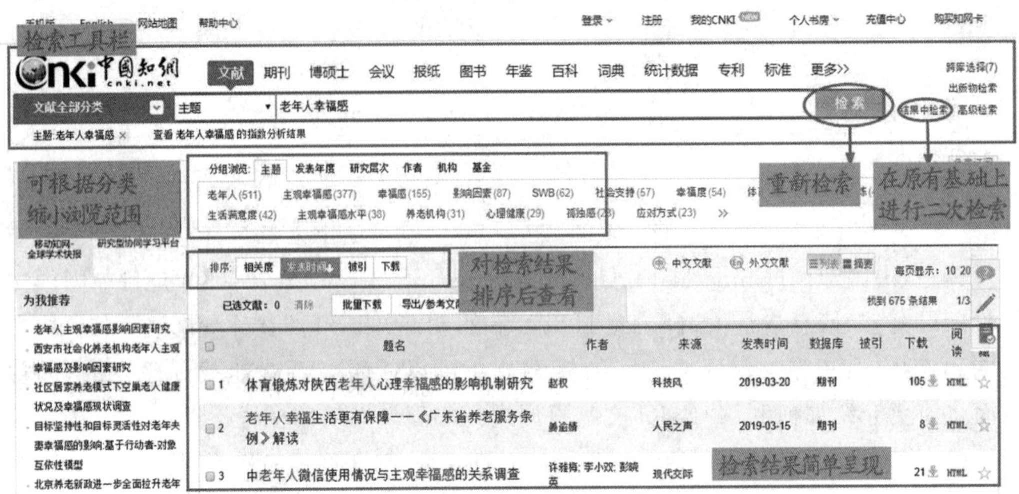

图 2-3　检索示例

(4)按照对应顺序进行排列。

- 按主题排序:与检索词匹配程度越高,排列越靠前;
- 按发表时间:可用于关注最新的研究成果;
- 按被引:可发现被引多、下载多的优秀成果,可发现刊载高被引文章的优秀期刊;
- 按下载:可发现热点文献。

(5)以"老年人幸福感"为主题进行检索,并以"睡眠"为关键词进行二次检索(见图 2-4),以调整检索条件和缩小检索范围。二次检索需要先勾选"结果中检索"。

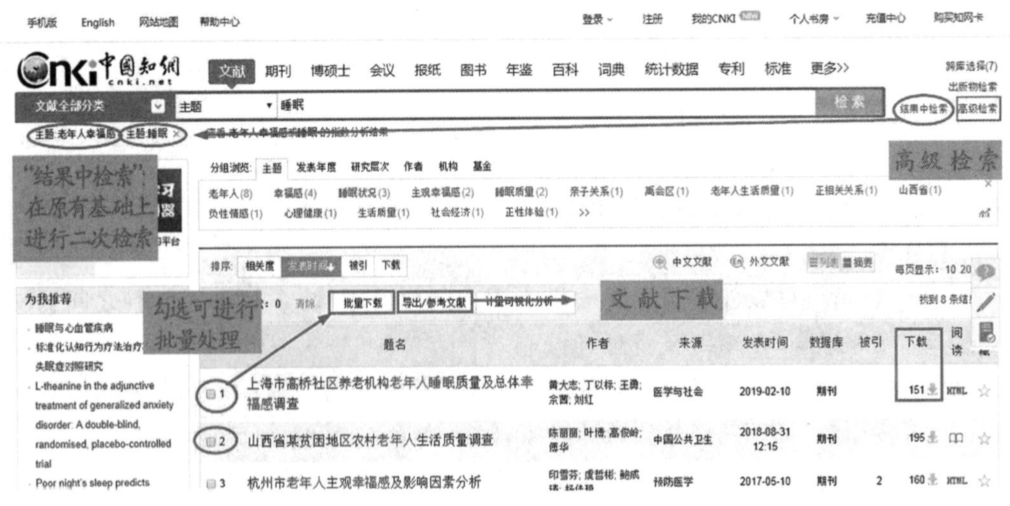

图 2-4　二次检索示例

选择检索条件、输入检索词就可执行二次检索。

(6)知网高级检索:通过"+"或者"-"号增加或者减少检索框的个数,点击按钮可扩展或减少条件(如图 2-5 所示)。

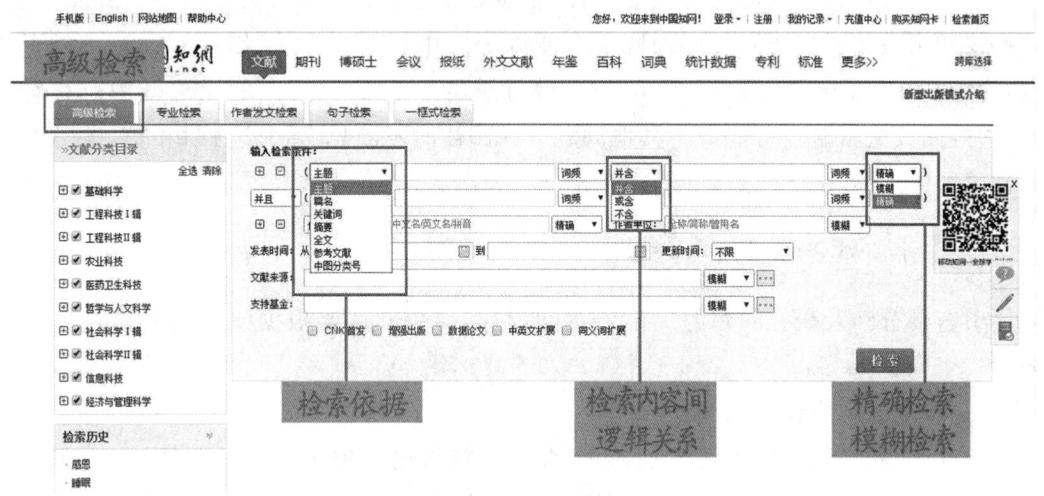

图 2-5　高级检索示例

第四节　研究文献的阅读与综述

一、批判性地评述研究文献

一旦选定了一个主题,接下来就必须找到关于这个领域的更多信息。心理学初学者经常发现阅读得越多,反而会越迷惑。因为当他们阅读大量文献时,非常容易忽略自己的焦点,继续不断阅读下去。在读一篇心理学文章时,头脑中应该时刻保持一个目标或持有特定的问题,这会让阅读重点集中,而不是漫无目的地阅读,从而有利于进行批判性思考。焦点清晰的阅读方法也是非常经济省时的策略,当研究者头脑中有一个非常清晰的目标时,就能根据需要将其分解为较小的任务,既能确保执行,还能够帮助阻止拖延。

《简明心理学辞典》指出,批判性思维(critical thinking)是个体正确地评价已有的事实,并在此基础上合理地提出假设和验证假设的思维过程,其特点是实事求是、严密以及自我反省。武宏志在《论批判性思维》一文中提出批判性思维是对所提供的解决问题的方法进行检测,以保证其效力的思维方式。换言之,心理学本科生一定要对其所阅读的文献保持独立、客观、理性的态度,进行分析、综合、判断和评价,逐渐成为对研究有所批判的先锋者。因此，在阅读中不断积累和体会科学的方法尤为重要。

如前所述，批判性思维过程可以看作是问题指引的过程。在批判性地阅读、评论文献过程中，研究者逐渐明晰自己的研究课题应该满足的目标和要求。水平较高的研究者已形成这种批判性思维框架，因而能够更加得心应手地撰写自己的研究课题。这些议题可以归类在研究过程的四个主要部分之中：引言、方法、结果和讨论。以下内容针对阅读各个部分时应注意的问题进行详述。当然，下列问题无法套用所有文献，并且阅读文献时也可能产生其他问题。在阅读时不断思考而非盲目相信，才是批判性思维的本质。

（一）引言部分的阅读与评价

引言部分涉及研究问题的提出。在阅读这一部分时，要根据研究报告所述内容厘清三个问题。

(1)作者要解决什么问题？

首先，明确作者选择的问题是什么，前人或他人已经解决了哪些问题，尚有哪些问题没有解决，作者选择这一问题的原因和目的是什么。读者在阅读时要考虑这些问题并尽可能弄清它们。

(2)该研究要检验的假设是什么？

一般来说，心理学研究报告都要写明待检验的研究假设，并将假设细化为变量之间的关系，因此，上述问题的答案一般是可以直接找到的。少数研究报告没有明确提出研究假设，读者就要认真分析，找出研究假设。

(3)如果自己是研究者会怎样检验研究假设？

这是对“问题提出”部分进行评价的关键问题。读者应该在阅读研究报告之前对这一问题做出独立的回答。有的作者已经在“问题提出”部分提出了检验假设的方法，读者回答这一问题时很难不受作者的影响。但不管怎样，读者在提出检验问题的方法时都要有根据。

（二）研究方法部分的阅读与评价

在“研究方法”部分，作者说明了检验研究假设的方法。在阅读这一部分时思考以下几个问题。

(1)自己提出的检验假设方法(即研究方法)与作者相比孰优孰劣？优在何处？

在思考这一问题时，读者肯定需要将自己的方法与作者的进行比较，这个比较过程实际上就是对研究方法的评价过程。

(2)作者的研究方法是否能够检验研究假设？

研究方法应该能够检验研究假设。但是有些研究报告所提出的研究方法却不能检验假设,而是检验了其他内容,读者在阅读时应该尤为注意。

(3)研究的自变量、因变量、无关变量是什么?被试如何取样?是否合理?

一般来说,这个问题在研究报告中表达得很清楚。但是,有的研究报告在说明无关变量的控制时很不明确,读者可以先记下可能的无关变量,待阅读了"结果与讨论"部分再与作者的结果对照,看这些无关变量是否可能影响研究结果。此外,被试取样的合理性要结合研究目的、研究类型进行判断。

(4)按照作者的研究方法,预测这一研究将取得怎样的结果?

这并不是要求读者精确地预测研究结果的数值,而是要求读者预测变量间关系的大致趋势,以便与该研究获得的结果进行比较。

从上述问题中可以看出,阅读研究报告时,读者要主动地去设计、预测、比较、判断,而不只是被动地接受作者的观点、方法,批判性阅读的含义即在于此。

(三)结果部分的阅读与评价

将该研究所获得的结果与读者预测的结果进行比较,可能出现两种情况:若结果一致,这时读者就要思考下面第一个问题;若结果不一致,读者就要考虑第二个问题。

(1)自己将如何解释这一结果?

读者在阅读"讨论"部分之前认真思考这一问题,并根据所掌握的理论和了解的他人的研究对结果进行解释。

(2)为什么预测的结果与作者的结果不一致?

当读者预测的结果与该研究获得的结果不符合时,读者就要思考为什么会产生差异。这时,读者就需要对研究报告的研究方法(设计、被试取样等)、数据收集过程、统计分析方法等方面进行仔细地考察,努力找出产生不一致的原因。如果读者认为研究者的结果确实令人难以置信,就可以进行重复研究或以其他方式进行检验。

(四)讨论部分的阅读与评价

讨论部分是研究报告中最难评价的部分。读者将自己对结果的解释与研究者的解释相比较,经常可能发现两种解释有许多不同之处,但看起来都有理有据,究竟谁的解释更为合理,往往只有将来的研究才能判断。如果出现了不一致的情况,就要考虑为什么自己不那样解释或为什么作者不那样解释,自己的解释是否比作者的更为合理。读者需要结合有关理论、他人的研究进行分析。

(五)结论的评价

对于研究报告做出的结论,读者要判断其概括性。对结论概括性的评价,应该依据本章中提出概括性的几个维度进行,做出全面的评价。除了从上述五个方面评价

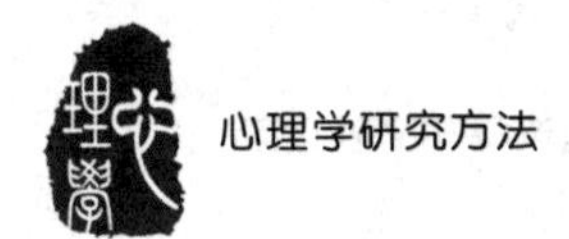

心理学研究报告的科学性以外，还要从报告格式规范、行文要求等方面进行评价，但这些都不是主要的评价方面。对理论性研究论文的评价与研究报告的评价有所区别，在评价理论性研究论文时，应注意分析：

(1)论文推理的依据是什么？是否充分？

(2)论文怎样解决原有结论不能解决的问题？是否合理？

(3)论文是否继承原有理论？肯定和否定了什么？有无发展？发展是否合理？

(4)论文提出的新理论、新观点能否解释原有理论不能解释的现象或新现象？能否用实证方法加以证实？

(5)论文的理论或观点有无局限性？

从上述方面进行评价就可以避免评价时的盲目性和无效性。总之，准确评价心理学研究文献，除了需要掌握一定的方法外，还要经过长期大量的练习；试图不经实践，只凭借几条规则就能准确地进行评价是不可能的。

二、文献综述及其格式

(一)文献综述

文献综述(literature review)是文献分析报告的重要形式。从范围上划分，文献综述可以分为针对某学科或专业的综合性综述，以及针对某具体问题的专题性综述。撰写文献综述的过程不仅是研究者以文字形式表述检索文献所得的过程，更重要的是，它还是研究者进一步深入了解已有研究，并对其进行系统化概括与分析的过程，对研究课题的论证、修改、设计的完善具有重要价值。同时，文献综述作为系统化总结，还可为其他研究者、科研管理者提供重要参考，从而在更大范围内对心理与教育科学研究的发展起到重要的推动作用。

(二)文献综述的格式

文献综述的格式因综述选题、材料收集和资料结构等方面的不同而有所不同，很难为各类综述定一种统一的格式。但总的来说，文献综述一般可粗略分六部分来写：序言、历史发展、现状分析、趋向预测、研究展望和参考文献目录。

1.序言

序言即问题提出部分，主要阐明本综述撰写的目的、意义，对于科学研究工作的重要性，介绍本文的基本内容、性质、适用范围和读者对象等。序言部分应突出重点、简明扼要。

2.历史发展

此部分应以时间为纲，叙述各个阶段的发展状况和特点，特别要指出重大进展阶段是在什么条件下发生的，其特点和意义如何，以及新理论、新方法的引入及其效果。对课题历史发展的渊源追踪，目的是探讨其发展变化的因果规律性，弄清已解决了什么，用什么方法解决的、遗留下什么问题待解决。阐述时应说明前人对这一课题的不同看法、论点和研究结果。对国内在这一课题研究上的历史变化最好独立成段地进行介绍，并要说明目前达到的水平和当前要解决的主要问题。

3.现状分析

如果说历史发展是从纵向方面进行对比，现状分析则是从横向方面进行对比，即对比各学派理论观点的发展特点、取得的成效、现有水平、发展方向、需解决的问题等，并客观地评价其优点与不足。论述时，应着重阐述它们之间的差异，全面分析其产生的原因和背景，明确提出现有的问题。

4.趋向预测

根据发展历史和国内外研究现状，以及其他专业、领域可能给予本专业、领域的影响，根据在纵横对比中发现的主流和规律，指出几种发展的可能性和对教育、社会可能起到的重要作用以及可能出现的问题等。趋向预测应力求客观准确，务必结合当前心理学发展的需要和实际状况，为解决有重大价值的理论和实际问题提出可能的有效途径和方法。

5.研究展望

此部分主要根据上面的分析、评论和预测，参照国内外研究情况，考虑到心理学发展的实际需要和当前的条件而更具体地提出应采取的途径、发展步骤、新的研究方案或设想、对其进行研究的可能性等。

6.参考文献目录

所附的参考文献甚多，是综述文章的一大特点，其目的在于提出综述撰写过程中所依据的资料，为使用追溯法检索文献资料提供方便，也便于读者查对所引证的文献正确与否。一般来说，应将所有参考文献准确、齐全无误地列在目录内，因数量庞大，有的综述也仅列出主要参考文献。

三、文献综述的内容及撰写要领

撰写文献综述是令不少研究者，尤其是初学者颇感困难的工作。在上面的内容中介绍了文献综述的大致框架，下面将简要讨论文献综述的内容撰写要领。

（1）紧密围绕研究课题进行有针对性的综述，着力揭示已有研究与研究课题的内在关系。综述者首先要对自己的研究课题所涉及的内容、方法、思路保持清醒的认识，明确认识综述撰写之目的，选择有关的研究进行介绍与评价，并且注意明确、具体地展示出所综述研究与拟开展研究之间的逻辑发展关系。综述是对相关研究进行的，因此，综述者应当避免漫无目的、面面俱到的介绍，或者仅止于对已有研究进行一般性总结，而忽视针对研究课题进行研究回顾。

（2）文献综述应涉及理论基础、研究概念与变量定义、变量测定、研究类型与方法、研究思路、研究主要发现等各方面，从而完整地概括、评析相关研究。一些综述者有时仅限于对研究结果的介绍，这不仅限制了综述的丰富性与深入性，同时也使综述失去了促进研究完善的作用。因此，无论是对已有相关研究的介绍或是评析，综述者均应从研究的各主要构成部分入手进行全面的探讨，尤其应重视对研究思路、研究方法进行述评。

（3）综述所使用的资料应全面、翔实。尽管针对研究问题需要选择相关资料进行综述，但这绝不意味着综述者只选择与自己的学术观点一致的文献，或符合自己思路的文献，而应当重视对各种观点的文献进行介绍，为进一步比较与分析提供基础。此外，综述所使用的资料还应当兼顾理论研究与实证研究，以保证综述的全面性。

（4）综述应当高度重视使用恰当的方式表述综述者自己的观点。如前文所述，综述非情况汇总，而是对已有研究的叙述与评论。因此，综述者对已有研究的成果、不足的看法，对未来研究的见解均是极为重要的。不少综述忽略了这一点，而只是对他人观点或成果进行无意义的罗列，如“Piaget 认为……Vygotsky 认为……Chomsky 认为……”。综述者应时刻记住：综述是综述者认为已有研究是怎么样的，而不是已有研究者在研究中表述了什么。综述者既可以安排专门段落表述自己的分析与评析，也可以边述边议。

（5）综述应明确区分文献中的观点与综述者的观点。综述者一方面应明确自己的观点，另一方面应以“引用”的形式或其他恰当的方式明确文献中观点的出处，使综述更为严谨。

（6）综述应结构合理，详略得当，前后衔接。因综述涉及的文献较多，内容较广泛，有些初学者难以把握，出现逻辑不清、结构松散、前后割裂、详略不当的混乱情况。为完善综述的结构与内容组织，综述者可围绕研究课题、格局及综述结构与内容重点，拟定写作框架，在此基础上组织文献，并进行适当归纳与评析。此外，综述者还应注意行文简洁、提纲挈领。

第五节　应用范例

“大学生完美主义人格特质的测量及其与抑郁的关系研究”课题申请论证报告

网络利他行为对青少年的影响研究

思考与练习

1.就你熟悉的心理学相关领域选择一项课题进行论证，并撰写相应报告。

2.从中国知网中检索一篇感兴趣的研究综述，并进行主旨内容汇报。

3.选择一篇心理学实证研究报告并精读，在此基础上提出对报告的批判性认识。

4.试选择与青少年有关的心理学主题，检索有关文献并撰写一篇综述。

拓展阅读

布鲁克·摩尔，理查德·帕克，2015.批判性思维[M].朱素梅，译.北京：中国轻工业出版社.

该书从批判性思维的重要性和必要性说起，详细阐述在心理学研究中如何进行正确的思维训练和规范的写作等，同时还列举了各种以修辞手法来掩盖虚假论证的例子，对批判性思维进行了全面论述，旨在帮助读者全面了解和掌握批判性的思维的基本原则、技巧和训练方法，以便更好地阅读心理学相关文献。

张天嵩，董圣杰，周支瑞，2015.高级 Meta 分析方法：基于 Stata 实现[M].厦门：厦门大学出版社.

该书主要分为四大模块：①基础模块，主要介绍 Meta 分析的基础知识、基本方法，Stata 软件入门、中高级数据管理技能、相应 Meta 分析命令安装与简介等；②类型模块，以数据类型为导向，数据包括典型的简单数据和特殊的复杂数据，重点介绍复杂数据的 Meta 分析新方法；③专题模块，主要是探讨 Meta 分析过程中涉及的主要问题，以及新近出现的高级 Meta 分析方法；④附录模块，简单介绍 Stata 的菜单操作和主要的 Meta 分析命令。该书是心理学研究中进行 Mate 分析的实用手册。

郭文斌,2015.知识图谱理论在教育与心理研究中的应用[M].杭州:浙江大学出版社.

该书主要围绕六个方面展开:知识图谱基本原理、描述知识图谱涉及的具体方法、知识图谱绘制使用的相关软件、绘制知识图谱所需文献材料的准备、呈现知识图谱的具体操作过程、知识图谱论文的呈现。

张斌,2012.大学生完美主义人格特质的测量及其与抑郁的关系研究[D].长沙:中南大学.

完美主义是一种追求完美无瑕,为自己设定过高的标准并对自己的行为和表现进行批判性自我评价的稳定人格特质倾向。该研究在中国文化背景下探讨完美主义的结构及其本质、比较不同完美主义类型的心理特点的差异、验证完美主义双重过程模型理论、考察完美主义与抑郁的关系、初步构建并验证自尊、发现应对方式在完美主义和抑郁关系间的中介作用,是上述课题论证报告范例的最终成果。

王轶,2020.心理学研究方法:从选题到论文发表[M].北京:中国人民大学出版社.

该书系统介绍了心理学研究的具体过程,以及其中可能遇到的各种问题与解决方案。书籍结构清晰,内容通俗易懂,实操性强,适宜入门。作者力争让读者学会如何进行探索性研究,聚焦研究问题,明确研究假设,申请科研项目,最终撰写研究论文并发表。

参考文献

董奇,2006.心理与教育研究方法(修订版)[M].北京:北京师范大学出版社.

董奇,申继亮,2005.心理与教育研究法[M].杭州:浙江教育出版社.

黄希庭,张志杰,2010.心理学研究方法[M].北京:高等教育出版社.

王冰,鲁文艳,袁竞驰,等,2018.自尊对青少年攻击行为的影响:同伴关系的调节作用[J].山东师范大学学报(自然科学版)(4):481-486.

詹妮弗·埃文斯,2010.心理学研究要义[M].苏彦捷,译.重庆:重庆大学出版社.

张亚利,陈雨濛,靳娟娟,等,2021.错失恐惧与社交媒体成瘾的关系:一项交叉滞后分析[J].中国临床心理学杂志(5):1082-1085.

赵晓妮,游旭群,2007.场认知方式对心理旋转影响的实验研究[J].应用心理学(4):334-340.

郑显亮,2018.网络利他行为对青少年的影响研究[M].北京:中国社会科学出版社.

第三章　研究设计

本章导读

研究课题确定后，研究者必须考虑如何设计研究具体实施方案，制订科学、周密的研究工作计划，以求用较少的人力、物力和时间来获取客观、明确可靠的研究结论。研究设计是否科学、合理和完善，不仅直接关乎到研究的进程、代价，而且影响着研究结论的可靠性、科学性。因此，本章首先介绍研究设计的基本内容，着重说明研究对象取样的设计、变量的设计（变量的类型、指标和操作性定义设计）及无关变量的控制，最后探讨研究设计的评价标准。

第一节　研究设计的内容

确定研究课题后，必须从研究的全局出发，通盘考虑研究的实施问题，按照一定程序对将要进行的研究制订出详细的计划与安排，这称作研究设计（research design）。严谨的研究设计有以下作用：①厘清观察与分析的方向；②计算所需要的样本量，并指明各变量的种类；③指导研究者根据各变量的测量类别或层次来选择适当的统计方法；④根据分析结果做出各种可能的结论。良好的研究设计能够将研究情境与资源进行有效的安排，使研究者以经济的方式，按照研究目的获取准确的资料，并做出正确分析，以解决特定问题。

具体而言，一项良好的研究设计主要包括以下六方面的内容：

一、明确研究目的和研究对象

进行一项研究时，首先要明确研究的目的和假设，厘清研究思路。研究目的和假设的性质，直接影响着被试的选取、研究变量的确定与具体研究方法的采用。在不同

的研究中，由于研究目的不同，其研究变量与指标、被试选择等方面也随之发生变化。同样的，对于相关性的研究假设和因果性的研究假设，只有用不同的研究方法才能加以检验。

研究目的确定之后，根据研究性质与研究问题的意义价值，可以明了研究对象的特征，大致确定研究对象的范围。在选择研究对象时，既要考虑研究目的，还要考虑研究结果的概括性程度。在界定了研究对象的总体后，应根据统计学的要求估算样本大小。确定样本大小时，既要保证样本代表性和推论准确性，又要考虑研究进行的主客观条件，即可行性因素。在此基础上决定样本取样的具体方法。

二、选择研究类型和具体研究方法

在心理学研究中，研究类型可采用多种方式分类。根据研究目的可以分为探索性研究（exploration research）、描述性研究（descriptive research）和解释性研究（explanatory research）；根据研究内容可分为基础研究、应用研究与综合研究；根据研究性质可分为量化研究、质化研究及混合研究。不同的研究类型各有特点，分别适用于不同的研究课题。应该根据自己的主客观条件和研究课题的要求，选用适当的研究类型。比如对某些缺乏前人研究经验和理论依据的研究问题，可采用探索性研究来揭示问题中各变量的大致关系，为日后更为周密、深入的研究提供基础和方向。

确定研究类型之后，就要考虑具体的研究方法，即收集事实与数据的方法。在心理学研究中，可采用的具体研究方法多种多样，包括实验法、测验法、访谈法、观察法、个案法等。研究者应根据研究目的、被试特点、研究的主客观条件、各种方法的优缺点与适用性，选择合适的方法进行研究。由于每种方法各有其优缺点，因此在目前的心理学研究中，提倡多种方法的综合运用。

三、确定研究变量的抽象定义和操作定义

任何一个研究课题，都涉及探讨一个或多个变量与另一个或多个变量的关系。因此，在确定研究类型和具体研究方法后，应根据研究目的与假设，进一步明确研究课题所要研究的变量及需要控制的无关变量。在此基础上确定研究变量的抽象定义（即变量的内涵和外延），并用可感知、可度量的具体事物、现象等作为观测指标为研究变量下操作性定义，从而使研究变量具体、可操作、可检验。确定研究的具体变量和制定客观可行的观测指标，是对课题进行量化、质化研究的重要途径，对研究工作的质量有重要影响，同时也是科学评价研究结果的必要前提。

四、选择研究材料和测量工具

确定研究变量的抽象定义和操作性定义后，研究设计工作就进入到选择研究材

料与测量工具的阶段。进行这方面工作，主要有两种方式：一是研究者根据研究的需要，收集和选用现有测验工具、实验仪器，其种类繁多，有心理测量量表、工具类仪器、感知觉类仪器、记忆类仪器和情绪类仪器等；二是研究者根据研究课题的特殊要求，自己制作有关实验材料或编制有关测量工具。无论采用哪种方式，确定研究材料与测验工具都必须全面考虑研究目的、被试特点、研究其他条件和各种仪器自身特点和适用条件，从而保证所用材料与工具的科学性、适宜性。

五、制定研究程序和选择研究环境

研究程序是研究进行的具体步骤，用以说明研究资料如何收集，制定合理的研究程序可以保证研究有条不紊地顺利进行。制定研究程序主要包括以下四点内容：①确定操作研究变量有关方法和研究实施步骤。②确定研究材料的组织与呈现方式及顺序。③拟定指导语。指导语主要用来向被试介绍研究的有关情况，说明被试在研究中所应遵循的程序和完成有关任务的方法。④确定控制研究误差的方法。由于心理科学研究的复杂性与特殊性，研究误差的控制就显得更为必要。

在心理学研究中，研究环境对研究的内部和外部效度有重要影响。研究环境可分为自然环境（如家中、学校或工作现场等）和非自然环境（通常是心理实验室）。一般而言，在自然环境中所进行的研究，其结果的外部效度较高，而在实验室环境中的研究，其结果的内部效度相对较高。因此，在研究设计中需要根据研究目的和研究环境的特点做出恰当的选择。

六、考虑数据整理与统计分析的方法

在研究设计时要初步考虑如何对收集到的研究数据、资料进行整理和分类，用何种统计方法进行分析，并据此修改、完善有关收集数据的方法与内容的计划。如果事先没有考虑，就可能会出现原始资料杂乱、数据录入困难，乃至找不到恰当的统计分析方法处理所收集的资料等情况，影响工作进度、降低研究质量。

第二节　研究对象的取样

研究对象的选取是研究设计的重要内容，关系到研究结果的科学性和可推广性。

一、取样设计的意义

任何心理学研究都有其特定的研究对象，即特定总体。总体（population）是在规定范围内具有某些共同的可观察特征的个体或某种客体的完整集合体，如某一年龄

的所有儿童、具有某种特征的所有成人、学习成绩差的所有学生。在心理学的实际研究工作中,研究者通常不可能也没有必要对总体中的所有个体进行逐一研究,而是根据一定的原则,从总体中抽取一部分有代表性的个体(即样本,sample)来进行研究,这一过程称为抽样(sampling)。一般而言,研究者会运用参数估计或假设检验等统计方法,根据样本的研究结果对总体特征进行推论,并形成结论。显然,样本的代表性直接影响到总体特征推论的可靠性。如果样本不能很好地代表总体,即使研究过程中的无关变量控制得很好,统计方法运用得恰当,对总体的推论也都是不可靠的。因此,抽样是心理学研究的关键环节,涉及研究的效度,特别是外部效度。在心理学研究中,抽样有非常重要的意义,具体表现为三方面:

(1)确保研究实施:在心理学研究中,研究总体的数量往往很大,地理分布较广,部分研究对象可能由于某些原因而难以获得,采用抽样方法能够保证研究顺利进行。

(2)加强研究效能:抽样是以少数有典型性的样本来代表总体,可以减少研究中被试的数量,从而节省大量人力、物力和时间,显著提高研究效率。

(3)减少研究误差:理论上,对总体进行研究可以获得全面、准确、可靠资料。然而,总体研究被试数量过于庞大,研究实施较为复杂和困难,在人员培训、资料收集、数据分析中的误差反而会急剧增加。通过抽样,可减少有关误差。

二、抽样的基本步骤

抽样步骤通常包括界定总体、确定样本容量、选择抽样方法并抽取样本、统计推论等环节。

(一)界定总体

界定总体是抽样设计的基础。只有规定了明确而有意义的总体,才能保证样本的代表性。总体的界定主要取决于研究者的目的,兼顾研究外部效度和可行性,在两者间寻求一个恰当的平衡。

(二)确定样本容量

样本容量(sample size)指样本内研究对象的数量。样本容量与样本的代表性有关,样本容量越大,代表性越好。但是随着样本容量的增加,每一样本对样本代表性的贡献越来越小,而研究所需的人力、物力和时间却持续增加,研究中的非抽样误差也将增大。因此,最理想的样本容量是在达到一定代表性要求的前提下,所包含的对象数目最小。

(三)选择抽样方法并抽取样本

抽样的方法有很多,每种方法都有各自的特点和适用的条件。在选择抽样的方法时，一般要考虑两个因素：①保证抽样的代表性，使抽样误差降至最小；②考虑研究的可行性，尽量选择经济、可行的抽样方法。在抽样设计中，研究对象的总量、地理分布、个体的同质性等诸多因素将会影响抽样方法的选取。研究者应该充分考虑，使研究对象和抽样方法达到最佳的搭配。

（四）统计推论

从样本的统计数据估算出总体的有关参数，是完整取样过程不可缺少的一步，它关系到总体参数的可靠性、取样的误差乃至取样的效果与实际意义。传统上，有关取样的讨论对此涉及较少。在根据样本结果推论总体时应当明确：研究结论在一般情况下只适用于本总体之内，而不能超越本总体，除非有证据表明，这一总体具有许多与另一更大的总体相似的特征。

三、具体抽样方法

抽样的具体方法很多，不同抽样方法具有不同特点和适用范围。下面介绍几种主要的抽样方法。

（一）简单随机抽样

简单随机抽样（simple random sampling）是根据随机原则，在总体中直接抽取若干个体作为样本的方法。在随机取样中，总体中每一个体被抽取的概率均等，而且个体之间彼此独立。

常用的随机抽样方法有两种：一是抽签法，二是随机数字表法。抽签法（drawing lots）指将总体中的所有单元都编上号并做成签，将签充分混合后从中随机抽取一部分，这部分签所对应的个体就组成了一个样本。随机数字表法（table of random numbers sampling）是将每个单元编上号、以随机数字表为基础，随机选定一个数字作为“起点”，“进入”包含总体数目的随机数字区，选取所需要的样本编号。目前还可采用计算机上的随机数字功能进行抽样。

简单随机抽样理论上最符合概率论原理，简便易行，适用于总体规模较小、个体差异较低，或个体之间差异程度较小等情况。但是，简单随机抽样也有一些局限性：①当总体数量较大时，对每个个体进行编号就十分费力费时。而总体的清单无法获得时，就不能使用简单随机抽样。②当总体中各个子群体间的差异较大时，使用简单随机抽样会导致较大的抽样误差。③如果总体在地理位置上分布较广泛，使用简单随机抽样抽取的样本也会比较分散，导致研究的实施变得困难。④如果总体中具有某种特点的子群体数量较少，但对于研究来说却非常重要时，使用简单随机抽样很可能漏过该群体，影响研究效果。

（二）系统抽样

系统抽样（systematic sampling）是指按一定的间隔顺序在总体中抽取样本的抽样方法，主要包括三个步骤：①将总体中每一个个体按一定标准排列并编号；②确定抽样间隔，即用总体的个数除以样本个数，如从5000个样本中抽取100个样本，则抽样间隔为50；③采用抽签法或随机数字表选择一个抽样的起点，然后按照抽样间隔依次往下选取样本。需要注意的是，抽样起点的数值必须不大于抽样间隔的数值。

系统抽样的主要优点是能在总体的整个范围内系统地抽取样本，保证样本的代表性。系统抽样与简单随机抽样具有相仿的特点，且前者抽样误差一般小于后者。但是，如果总体中存在周期性波动或变化，系统抽样会导致严重抽样误差。因此，当总体的排列顺序与抽样间隔具有对应的周期性特点时，不宜采用系统抽样。

（三）分层随机抽样

分层随机抽样（stratified random sampling）是指将总体按一定标准分成若干个互不重叠的子总体（统计上称作层），然后从每个子总体中按随机原则独立地抽取子样本。在对总体进行分层时，应该使各层内部的差异越小越好，而各层间的差异越大越好，这样才能保证分层的意义。同时，分层要保证每个个体都只归属于一个层，避免有遗漏和重叠。因此，在选择分层标准和进行分层前，应充分了解、确定对象的特征差异，否则不但不能降低抽样误差，反而会增大抽样误差。为此，在抽样前，应当计算每层的数量与在总体中的比例，按下列公式进行抽样：

$$n_i = n\frac{N_i}{N}$$

式中：n_i 为第 i 层中抽取的样本数量，n 为样本总量，N_i 为第 i 层的对象数量，N 为总体数量。

分层抽样适用于总体成分复杂，各成分间差异较大的情况。在这种情况下，分层抽样是比简单随机抽样更精确的抽样方法，合适的分层抽样能有效降低抽样误差。同时，分层抽样还允许研究者根据具体情况对各层采取不同的抽取方式和比例，使取样更加灵活。但是，分层随机抽样要求对总体中各层的情况有准确的了解，否则就难以进行科学分类，而这一点在实施研究前有时难以做到。

（四）整群抽样

整群抽样（cluster sampling）是将总体划分成若干群组，按照随机原则在所有群组中抽取若干群组作为样本。抽中的群组内包含的所有对象均为样本。如在教学研究中，一般不打乱原有的教学班，而是采用整群抽样法，在学校中随机选取一个或若干个班作为研究对象。

整群抽样的对象是群，即所有组中只有一个或多个群组被抽取，被抽取到的群内全体成员均为样本；而分层随机抽样的对象是层内的个体，即每个层内的个体都有一部分被抽取到。分层随机抽样要保证各层间的异质性，而整群抽样要保证各组间的同质性。

整群抽样适用于总体范围大、数量多的情况。其主要优点是抽样方法简单，可以对抽取到的样本进行集中处理，使研究实施更加节省人力、物力和时间。但是，整群抽样相对来说是一种较为粗糙的抽样方法，抽样误差较大。如果各群间的同质性太低，则整群抽样的方法不适用。

（五）方便抽样

方便抽样（convenience sampling）属于非概率抽样的一种，指依据研究者的条件，以便捷的方式选取样本的方法。这种取样方法可以简单快捷地获取研究者所感兴趣的资料，样本代表性相对较低，这在一定程度上限制了对结果的进一步推论，一般用于探索性研究。

第三节　研究的逻辑起点：变量

一、变量的定义

变量是研究的基本单位。在心理学研究中，变量界定是否清晰，选择是否妥当直接影响到研究质量。因此，在研究设计中，研究者需要根据研究目的进行认真考察，拟定合理的研究指标，选择恰当的变量并确定其水平。

变量（variable）是指在质、量上可以变化的事物特征，或是可以测量、操纵的条件和现象。从变量与研究假设的关系来看，作为研究理论具体化的研究假设正是由变量与变量间的关系所构成的；而研究资料搜集过程完全可以看作是对变量进行选择、操纵、控制和排除，并搜集与记录变量的特征或变化情况的过程；研究结果也是基于对变量资料的分析得出的。因而把握好变量的概念及其特征对研究者来讲是极其重要的。一般认为，变量具有以下三方面特点：

1.变量具有可变性

状态单一、无变动可能性的概念不能称为变量。所谓可变性是指研究变量的特征在某一群体中，有不同的表现形态或表现程度，而非指研究者将特定个体的特征由某种状态或程度改变为另一种状态或程度。如性别就是一种变量，因为性别有男女之分。研究者如将性别作为一个变量进行研究，表明其对某一研究中的男女差异有所关注，而并非指将男性变成女性。

2.变量变化特征可以测量或操纵

如性别、社会经济地位是可测量的质的变化，这种质的变化有时可以用数字代替类别，以便于统计分析；而教师的教学方法、学习内容的呈现方式等是研究者可以主动操纵的变量。

3.在某一研究中的常量在另一研究中则可能是变量

很多研究虽然使用男、女被试，但并不对性别差异进行考察，这时性别在研究者看来就是一个常量。从这一角度看，变量乃是依据具体研究目的而定的。

二、变量的类型

心理学研究中所涉及的变量，根据不同的标准，可分为多种类型。了解这些变量的基本类型，对正确选择、确定研究变量会有所帮助。

（一）根据变量在研究中的地位划分

在心理学研究中，有些变量是研究者重点探讨的，有些是对研究有影响但不是研究者计划探讨的，而有些则是研究者要排除的。根据这些变量在研究中的地位不同，可以把变量分为以下五种：

（1）自变量（independent variable）是指由研究者有意选择测量或加以改变的因素。它能够独立变化，并引起其他变量（因变量）的变化。一项具体的研究可能只包含一个自变量，也可能包含两个或两个以上的自变量。一个自变量可以影响一个或多个因变量。

（2）因变量（dependent variable）是指被观察和测量的随自变量变化而变化的有关因素或特征。

（3）调节变量（moderator variable）是指研究中影响因变量和自变量之间关系的方向（正或负）和强弱的变量。

（4）中介变量（intervening variable）是指存在于自变量与因变量之间不能直接观察到的内在变量或动因。

（5）无关变量（irrelevant variable）也称控制变量，指与自变量同时影响因变量的变化，但与研究目的无关的变量。因此，在研究中需要加以排除或控制。

(二)根据变量能否用连续数值表示划分

根据变量能否用连续数值表示，可划分为连续变量和类别变量；连续变量(continuous variable)是指本质上能够用连续数值表示的变量。类别变量(categorial variable)是指本质上不能以连续数值而只能用类别表示的变量。

总之，不同类别的划分，表明研究者关注的侧重点是不同的。不同类型的变量并不是互相排斥、互相隔离的，而是互相重叠、互相交叉的。因此，在进行研究设计时，如能够从多个角度考虑某一变量的特性，将会使研究设计更全面。

三、变量的操纵

(一)变量的选择

1.自变量的选择

自变量是在研究中加以改变、操作的条件或特征。在心理科学研究中，通常有以下几类自变量：①外部刺激，即客体变量，包括物理刺激和社会刺激；②被试的固有特性，即主体变量；③被试的暂时特征，即由研究者操纵外部刺激引起的影响被试行为的中间变量，如动机、情绪等。

在确定和选择自变量时，应综合考虑自变量合适的数量、水平变化范围与水平层次。自变量太少，不利于全面考察；自变量太多，又会影响研究的可行性。自变量的水平变化范围是指自变量的值变化的合理范围。变化范围过大，被试反应会过于分散；过小，被试反应又会过于集中，两者都不利于结果分析。自变量的水平层次是指实验中所操纵的自变量的每一个特定的值，对自变量的水平层次选择也应适当。一方面，如果自变量水平层次过高，被试反应会集中于较低区域，形成地板效应；另一方面，如果层次过低，被试反应又会集中于较高区域，形成天花板效应，导致区分度下降。因此，研究者必须选择恰当的自变量数量与水平层次，构成良好的自变量水平结构。

2.因变量的选择

因变量应该具备有效性、敏感性与可信性。有效性(validity)指因变量符合研究目的；敏感性(sensibility)指因变量应该具有较好的区别反应能力；可信性(credit ability)指在相同条件下，因变量观测值具有唯一性。为达到上述要求，因变量要选取合适指标作为衡量依据。通常的指标有反应正确性、反应速度、反应难度、反应频率、反应次数、反应强度等。

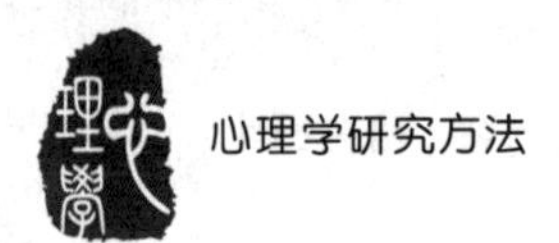

（二）操作性定义

在心理学研究中，给研究变量或指标做出明确而恰当的操作定义，直接关系到研究的可重复性、结果的可检验性及研究结论的普遍适用性。

1.操作定义及其特征

在研究中，对研究变量做出明确定义有两种方式：一是抽象定义，二是操作定义。

抽象定义（abstract definition）是对研究变量或指标共同本质的概括，其作用在于揭示它们的内涵，并将其与其他变量或指标区别开来。明确变量或指标的抽象定义，是设计好操作定义的重要基础。例如，研究学生的智力、学习态度、同情心等问题时，首先就应对它们的内涵做出明确说明。当然，抽象定义仅停留在概念水平，它不能解决实际研究过程中变量或指标的具体测定或操作的问题，为此，研究者还必须将其转化为明确的操作定义。

操作定义（operational definition）就是用可感知、可度量的事物、事件、现象和方法对变量做出具体的界定、说明。比如，用韦氏智力测验分数代表学生智力水平，用各科成绩的平均数代表学生的学习成就，用学生到校率、迟到和早退的次数与时数、上课认真听讲情况、作业完成的认真程度等具体和可感知的现象代表学习态度。

操作定义与抽象定义是相对应的，与后者相比具有以下特征：

第一，在定义的内容上，操作定义是用具体的事物、现象或方法来说明变量或概念，而抽象定义则采用概念、同义语进行说明。

第二，在定义的方法上，操作定义采用经验的方法，即可直接感知和度量的方法，而抽象定义则使用逻辑的方法。

第三，在定义的着重点上，操作定义着重界定变量的外延或操作过程，而抽象定义则着重揭示变量的内涵和本质。

从上述分析可以看出，操作定义的最大特征就是可观测性，做出操作定义的过程就是将变量或指标的抽象陈述转化为具体操作陈述的过程。

2.操作定义的作用

在心理学研究中，操作定义具有十分重要的作用。

第一，有利于提高研究的客观性。由于操作定义是用看得见、摸得着的具体事物、现象、方法来界定、说明研究变量，这就使得研究变量成为可直接感知、操作的东西，有利于提高研究的客观性。

第二，有利于研究假设的检验。检验研究假设就是要看它对变量间关系的预测是否正确。要做到这一点，最关键的一步就是要对变量进行测量。而对变量进行测量的直接前提就是给变量做出恰当的操作定义。如果不能给变量做出明确的操作定义，就难以对研究假设进行检验。

第三，有利于提高心理学研究的统一性。心理学研究对象复杂，所研究的变量含义众多，如果研究者对研究变量理解不同，就可能产生许多研究误差。有了明确的操作定义，不同研究者对不同的研究对象进行研究时，就可以按照统一的标准和方法进行研究，提高研究的统一性。

第四，有利于提高研究结果的可比性。心理学研究的许多课题常常需要进行横向对比或纵向对比。如果研究变量、指标无明确、统一的操作定义，那么在不同研究地点或不同时间所得的研究结果就无法进行比较，自然也就无法达到研究预期目标。

第五，有利于研究的评价，结果的检验和重复。给研究变量、指标下了明确的操作定义，也就提供了它们的具体含义、如何获得有关方面详细信息，有助于其他研究者对研究进行评价或重复。在实际研究工作中，对同一问题的研究有时会得出不同的结论，变量与指标、操作定义间差异过大是常见的原因之一，这在评价得出不同结论的同类研究时尤需注意分析与考虑。

3.操作定义设计的原则

科学地设计操作定义，必须遵循以下两条基本原则。

第一，对称性原则。给变量或指标设计的操作定义必须与其抽象定义的内涵相对称，而不能过宽或过窄。其原因在于，抽象定义决定着操作定义的本质内容，操作定义是抽象定义在研究过程中的具体体现。例如，“智力”的操作定义，一般来说应包括智力测验各项分测验得分之和或平均数，如果仅用词语测验分数代表，就犯了定义过窄的错误；反之，如果将数学能力测验分数和语文能力测验分数之和或平均数作为“语文能力”的操作定义，就犯了定义过宽的错误。由此可见，只有与抽象定义的内涵相对称的操作定义，才是真正科学的操作定义。

第二，独特性原则。给变量或指标设计出来的操作定义必须使其具有有别于其他事物、现象的独特特征。比如，在操作上将“儿童攻击性行为”定义为“身体上的进攻(打、踢、咬)、言语上的攻击(大声叫嚷、叫喊名字、贬低人)以及关系攻击(散布谣言、挑唆同伴之间的关系)”。一般来说，变量标的操作定义越独特，所包含的信息就越多越具体，因而就能更明确无误地与其他事物、特征区分开来，增加变量和研究的可重复性，提高研究的内部效度。但是，同时也必须看到，操作定义的独特性越大，就会大大限制研究变量的普遍适用性和代表性，从而降低研究外部效度。这样，在设计变量的操作定义时，研究者就面临内部效度要求增大独特性和外部效度要求降低独特性的矛盾，这需要根据不同的研究目的、结论概化程度等因素做出抉择，或有所偏重，或争取二者适中。

4.操作定义设计的方法

设计操作定义的方法很多,下面两种是比较常见的基本方法。

(1)方法与程序描述法

方法与程序描述法是通过特定的方法或操作程序来给变量下操作定义的一种方法。在心理学研究中,特别是在实验研究中,研究者常常要采用一定方法或程序去引起拟研究现象或状态的发生。例如一项关于不同情绪对大学生合作倾向的实验研究中,可以将情绪状态设置为积极与消极。其中,使用引起愉快情景的 10 分钟视频片段诱发被试积极情绪,使用引起悲伤体验的 10 分钟片段视频诱发被试消极情绪。就是说,按照特定方法或程序去操作,就可以保证某种拟研究现象或状态的产生和存在。

(2)静态特征描述法

静态特征描述法是通过描述客体或事物所具有的静态特征来给变量下操作定义的一种方法。比如,按照此方法,在操作上可将“高神经质个体”定义为倾向于情绪波动大,经常感到焦虑、易怒、悲伤等的人。在心理学研究中,研究者常采用静态特征描述法,通过描述客体或事物的静态构造性质、内在品质和特征等,来给变量下操作定义。静态特征描述法适用于采用测验法进行的研究,可以用来定义各种类型的变量。许多测验量表、研究问卷中的具体问题、项目的陈述,都是按照这种方法设计的。

对上述两种操作定义设计的方法加以分析,就不难看出:设计操作定义不外乎就是用可感知、可度量的具体事物(如学生的具体年龄、具体学习成绩分数),或具体现象(如迟到、早退、旷课、逃学、违反纪律次数),或具体方法与程度来描述、说明变量;同一概念、变量可以用不同的方法下操作定义;有的操作定义易于设计,简单、明了,有的则较复杂,设计起来难度较大。在研究中,研究者应善于选用最适宜的方法给假设的变量设计操作定义。

四、变量的指标

指标(indicator)是指用可观测的事物代表变量的状态或变化,此时前者即称为后者的指标。用作指标的可以是数字、符号、文字、颜色等,如智商数字代表智力的高低。从这个意义上讲,指标也就是变量特性的操作化表现。在进行心理学研究设计时,变量与指标的选择是否恰当,对研究的成败有重要意义。

(一)指标的类型

根据研究指标数字特性的不同,可分为定类指标、定序指标、定距指标和定比指标四类。

1.定类指标

定类指标(nominal indicator)是反映研究变量的性质和类别的指标,是研究对象的定性标志,以识别、分类变量为目的,如性别、职业、儿童所在家庭父母婚姻的完整性等。定类指标可用一定的数字来代表不同类的事物,如用“0”代表正常家庭,用“1”代表离异家庭。但定类指标不反映事物本身的数据状况,不能做加、减、乘、除等运算,一般只能计算频率和比例。

2.定序指标

定序指标(ordinal indicator)是反映研究变量所具有的不同等级或顺序程度的指标,如让被试对七种颜色的喜欢程度进行等级排序,其结果就是定序指标。定序指标没有相等的单位,也没有绝对零点,但可以衡量研究变量在高低、先后、大小、强弱等程度上的区别。其数字特性比定类指标高一个水平,可进行频率、比例运算。对于定序指标,可运用等级相关、秩次检验等方法进行处理。

3.定距指标

定距指标(interval indicator)是反映研究变量在数量上的差别和间隔距离的指标,如研究儿童时,可用四点计分量表进行衡量,其中1、2、3、4分别代表攻击性行为几乎没有、较少发生、较多发生、总是发生。定距指标除具有定类指标、定序指标的性质外,还可以反映变量在具体数量上的距离差异,因此其数字特性比定序指标高。但定距指标只有相对零点,没有绝对零点,只能进行加减法运算,不能做乘除法运算。对于定距指标,可采用平均数、标准差、积差相关、t 检验、Z 检验、F 检验等统计方法。定距指标在心理学研究中应用十分广泛,有关能力、人格测量的许多分数都属于定距指标。

4.定比指标

定比指标(ratio indicator)是反映变量的比例或比率关系指标,具有绝对零点,不仅能进行加减运算,还能进行乘除运算,是数字特征最高的指标。在实际研究中,由于能力、知识水平等心理特征的绝对零点难以确定,大多数变量在定距水平上已可很好地测定和统计分析,因此定比指标用得较少。

(二)研究指标设计的原则

科学地设计研究指标,应当注意遵循下述原则。

第一,设计研究指标应以一定的理论假设为指导。设计研究指标,收集有关数据

与资料，目的在于检验研究提出的理论假设，因此，良好的研究指标必须反映理论假设的内容。在研究中，应当注意避免设计研究指标时存在的忽视理论指导作用，主观任意罗列研究指标的做法。用理论指导指标设计工作，常采用演绎的方法，即先由理论假设到研究变量，再由研究变量到研究指标。

研究指标的过程，实际上是一个理论＝变量＋指标分解过程。设计时，应首先明确理论构思与假设，然后弄清理论假设涉及各种研究变量，最后根据变量的客观要求，来制定收集实际数据与资料的指标，并由此构成一个有内在逻辑联系、完整的研究指标体系。

第二，所设计的研究指标应当具有完整性。在心理研究中，设计研究指标时，要注意使指标能全面、完整地反映理论假设与研究变量的主要维度。了解婚姻状况，所设计项目应当能反映实际婚姻的各种状况。贯彻完整性原则的方法是，注意从理论和实际两个方面分析研究变量的各个测量维度，检查所设计指标是否具有完备性、互斥性；是否残缺不全、有所遗漏；是否互相交叉、互相重复。

第三，研究指标要简明、可行。研究指标不是越多越好，更不是越复杂越好。复杂、繁多的研究指标，不但增加数据收集与分析的工作量，而且可能影响研究完成的质量。在设计研究指标时，应尽可能删去一切不必要的指标，注意使研究指标简化。

在实际研究过程中，所设计指标的可行性，是特别需要考虑的问题。有的研究指标虽然简单、明了，但被试由于种种原因可能不知道如何准确回答，或不愿意如实回答。在这种情况下如强求被试回答，所得结果可能是不真实的。在实际研究工作中，研究者可通过理论分析、参考先前的研究、日常生活经验、预试等方法来制定可行性强的研究指标。

第四，研究指标必须有明确的操作定义，对于定量指标还应该有统一的计分或计算方法。

综合上述介绍，以社会阶层为例，如何通过其抽象定位转化成操作定义和操作指标？社会阶层是人们在社会生活中形成的地位差异，它取决于个体所拥有的物质财富、社会财富（如：收入、教育和职业）及与他人对比时，感知到自己在社会圈子中所处的位置。社会阶层包括主观社会阶层和客观社会阶层，前者反映了个体主观感受到的社会地位的差异，后者体现了个体客观存在的社会资源的差异。主观社会阶层可以进行如下操作定义：向被试呈现一个10级阶梯，让其想象该梯子代表了人们在社会中所处的地位或阶层。在此情况下采用的是定距指标。客观社会阶层可以进行以下操作定义：通过搜集家庭年收入、父亲受教育水平、母亲受教育水平、父亲职业、母亲职业五方面信息，将五项指标合并为三项指标：家庭年收入、父母受教育程度、父母职业社会地位；将三项指标转换成标准分，进行主成分分析，得到一个特征根大于1的主因子，解释了54.19%的方差。因此仅需要呈现主因子1的系数，得到综合SES

指标的计算公式:SES=$(0.65\times Z_{家庭年收入}+0.74\times Z_{父母受教育程度}+0.81\times Z_{父母职业})/1.63$。在此情况下,将客观社会阶层确定为定比指标。

第四节　无关变量的控制

在任何心理学的具体研究中,都存在着影响研究结果的大量多种多样的无关变量。提高研究的科学性,实质上就是要采取一定的方法、程序来消除或控制影响研究结果正确性的各种无关变量。为此,就必须了解无关变量的类别、效应,掌握控制无关变量的控制方法。

一、无关变量的主要类别

在心理学研究中,无关变量的类别很多,下面从五个方面进行简要概述。

(一)被试方面存在的无关变量

被试方面的无关变量,有的与被试长期的、稳定的特点有关,有的与被试在研究过程中的生理、心理状况有关。其类别很多,主要有以下几方面:①参与研究的动机。其直接影响着被试在研究中完成有关工作的态度、认真程度、注意力、持久性等。②焦虑。焦虑过高或过低,都会影响被试的操作水平,焦虑与被试的能力、抱负水平、对研究目的的认识和熟悉程度等有密切关系。③有关经验。被试是否参加过类似研究,对研究的内容、程序、反应方式是否熟悉,均会影响研究结果,"顺序效应"即属此类。④性格特点。被试性格特点不同,对待研究的态度、主试的态度、反应方式等都会有所不同。⑤生理状态。生病、疲劳、失眠等生理因素也会影响研究结果。⑥被试的反作用。当被试知道研究的目的或自己正被研究时,可能会对研究产生许多心理反作用,并由此影响研究结果,"霍桑效应"与"安慰剂效应"即是此种反作用的典型表现。

(二)主试方面引发的无关变量

主试的性别、外表、言谈举止、态度、暗示等都有可能影响研究结果。此外,知晓研究目的的研究者做主试时,还可能自觉不自觉地产生"实验者效应",干扰研究结果。

(三)研究设计方面存在的无关变量

这方面的无关变量主要有:①研究方法本身不完善;②测量仪器、设备的安排、布置、调整不当；③测量工具不完善，如题目用词模棱两可、难度不当、指导语不明确；④被试选取、研究时间和环境选取等方面存在的不足；⑤研究程序安排不当。

（四）研究实施环境条件方面的无关变量

研究实施环境中的许多因素，如温度、光线、声音、布置、熟悉性、桌面好坏、空间阔窄等，均可能影响被试的行为与操作水平。此外，在研究实施现场发生的意外事件，如停电、有人生病、有人大声说话、仪器故障、问卷调查题目印刷不清或装订错误等，也都会影响研究水平。

（五）数据处理方面存在的无关变量

在对研究数据进行定性与定量分析时，如果方法不当，也将影响研究结果。这方面的无关变量包括分类不合理、评分出现错误或标准不统一、统计方法使用不当等。

二、无关变量的两种影响

无关变量可产生两种影响：一是造成研究结果不一致；二是造成研究结果不准确。二者统称为研究误差。根据误差效应是否恒定、有无变化的规律，研究误差可分为随机误差和系统误差。

随机误差(random error)又叫可变误差，是由偶然、随机的无关变量引起的，较难控制。随机误差使对同一事物、现象或特征的多次测量与研究得出不一致的结果，其方向和大小的变化完全是随机的，无规律可循。

系统误差(systematic error)是由常定的、有规律的无关变量引起的。系统误差稳定地存在于每一次测量和研究结果之中，使得研究者对同一事物、现象或特征的多次测量与研究结果虽然一致，却不准确，其方向和大小的变化恒定而有规律。

从上可见，系统误差只影响研究结果的准确性，但不影响研究结果的一致性；而随机误差则既影响研究结果的准确性，又影响其一致性。与研究的信度与效度结合起来分析，就可发现，系统误差只影响研究的效度，但不影响信度；而随机误差则既影响研究的效度，又影响信度。在前面介绍的各类无关变量中，有的是随机、偶然的，可引起随机误差；有的是恒定、有规律的，可引起系统误差；还有的因在某一时间、一定条件下可能是随机、偶然的，而在另一时间、另一条件下则可能变成恒定、有规律的，因此，在不同时间、条件下，可引起不同的误差。

在实际研究中，辨别和控制随机误差和系统误差的难易程度不同。由于随机误差使对同一事物、现象或特征的多次研究结果不一致，因而易于识别；另一方面又由于它的变化是随机的，这样，当研究对象足够多或重复测量的次数足够多时，该误差便可相互抵消。而系统误差并不是每一次都引起研究数据的变化，因此不易被研究者察觉。就控制而言，有的系统误差可用平衡措施加以抵消，而有的则必须消除。

三、无关变量的控制

（一）排除法

排除法（elimination method）就是通过采取一定措施，将影响研究结果的各种无关变量排除。

排除无关变量的方法多种多样，因无关变量产生原因不同而有所不同。比如，为了消除“实验者效应”“霍桑效应”，可采用“双盲程序”；为消除被试不合作与不认真态度、各种心理反作用，可设法与被试建立良好合作、信任关系，向他们讲明研究科学意义；为消除主试方面的一些无关变量，可加强对主试的训练，使其按规定程序操作；为消除研究设计、数据分析方面的无关变量，可尽力完善测量工具，做到科学取样，分类合理，评分标准客观统一；为消除研究实施环境条件和过程中的各种无关变量，可充分做好研究的各种准备工作，选择好研究场所，避免意外事件发生；为消除无关视觉刺激与听觉刺激，可在暗室、隔音室中进行研究。

在心理学研究中，指导语在消除无关变量方面起着重要的作用。研究者借助于指导语，一方面向被试介绍研究的目的、意义及基本情况，以消除被试的紧张、焦虑，取得被试信任与配合，使他们在研究中态度认真、集中精力；另一方面向被试交代任务，说明他们在研究中应遵循的程序、如何填写问卷、填写方式如何、如何操作仪器、如何做出反应，从而消除被试因不明白在研究中应如何做时产生的各种随机与系统误差。制定和向被试交代指导语时应注意以下几点：①指导语应简要说明研究基本情况；②指导语应明确说明要被试做什么和如何做；③指导语应简单、明了，少用专业术语，以保证每个被试对其均有相同的理解；④指导语应标准化、前后一致，对所有被试一样，不可任意改动其内容；⑤交代后应让被试重述指导语，以检查其是否真正理解与记住。

（二）恒定法

恒定法（constant method）指采取一定措施，使某些无关变量在整个研究过程中保持恒定不变的方法。在心理学研究中，许多无关变量是无法消除的，如被试的动机、情绪、研究场所的一些条件与特征（如温度、湿度、光照、噪音）等。在这种情况下，就需要采用恒定法，使研究环境、测量的仪器与工具、指导语、主试、研究时间对不同被试或研究安排保持恒定，通过固定其效果来达到控制无关变量影响的目的。比如，使研究在同一房间内进行。

(三)随机化法

随机化法是通过随机分配实验对象到不同的实验组或对照组,使得无关变量在组间均匀分布,从而减少其对实验结果的影响。例如,在临床试验中,随机分配患者到实验组或对照组。

(四)平衡法

平衡法(balancing method)就是对某些不能被消除,又不能或不便保持恒定的无关变量,通过采取某些综合平衡的方式使其效果平衡而对它们进行控制的方法。平衡法的具体方式很多,主要有对照组法和循环法。对照组法的基本设计思想是,按随机原则建立两个被试组。除研究变量因素外,在其他无关变量的效果方面均相等,两组结果之差,可以认为是研究变量之差造成的。在实验研究中,对实验组与对照组结果的比较和对实验处理效果的检验,也是以此思想为基础的。循环法主要用于平衡顺序效应。在心理研究中,当被试接受两种以上实验处理、先后呈现两种以上不同刺激或依次评价研究对象时,就会产生顺序效应,即先前的处理或反应对随后的处理或反应发生影响。在这种情况下,需采用循环法,变动变量项目或被试的顺序,以平衡顺序效应。变动的方式可采用拉丁方设计。下面是两个拉丁方设计的例子(见图 3-1)。

4×4

A	B	C	D
B	A	D	C
C	D	B	A
D	C	A	B

5×5

A	B	C	D	E
B	A	E	C	D
C	D	A	E	B
D	E	B	A	C
E	C	D	B	A

图 3-1　拉丁方设计示例

(五)统计控制法

当无关变量的影响无法消除或难以控制,而其影响已经测定和已知时,可用统计的校正或调整将这些影响从研究结果中排除。比如,在一项比较两种教学方式效果优劣的研究中,由于实验班原来的学习成绩、学习能力等变量不等,此时可求出原来的学习成绩或学习能力与实验效果的相关系数,应用协方差分析把这些变量的影响加以统计的控制。统计控制的方法除协方差分析外,还可用偏相关等方法。在采取问卷、测验的研究中,涉及的变量较多,可使用结构方程模型控制无关变量并分析变量间关系。

第五节　研究设计的标准

研究设计的主要目标是提高整个研究的科学性水平，即保证研究结果、结论能真实地反映人的心理活动规律。研究的信度和效度正是用来评价研究和研究结果是否客观有效的科学性标准。研究中的每一个步骤都会影响研究信度、效度，包括被试、主试、研究情境、研究设计等多种因素，因而对研究信度、效度的考虑要贯穿研究设计各环节。要做到这一点，就必须在设计每项心理学的具体研究时贯彻客观性原则，强调研究的信度和效度。

一、研究的信度

研究的信度(reliability)是指研究所得事实、数据的一致性和稳定性程度。一项科学的心理研究，其结果必须稳定可靠，即重复研究的结果要保持稳定、一致，否则便不可信。例如，用同一思维研究工具在前后相隔较短的时间内测查某一年龄的儿童两次，结果发现两次测查结果不一致，第一次测查结果表明被试未达到逻辑思维水平，第二次结果却发现他们已达到逻辑思维水平。由于被试的思维水平在较短的时间内相对稳定，因此，两次结果的差异不可能来源于被试思维水平的发展变化，而只能来源于无关因素。因此，上述研究结果显然不可靠，将其作为被试思维发展的水平，就会得出错误结论。因此，研究结果的稳定性和一致性是保证研究科学性的重要先决条件。

要保证研究的信度，研究工具首先必须准确、可靠，如果研究工具和仪器自身信度较低，就不宜用于研究。此外，研究结果的稳定性、一致性还受研究实施过程中各种因素的影响。如被试方面的因素有身心健康状况、动机、注意力、持久性、对待研究的态度等；主试方面的因素有不按规定程序实施研究、制造紧张气氛、给予特别帮助、评判主观等；研究设计方面的因素，有研究材料取样不当、题目过少、问题陈述不清等。研究实施方面的因素有研究环境各种难以控制的变化条件等。在心理学研究中，要提高研究的信度，就必须注意上述各种因素的控制。

根据影响信度的误差来源，可以把信度分为两大类：稳定性和同质性。稳定性(stability)指研究结果跨时间、跨情境的一致性。如果研究结果在不同时间、同一总体的不同样本群体中以及不同的评分者等条件下均保持一致，表明研究结果未受施测条件、被试身心状态、样本取样、研究者等方面可能误差的影响，具有很强的稳定性。同质性(homogeneity)指研究工具本身各项目内容的一致性。如果研究工具不同项目均围绕同一核心内容，则研究工具内部具有同质性，表明研究结果不受来自研

究工具方面的可能误差的影响。

判定研究工具或研究结果信度的方法很多，主要有以下几种。

(一)重复法

指运用重复测量、重复研究的方法，在相同条件下采用相同方法进行两次以上的研究，然后考察它们能否取得相同结果。根据重复研究结果的一致性程度，可以直接判定研究工具或研究结果的信度水平，它是判定研究信度的基本方法。

(二)相似法

指通过比较同质或类似研究工作，或同类研究结果的一致性程度，来判断研究工具或研究结果的可靠性。目前，绝大多数心理学领域的具体研究都没有被重复，使得研究者难以确定有关研究的信度。因此，在这种情况下，将某一特定研究的结果与国内外同类研究的结果进行比较(相似法)是判定研究信度的常用方法。

(三)独立评判法

即两个或两个以上的研究者同时对一个被试的行为、操作水平等各种表现进行独立判断或评价，然后比较他们之间的一致性，此法可以判定研究者之间的一致性程度。目前，在采用观察法、访谈法、测验法等方法进行的研究中，日益注重观察者、评定者和记分者之间的信度。

二、研究的效度

效度(validity)通常指一个测量工具能够度量出其所要测量的事物或达到某种目的的程度。效度涉及两个基本问题：一个测量工具所要度量的事物是什么？其对所要度量的事物实际上测量得如何，即准确性怎样？就整个研究而言，研究的效度是指研究真实、准确地揭示了所研究问题的本质及其规律的程度，即研究结果符合客观实际的程度。效度是对研究结果准确性的评价，而信度则是对研究结果一致性(即稳定性)的评价。二者的关系是，信度是效度的基础，效度是信度的目的。由于研究的高效度必然以研究的高信度为前提，因此，效度可以说是评价研究设计与结果的最根本标准。

研究的效度主要有构想效度、内部效度、统计结论效度和外部效度四种。

(一)构想效度

进行理论构思，是研究设计工作中的首要内容。研究构想效度(construct validity)是指理论构思的合理性及其转换为抽象与操作定义的恰当性程度，涉及建立可观测指标的理论设想及其操作化等方面的问题。

要使研究具有较高的构想效度，需要做好以下几点：①理论构思必须结构严谨、符合逻辑、层次分明，形成某种“构想网络”。②对研究的各种变量做出明确、严格的说明。③给变量下明确的操作定义，并制定相应的、客观的测量指标。④要消除或控制影响构想效度的各种因素。

影响构想效度的因素主要有以下几种：①对构想缺乏明确的说明，概念解释模糊，逻辑关系不清，层次不明。②单一方法和操作引起的偏差。对构思进行设计与测量时，如果采用单一方法或单一指标去代表，分析多维、多层次、多侧面的复杂心理活动，就会产生单一方法和单一操作偏差，削弱研究的构想效度。避免方法是用多种方法、多种指标，从不同角度分析所假设的理论构思。③构想水平之间的混淆。对变量之间的关系进行理论构思时，有时需要在不同的水平上假设不同的关系。例如，低、中、高三种强度的应试动机与考试成绩之间的关系是不同的，此时如果不加区分地进行总体分析，就可能产生构想水平之间的混淆，使研究者不能揭示变量在不同水平上的真正关系，降低构想效度。④研究过程中主试的期望、被试因猜测而发生的心理与行为的改变、不同实验处理之间的交互作用等都会影响研究的构想效度。

总之，心理学研究中常常包含着复杂的、多维度的理论构思，如何提高研究的构想效度，改变目前许多心理学研究构想效度不够科学的状况，是心理学研究者在进行研究设计时需要加以特别重视的问题，也是提高研究理论水平的核心点。

（二）内部效度

内部效度(internal validity)是指在研究自变量与因变量之间存在一定关系的明确程度，其涉及的问题有：①所研究的两个或多个变量之间是否存在一定的关系？特别是研究自变量与因变量之间是否有关系？②是否可以确定是自变量的变化引起了因变量的变化？其确切程度如何？一项研究的内部效度很高，就意味着在实验处理或条件控制方面具有某种效果，表明在研究或实验的设计和实施时的各种无关变量得到了较好的控制或排除，无关变量对研究结果没有影响或影响很小，研究变量之间(尤其是自变量与因变量之间)的关系是确定的、真实存在的。内部效度的目的是保证研究变量之间关系的确定性。对实验而言，就是要保证因变量的变化确实由自变量引起。在实际研究过程中，除自变量外，任何其他无关变量都可能对因变量产生影响，其效果与自变量的效果混淆在一起，使研究者难以判断研究变量之间关系的确定性，或对其关系做出错误的结论。因此，要使研究有较高的内部效度，就必须控制各种无关变量，减少它们对研究结论的影响。

在心理学研究中，影响内部效度的因素主要有以下八种。

第一，成熟因素。在研究期间内，被试的身心功能(如运动协调性、语言表达能力、逻辑思维能力）会随着时间的推移而发生系统的变化（提高或降低），对于某些有实验处理、干预的研究来说，由于研究周期较长，对被试行为的测量是在前后两个不同时间点进行的，其效果就易受成熟因素的影响，从而降低内部效度。解决方法是设立未进行实验处理的控制组进行比较。

第二，历史因素。在研究所处的某一时间区间内，所发生的各种社会生活事件都可能影响被试的行为，混淆实验处理的效果，降低研究的内部效度。在研究儿童心理发展的一般正常过程或评估某些干预措施的效果时，尤须查明历史影响因素，并判断其对结果的作用。

第三，被试选择上的差异。对被试进行分组时，如果未采用随机挑选或随机分配的方式，就可能使各被试组之间在初始状态就存在各种系统差异（如能力、知识经验水平），从而影响对自变量效果或变量间关系的判定，降低内部效度。

第四，研究被试缺失产生的效应。在一些时间跨度较长的研究中，常常会出现被试数量减少的现象，如被试毕业离去、转学、调动工作、生病、发生事故、合作性差等。不同被试组缺失的原因和数量可能是不同的，这些均可能会影响研究的内部效度。

第五，前测的影响。对有前测和后测的研究来说，前测经验可能会提高被试在后测时的分数。如在一项培养逻辑思维能力的研究中，事前测验暗示了事后测验的内容。

第六，实验程序不一致或处理扩散产生的效应。研究过程中，实验仪器控制方式不一致、测验程序的细微变化、实验处理的扩散与交流等都可能抵消、降低或夸大实验处理的效果，损害研究的内部效度。

第七，统计回归效应。在进行重复测量时，初测时获高、低极端分数者的成绩会出现向平均值移动的现象，即随着时间推移高分者成绩下降，低分者成绩升高。这种自然倾向被称为“统计回归效应”。研究中，如果选择具有极端特征的个体为被试，并建立对照组（如比较高焦虑组与低焦虑组），就可能发生此效应，混淆实验处理效果，降低研究内部效度。

第八，多种研究条件与因素间的交互作用。许多研究对不同条件或因素的效应进行比较，而在研究过程中往往会由于测试程序、变量控制和实验安排等方面造成多种条件与变量之间的交互作用，影响研究内部效度。

实际上，在不同的心理学具体研究中，影响内部效度的因素种类、数量、作用大小可能是不同的，需要研究者根据具体情况加以分析、预估、识别，并采取相应措施予以控制或消除，以提高研究的内部效度。

（三）统计结论效度

统计结论效度（statistical validity）是检验研究结果的数据分析程序与方法有效

性的指标，研究的基本问题是研究误差、变异来源与如何恰当地运用统计显著性检验。例如，当研究样本较小时，由于样本成分与测量的波动性较大，具有不稳定性，此时如果用统计显著性水平做推论是不可靠的。在这种情况下，应该运用功效分析，考虑一定的样本大小、变异程度和 α 水平上能够检验出多大的效应。

影响统计结论效度的因素主要有以下几种：①数据的质量差。数据分析程序效度或统计结论的有效性以数据的质量为基础。在一项研究中，如果所采用的测量工具信度较低，就会增大测量的标准误差。同样，如果实施实验处理的方式不够标准化，实验过程受到其他随机无关因素的影响，也会增大变异。这些都会影响数据的质量（如分布特征、信度和效度），进而降低统计结论效度。②违反统计检验的假设。分析数据的各种统计方法，都有其明确的统计检验假设或适用条件，只有满足了一定假设和条件后，才能用它们对数据进行分析，做出合理、有意义的解释。如果在分析数据时违反有关统计检验假设或条件（如违反对数据正态分布要求，违反对数据定距水平要求），就会降低统计结论效度。③统计检验能力低。在统计学上，不犯Ⅱ类错误的概率（$1-\beta$）反映着正确辨认真正差异的能力，因而被称为统计检验力。如果真实差异很小时，某个检验就能以较大的把握接受它，说明这个检验的统计检验力比较大。在研究中，当样本小而 α 值定得较低时，犯Ⅱ类错误的可能性就增加；如果 α 值定得较高，又容易犯Ⅰ类错误，这些都会降低统计检验能力，影响统计结论效度。

针对上述几类主要影响因素的分析可以发现，要提高统计结论效度，首先需保证数据的质量，这是统计结论效度高的必要前提。其次应明确各种统计检验方法假设和适用条件，并根据数据的具体特征选用适宜统计程序。最后，还应注意适当增大样本容量，当样本较小时，要进行统计功效分析，而不能仅凭统计显著性水平做出推论。

（四）外部效度

外部效度（external validity）是指研究结果能够一般化和普遍化到样本的总体和其他同类现象中去的程度，即研究结果的普遍代表性和适用性，可细分为总体效度和生态效度两种。

总体效度指研究结果能够适用于样本所代表的总体的程度。要使研究结果适用于总体，就必须从总体中随机选取样本，使样本对总体具有代表性。如果研究所选样本有偏差或数量太少，不足以代表总体，其结果就难以对总体特征进行概括。

生态效度是指研究结果能够概括化和适用其他同类现象的程度。要使心理学研究结果能推广到真实生活情境中，就必须考虑如何使进行某一特定研究的条件与情境对真实生活有一定代表性。

心理学研究的重要目标是揭示心理活动的一般化、普遍性规律。因此，提高研究的外部效度具有十分重要意义。一项研究内部效度再高，如果其结果仅局限于特定被试、测量工具和研究程序和特定研究条件，那么从获取一般知识和揭示普遍规律的角度来说，其价值可能很低，甚至毫无价值。正因为如此，研究者往往对揭示普遍规律表现出更大科学兴趣，不少心理学研究者认为研究外部效度与内部效度同等重要，甚至比内部效度更重要。近年来跨文化研究的兴起，正是这一特点的反映。

总的来说，影响研究外部效度的因素主要有以下几种：①研究被试的代表性差。②研究变量的抽象与操作定义不明确，测量方式信度、效度差，致使研究可重复性较差。③研究对被试的反作用。在实际研究过程中，研究本身（如对被试行为、态度的测量）也能改变被试的典型行为。④事前测量与实验处理的相互影响。⑤多重处理的干扰。当被试多次接受实验处理或短时间参多个实验时，就会因实验次数增多、各项处理的相互影响等形成干扰效应。⑥实验者效应。指实验者本身的个性、动机、情绪及其他细微而无意的行为影响被试，把研究目的、对结果的期望等信息无意中传递给被试。⑦研究与实际情景相差较大。⑧被试选择与实验处理的交互作用。指研究被试的各种特征（如年龄、动机、对研究的态度）会使实验处理的效果具有特定的含义，影响研究结果的普遍性。

要提高研究的外部效度，必须注意在研究中消除和控制上述各种影响因素。其中最关键的一环就是做好取样工作。取样不但包括被试的取样，而且包括有代表性的研究背景（如工作场所、学校、家庭、实验室）、研究工具、程序和研究时间等的选取。取样的背景越广泛，与实际情境越接近，研究结果的可用性、适用性、推广性就越强。因此，如何提高研究外部效度，必须在收集数据以前，即在研究设计时予以认真考虑。

需要注意的是，研究的构想效度、内部效度、统计结论效度和外部效度是相互联系、相互影响的。四种研究效度的相对重要性，主要取决于研究的具体目的和要求。一般来说，可以在保证研究内部效度和构想效度的情况下，提高统计结论效度和外部效度。但是，从影响研究效度的因素可知，用于提高某种研究效度的措施，很可能降低另一种研究效度。因此，研究者需要明确不同效度的优先顺序，在不同的措施之间做出适当权衡，避免不必要的效度损失，并采取相应措施，尽力提高研究的各种效度。

思考与练习

1.研究设计主要包括哪些方面的要点？请从中国知网中搜索 2 篇心理学领域的实证性研究报告，仔细阅读并整理其研究设计，然后进行比较。

2.研究变量的类型有哪些？在上述整理的研究设计中，主要涉及了哪些变量？根据文献，试提出相关变量的操作性定义。

3.研究取样的方法有哪些？试举例说明。

4.研究中的无关变量的主要来源有哪些？无关变量带来的误差该如何控制？试举例说明。

拓展阅读

罗杰·霍克,2015.改变心理学的40项研究[M].北京:中国人民大学出版社.

该书以专题的形式介绍了心理学史上最有名的40项研究。每个专题包含4个具体研究,研究的内容包括题目、研究者、研究背景、理论假设、研究方法和结果、研究发现的意义、相关研究和近期应用以及作者结论。该书填补了心理学教科书和心理学研究之间的沟壑,从历史的角度展示了心理学各领域具有重大影响的研究,并介绍了这些研究的后续进展和相关研究。有助于读者由点及面,了解心理学研究的思路、方法及理论传承。

参考文献

董奇,2004.心理与教育研究方法[M].北京:北京师范大学出版社.

董奇,申继亮,2005.心理与教育研究方法[M].杭州:浙江教育出版社.

刘电芝,2011.教育与心理研究方法[M].合肥:安徽教育出版社.

尼尔·萨尔金德,2011.心理学研究方法精要[M].北京:中国人民大学出版社.

童辉杰,2011.心理学研究方法导论[M].北京:中国人民大学出版社.

王重鸣,2001.心理学研究方法[M].北京:人民教育出版社.

辛自强,2012.心理学研究方法[M].北京:北京师范大学出版社.

约翰·肖内西,尤金·泽克迈斯特,珍妮·泽克迈斯特,2015.心理学研究方法[M].北京:人民邮电出版社.

第四章　实验法

本章导读

实验法是心理学研究中最重要形式之一，也是从自然科学中转借、移植而来的研究方法。实验法作为可以揭示事物或现象间因果关系的方法，在心理学研究的发展中发挥了极其重要的作用。因此，本章将在说明实验法的概念和逻辑框架、变量及其类型的基础上，着重详细介绍各种准实验设计及真实验设计，在介绍各种实验设计逻辑、方案的基础上，列举了各方法的优缺点，适用情景等。

第一节　实验法概述

一、实验法的概念和逻辑框架

心理学中的实验法(experimental research)是指在观察和调查的基础上，对某些实验条件进行操纵和控制，创设一定的情境，考察自变量和因变量之间因果关系，从而探索心理现象的发生发展规律的一种方法。具体而言，实验研究可遵循如下的框架图(图 4-1)。

首先，操纵自变量。变量是最主要的实验条件，通过创设或改变实验条件，系统地对被试施加影响，可以观测、比较不同实验条件下因变量的系统变化或差异。例如，如果要研究室内温度是否影响人际信任水平，可以系统地改变温度，即设置不同的温度条件，然后观察在不同温度时，被试表现出的人际信任水平是否有差异性。若因变量出现显著差异，则可推定可能是由自变量所致。这种对自变量的人为操纵是实验研究最突出的特征，是在观察、测验、访谈等其他研究方法中无法实现的。

其次，控制无关变量。为了确保自变量和因变量关系的纯净性，必须控制实验中

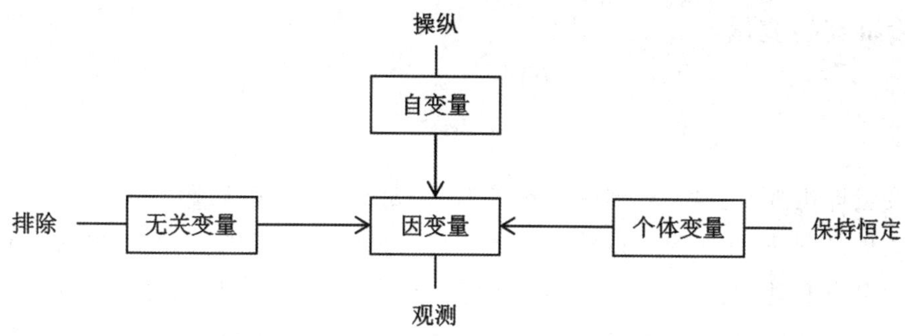

图 4-1　实验研究的逻辑框架

的无关变量。实验过程中存在各种可能导致实验结果变异的其他因素，包括环境中的额外刺激、实验过程带来的无关因素(如练习效应、疲劳效应)等，只有对这些因素的作用进行严格控制，排除或控制无关变量对因变量的影响，才能推论因变量的变化确实是由自变量导致的。在上述温度影响人际信任水平研究例子中，若研究者通过灯泡的发热来操纵温度高低，得出人们在温度较高时表现出更高的信任水平的结果。该结果的内部效度是不高的，因为灯泡不仅提供了热量，还导致了照明条件的改变，这样就可以怀疑人际信任水平的提高不是因为室内温度，而是照明。可见，唯有对无关变量进行严格控制，才能排除其他可能的解释，以确定自变量和因变量之间纯净的因果关系。

再次，使个体变量保持恒定。在实验研究中，某些个体自身因素(如被试的性别、年龄、教育程度)、与个体因素有交互作用的实验环境因素一般都无法消除，只要被试存在，这些无关因素的影响就存在。这时，可使个体之间或实验组和对照组之间的无关因素情况对等或恒定，就可确保自变量和因变量之间的因果关系，因为一个不变的因素不可能引起因变量的变化。同样，在上述温度影响人际信任水平研究例子中，不同被试原有信任他人的水平就是不同的，但如果每种实验条件下的样本量足够大且被试是按照随机选择和分配的，研究者就可以推定两组被试的基础信任水平是对等的。

最后，观测因变量的变化。在有效操纵了自变量且有效控制了无关变量的情况下，才能对因变量的变化进行观察和测量。观察到因变量系统、稳定的变化后，就能推定是自变量使然。上述人际信任的例子中，可通过真实的信任博弈实验，考察被试愿意投资给陌生人多少钱，投出的钱数就代表了信任水平。如果研究中确实观察到温度不同时投资数额有变化，就可能说明二者的因果关系。

基于上述逻辑框架和要求，实验法不仅如同观察法、测验法、访谈法等一样可以收集相关数据，而且更是一种设计思路和形式，即人为地控制和操作某些变量。从这个意义上讲，实验研究与观察法、测验法、访谈法等并不是并列的。在实验研究中，其他非实验研究方法都可以运用。在实验研究的设计里，也可以嵌套观察、测验、访谈等方法收集资料。

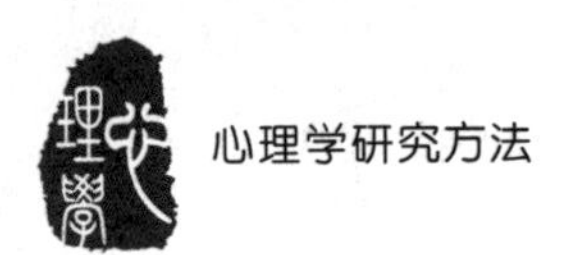

二、实验研究的变量

(一)自变量

自变量即刺激变量,是由研究者在实验过程中有意操纵以影响因变量的刺激物或刺激条件。例如,在研究室内温度是否影响人际信任水平的实验中,室内不同的温度就是一个自变量,但它们处于不同的水平。自变量的种类很多,可分为刺激特点自变量,如噪声强度、药物剂量;环境特点自变量,如温度、是否有观众在场;被试特点自变量,如年龄、性别;被试暂时特性,如动机、疲劳。在实验过程中,直接得到的自变量往往不够明确。为解决该问题,研究者常常采用明确、统一、可以量化的术语对自变量进行严格的规定,这就是对自变量操作定义的过程。在前面的例子中,如果把疲劳定义为从事某种体力劳动的时间量,那么研究者就可据此操纵这个变量了。在室内温度影响人际信任水平的研究中,可以把室内温度定义为空调调控的不同温度。

自变量的特定值被称为水平。例如,噪声强度可以有 40 分贝和 60 分贝两个水平;药物剂量可以有 0.2 毫克、0.4 毫克、0.6 毫克和 0.8 毫克四个水平;大学年级可以有大一、大二、大三和大四共四个水平;性别有男性和女性两个水平。而上文以温度为自变量的研究中,温度的水平可以有高温和低温两个水平,也可以有高温、中温和低温三个水平。可以看出,任一研究中的自变量至少具有两个水平数。另外,自变量水平的数目不宜过多,在与方差分析结合的实验设计中,自变量水平的数目是有限的,一般不超过 8 个。

自变量的选择与确定需要考虑以下几个方面的因素。

首先是理论因素。研究者应结合研究目的和已有的理论,提出研究假设,即对变量之间的因果关系作出假设,从而初步选择出自变量和因变量。

其次是实验设计因素,即实验设计是否恰当地控制了各种无关变量造成的误差。例如,有研究者要考察不同性别的主试对被试完成某项任务的效果的影响,此时自变量为主试性别,因变量为被试完成任务的效果。显然,被试性别是影响其完成任务效果的重要无关变量之一,如果在实验设计中不加控制,势必会影响对自变量与因变量关系的准确判断。因此,有必要将被试性别带来的变异从组内变异中分离出来,方法之一就是将被试性别也作为一个自变量,该实验设计就成为两因素实验设计。

再次是可行性问题。从理论上讲,将所有影响因变量的因素作为自变量加以操作是最理想的实验设计。但是,各因素的作用程度往往是不相等的,对其平均地加以研究是不可行、不经济的。这就要求研究者结合相关理论和假设,从中精选出主要影响因素加以研究。此外,心理学研究中的某些因素难以操纵,往往将其作为无关变量加以控制,而不是作为自变量。

(二)因变量

因变量即反应变量,是由自变量引起的某种特定反应,自变量和因变量是相互依存的,即没有自变量就没有因变量,没有因变量也无所谓自变量。在实验过程中,自变量通常需要通过一定的程序创设或改变,而因变量需要观测,即精确客观地记录其变化,以确定自变量对因变量的影响程度或造成的效应大小。例如,要对观看暴力电视的儿童和没有观看暴力电视的儿童的攻击行为进行观测,可把他们带入与电视场景类似的情景中,然后观察他们是否表现出攻击行为以及攻击行为的强度和性质等。

为了更好地观测及控制因变量,可采用以下几种方法。

(1)反应控制。实验者将被试的反应控制在主试所设想的方向上,一般通过指导语来实现。一个规范的指导语应内容明确、完整、简洁、标准化。

(2)选择恰当的因变量指标。在实验中,被试的反应(因变量)应当和自变量一样能够具体度量,同样需要一个操作性定义,即选择恰当的因变量指标。一个恰当的因变量指标必须满足下列标准:①有效性,即指标充分代表当时的现象或过程的程度,也称为效度。反应指标的效度直接关系到实验的效度。为了使所用的指标具有较高的效度,应了解指标本身的意义是什么、此指标的变化意味着什么、利用此指标对所研究的现象最多能了解到什么程度、有何局限性、如何补救。②客观性,即所选指标客观存在,可以通过一定的方法观察到。反应时、反应频率、完成量等都是客观存在的指标,可以用客观的方法测量和记录。一个客观的指标可以在一定的条件下重现。这样的指标能经得起检验,使实验能够重复进行,结果可以验证。③数量化,指标能数量化,也就便于记录、便于统计。量化的指标才能进行比较。

(3)避免量程限制。在实验中,若反应指标的量程不够大,造成被试的反应停留在指标表的最顶端或最底端,将使指标的有效性遭受损失,这被称为天花板效应和地板效应。这两种效应都阻碍了因变量对自变量效果的准确反应,应努力避免。通常的方法是尝试着先通过预实验设计去避免极端的反应,然后再试着通过测试少量的先期被试来考察他们对任务操纵的反应。如果被试的反应接近指标量程的顶端或底端,那么实验任务就需修正。

(三)无关变量

无关变量,也称干扰变量、额外变量或控制变量,指在实验中除自变量之外所有可能对因变量产生影响的变量。无关变量的来源有:①被试方面,如年龄、性别、文化、身体状况,以及被试的情绪、动机、兴趣、态度等;②环境方面,如实验场所的噪声、照明、温度等;③主试方面,如主试的态度、语言的准确性、操作是否熟练等;④时间方面,如自然成熟、练习、疲劳。无关变量在实验中需要严格控制,如果对这些变量缺乏控制,会直接影响实验结果，从而降低实验的内部效度。对无关变量的控制技术主要有以下五种：

1.排除法

排除法是把无关变量从实验中排除出去，是最优的策略。例如，如果外界的噪声和光线影响实验，最好的办法就是进入隔音室或暗室，这样可以把无关因素排除掉。再如，为了消除实验者效应、被试身上的霍桑效应，可以采用“双盲法”，使被试和实验员都不知道研究的真实内容和目的，从而避免主试、被试双方因为主观期望所引发的无关变量。从控制变量的观点来看，排除法确实有效，但所得结果外部效度较低，常常难以推广。

2.恒定法

若某种无关变量的影响不能被排除，则要使之在实验过程中保持恒定不变，即恒定法。例如，当实验中的强度变化的噪声无法消除时，研究者通常采用噪声发生器发出恒定的噪声来加以掩蔽。用恒定法控制无关变量也有缺点，如实验结果不能推广到无关变量的其他水平上去，操纵的自变量和保持恒定的无关变量可能产生交互作用。

3.匹配法

匹配法(matching method)是使实验组和对照组中的被试属性相等的一种方法。使用该方法时，先测量被试身上与实验任务呈高相关的属性，然后根据所测得的结果将被试分成属性相等的实验组和对照组。在实验中，力图使所有的额外变量均匹配相等而编成两组是很困难的，并且一些中介变量诸如动机、态度等是无法找到可靠依据进行匹配的。在实际运用中，匹配法常常配合其他技术共同使用。

4.随机化法

随机化法(randomizing method)是把被试随机地分配到各种实验条件下的技术。若每个被试进入每个实验条件的概率相等，那么来自被试的各种无关变量也平衡地存在于不同的实验条件下，这些无关变量不会造成实验结果的系统误差。在样本量较大的情况下，随机分配被试的方法足以平衡大部分无关变量的影响。

5.抵消平衡法

抵消平衡法(counter balancing method)指采用某些综合平衡的方法，使无关变量的效果互相抵消，达到控制无关变量的目的。例如，ABBA 法和拉丁方设计法。

三、实验设计的类型

实验设计有广义和狭义之分。广义的实验设计是研究者在实验开始前所作的各项具体计划，包括提出问题、把问题转化为变量间的关系、形成研究假设、操纵自变量、控制无关变量、观察因变量、分析实验数据以及从数据推理结论的过程。狭义的实验设计是指合乎逻辑地配置或安排实验所包含的各种条件，从而使得研究者能够将因变量上的变化归于自变量的操纵。在心理学研究报告中，方法部分的内容、统计分析与狭义的实验设计总是密不可分的。实验设计的最终目的是建立变量之间的因果关系，这种目的一般通过系统操纵或改变自变量，同时严格控制各种无关变量，在此基础上观察因变量的变化来实现。根据不同的标准，实验设计的分类也不同，以下主要介绍在心理学实验中常用的几种实验设计类型。

（一）前实验设计、准实验设计与真实验设计

根据对无关变量的控制程度，是否随机选择和分配被试，能否主动操纵实验变量及操纵的程度，可将实验设计分为前实验设计、准实验设计和真实验设计三类。

前实验设计（pre-experimental design）是一种最为原始的实验类型。由于缺乏对无关变量的控制，实验组和对照组中的被试没有随机选取和分配，内部效度很低，自变量和因变量之间的因果关系并没有得到严格控制，这类研究算不上是实验研究，故称为前实验或非实验。这种情况下，研究者被局限于根据对已有重要现象的观察和测量，做一些因果性的推测。但应该认识到在科学知识的发展中，非实验设计方法也有特殊的重要性，它对发现现象、提出假设都有启发意义。前实验设计主要有三种类型，即单组后测设计、单组前后测设计和固定组比较设计。

准实验设计（quasi-experimental design）能够控制一部分随机因素，但没有对被试进行随机选择和分配，不能完全主动地操纵自变量，对无关变量的控制具有一定局限性。由于课题性质和客观条件的限制，心理学研究有时难以严格控制变量。在这种情况下，利用准实验设计在一定程度上把实验控制到基本合理的限度之内是非常有必要的。准实验设计包括时间序列设计、相等时间样本设计、不等两组前后测设计、不等两组前后测时间系列设计和交叉滞后组设计等类型。

实验研究中的实验设计一般指真实验设计（experimental design），是在随机化原则基础上选择和分配被试，严格而充分地控制各种影响内部效度的无关变量，以获取比较准确的实验结果的一种设计。真实验设计主要包括单因素完全随机设计、完全随机析因设计、单因素随机区组设计、区组析因设计四种主要类型，每种类型下又有许多具体类型。

上述三类实验设计的区别是实验研究“因果力”存在差异的根本原因。其中，设计良好的真实验能非常有力地得出因果关系，准实验设计在获得因果关系上有一定的效力，而前实验设计的因果效力较差，甚至只是为获得因果关系提供猜想方向。

(二)单因素实验设计和多因素实验设计

按照实验中所包含的因素(自变量)数目,实验设计可分为单因素设计和多因素设计两类。单因素实验设计(single factor experiment design)是指实验中的自变量只有一个,自变量的水平可以是两个或两个以上。多因素实验设计(multiple factor experiment design)是指实验中含多个自变量,被试接受几个自变量水平结合的实验处理。多因素实验设计不仅可以对各个变量的主效应进行分析,还可探讨这些变量共同起作用时的交互作用。

当心理学研究者同时考察两个因素的影响时,常常发现这样的情况,即一个因素的影响只表现在另一个因素的某个水平上,而在其他水平上并没有表现出来;或一个因素在另一个因素不同水平上对自变量的影响差异显著。例如,与正常讲授教学方法相比,使用独立学习和讨论的教学方法可能提升高能力学生的学习成绩,却可能使低能力学生的学习成绩下降。这种复杂的效应在单因素实验设计中无法被察觉,但会在多因素实验设计中体现出来。可见,自变量水平的交互作用往往比自变量的主效应能够提供更多信息。

(三)被试间设计、被试内设计和混合实验设计

按被试接受处理或处理结合的情况,或者按实验比较究竟是在被试之间进行还是在被试内部进行,实验设计可分为被试间设计、被试内设计和混合设计三类。

被试间设计(between-subjects design)是指实验中每个被试只接受一种自变量的水平或自变量水平的结合,完全随机、随机区组和拉丁方设计都属于被试间设计。被试间设计又叫非重复测量实验设计,实验中的自变量为被试间变量。被试间设计的优点是不存在实验处理之间相互“污染”的问题,而劣势是对实验中被试带来的无关变量控制得不够理想,即被试间个体差异可能混入实验条件的影响而难以区分。当所研究的因素为被试变量(如年龄、性别)时,比较只能在不同被试之间进行。另外,当所研究的因素为刺激(或任务)变量时,若每名被试只能接受一种水平或水平的结合,或者说只能参加一个条件的实验,此时不同条件之间的比较也只能在不同被试之间进行,即只能选择被试间设计。

近年来,重复测量实验设计(repeated measurement design)成为实验设计发展的一个趋势。被试内设计(within-subjects design)是重复测量实验设计的一种形式,把随机区组设计进一步发展,即由一个被试(而不是一组同质被试)接受所有的自变量水平,或自变量水平的结合,其实验中的自变量被称为被试内变量。这种设计将被试的个别差异从被试(组)内变异中分离出来,提高了实验处理的效率。但是,该设计因为被试(组)要接受多个实验处理并重复测量,可能导致练习效应或疲劳效应,从而影

响结果的可靠性。因此，选用被试内设计是有一定条件的，若实验存在学习、记忆效应，就不能使用被试内设计。

混合实验设计(mixed measurement design)一般涉及对两个或两个以上自变量的处理，而每个自变量采用的实验设计又是不同的，即该设计既有被试内变量，又有被试间变量。在混合实验设计中，对于实验中的被试内变量，每个被试接受所有的自变量水平或自变量水平结合的处理；对于实验中的被试间变量，每个被试仅接受一个自变量水平或自变量水平结合的处理。例如，在一个 2×3 两因素混合设计中，A 因素是被试间变量，有 a_1、a_2 两个水平，B 因素是被试内因素，有 b_1、b_2、b_3 三个水平。实验中应将被试随机分为两组，一组被试接受 a_1 水平与 B 因素所有水平的结合，即 a_1b_1、a_1b_2 和 a_1b_3 的处理。另一组被试接受 a_2 水平与 B 因素的所有水平的结合，即 a_2b_1、a_2b_2 和 a_2b_3 的处理。混合设计是重复测量实验设计的复杂形式，是最具实用价值的实验设计。

第二节　准实验设计

在心理学研究中，有时无法运用随机化原则和方法来选择和分配被试。例如，当考察一种新式思维训练方法是否能提高学生的数学成绩时，由于实验前班级的学生是固定的，不可能采用随机化的方法形成实验组和对照组，这时准实验设计便是一种可行的方法。准实验设计是介于前实验设计和真实验设计之间的实验研究设计，它对无关变量的控制比前实验设计要严格一些，能对一部分无关变量进行控制，但不如真实验设计对无关变量控制得充分和广泛。准实验设计运用原始群体(比如一个班级、一个部门、一个小组)作为被试，而不是随机安排被试进行处理，一般无法对被试进行随机取样、分配，设立的对照组是静态或不相等的。为克服或减少上述缺陷的影响，准实验设计力图通过程序的改变、测量的调整等来提高对无关变量的控制。同时，准实验研究作为一种有效的研究手段，不仅适用于现场背景的研究，也可以在某些模拟的实验室中进行。准实验设计有许多类型，其中应用最多的主要是以下几种。

一、时间序列设计

时间序列设计(time series design)是指对一组非随机取样的被试实施实验处理，并在实验处理前后周期性地做一系列观察或测量，然后分析前后测量结果是否具有非连续性，从而推断实验处理的效果。时间序列设计的基本模式如下：

一系列前测——→实验处理——→一系列后测

例如，对某班中学生连续进行几个单元的学习测验，然后进行某项教改，该教改结束后再连续进行几个单元的学习测验，比较教改前后几个单元的学习测验结果。

如果后面几个单元的测验成绩显著高于前面几个单元的测验成绩，则可推断教改取得了效果。可以看出，这种设计是单组设计，只有一个实验组，需要一系列的前测与后测（如图 4-2）。

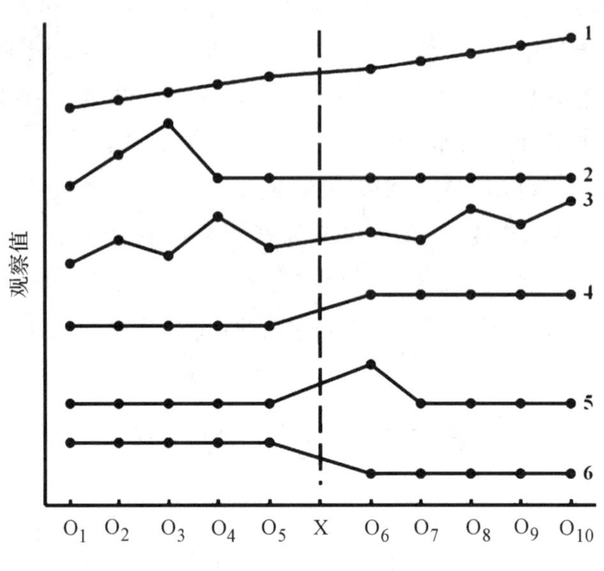

注：O_1～O_{10}：观察与测定；X：实验处理。

图 4-2　时间序列设计可能的结果模式

对于时间序列设计结果的分析和解释不能只看实验前后的两次观测结果的比较，而更要考察前后一系列观测分数的整体变化趋势。图 4-2 提供了 6 种可能的结果模式。结果 1～3 中，因变量的观测数据基本上是前后连续变化的，说明实验处理是无效的；结果 4～6 中，因变量的观测数据的变化具有不连续性，表明实验处理是有效的。其中，结果 4 说明实验处理有稳定的正效应，结果 5 说明处理只是临时有效，结果 6 说明处理产生了负面效果。

时间序列设计由于采用了一系列的前测和后测，成熟、历史因素和练习效应都得到一定的控制，但是时间序列设计没有设置对照组，不能控制与实验处理同时发生的偶发事件的影响，不能排除那些与自变量同时出现的额外变量的影响。此外，被试在该设计的实验过程中反复接受测量，也可能降低或增加被试对测验的敏感性，从而影响实验结果的客观性。时间序列设计是在一些行为矫正的小样本研究中逐渐发展起来的，适用于小样本研究。该设计的实验结果一般以时间作为自变量，时间点作为水平，进行单因素方差分析，考察实验处理在各时间点的效果变化。

二、相等时间样本设计

相等时间样本设计（equivalent time sample design）是指对一组被试选取两个相

等的时间样本，在其中一个时间样本里出现实验变量，而在另一个时间样本中不出现实验变量，其基本模式如下：

$$X_1O_1 \qquad X_0O_2X_1O_3 \qquad X_0O_4$$

其中 O_1、O_3 表示被试接受实验处理 X_1 后的观测结果，O_2、O_4 表示被试在无实验处理 X_0 下的观测结果。通过对两种实验条件下的结果进行分析比较，从而可考察实验处理产生的效应。通过对多次测量的差异进行比较，不仅可以检验实验处理的效果，也可对实验安排的顺序效应进行分析。相等时间样本设计有效地控制了历史、成熟因素的影响，其内部效度较高，但其外部效度可能受到实验安排产生的霍桑效应、练习效应、疲劳效应、实验变量的交互作用等影响。此外，这种设计一般适用于一次实验处理对被试心理、行为只有暂时影响的研究。

相等时间样本设计获取的实验数据可以从三个方面进行统计分析：①对两种实验条件下的观测结果进行比较，即用 O_1、O_3 的平均值与 O_2、O_4 的平均值进行比较，以分析实验处理和控制条件的效果差异性。②对两种实验条件下的顺序效应进行分析。这种方法同样是比较 O_1、O_3 的平均值与 O_2、O_4 的平均值，来确定顺序效应的大小。③对实验条件和顺序效应的交互作用进行分析，进一步检验不同的实验条件在不同时间序列上产生的不同效应。

三、不等两组前后测设计

不等两组前后测设计（none equivalent-two-groups pretest-posttest design）对照组和前后测，但对照组和实验组的被试不是通过随机抽样和分配获得的。其基本模式如下：

实验组：前测 O_1 实验处理 X　后测 O_2

对照组：前测 O_3　　　　　后测 O_4

从该模式中可以看出，该设计包括一个实验组和一个对照组，有前后测的比较，基本符合了典型实验的结构及其逻辑框架。然而，两组被试并非随机选取和分配的，不能严格控制被试自身的无关因素，故只能视为准实验。此类设计通常用在现存班级、企业、小组等无法保证随机取样和分组的情况下。在该设计中，研究者通过前测可取得两组是否等价或具有某种差异的指标，以提供固定整组在控制机体变量和因变量方面的最初数据，作为两个整组之间进行比较的基础。

由于该设计中增加了对照组和前后测的结合，从而可以控制历史、成熟、测验以及仪器等因素的干扰。相对于前实验设计有了很大的完善，但还不如真实验中的前后测设计。因为该设计的不等组没有使用随机化的方法来选择或分配被试，因而选择、成熟以及选择与实验处理的交互作用可能会降低实验的内部效度。又由于实验组、对照组都使用前测，因而该实验的结果不能直接推论到无前测的情境中，即也会

影响实验的外部效度。

一般情况下，不相等实验组对照组设计的统计分析方法是对两组前后测的分数变化进行比较，即 O_2-O_1 和 O_4-O_3 比较，从而估计出实验处理的效果。可以采用独立样本 t 检验和协方差分析检验两组变化平均数的差异是否显著。

四、不等两组前后测时间系列设计

不等两组前后测时间系列设计（none equivalent two-groups pretest post test of time series design）是将前面的时间系列设计和不相等实验组对照组设计结合起来的一种设计，其基本模式如下：

实验组：一系列前测——→实验处理——→一系列后测
对照组：一系列前测————————→一系列后测

从该模式中可以看出，该设计既采用了系列前后测，又设置了非随机分配的对照组，不仅能了解每组的一系列观测成绩的变化趋势，还能比较两组的一系列前后测成绩，以估计实验处理的效果。同时，该设计能更好地控制历史、成熟、选择与成熟的交互作用等无关因素的影响。但是，系列测量可能引起的疲劳效应、练习效应等仍会影响实验处理的效果。

这种设计的统计方法一般是分别计算实验组和对照组的前测成绩平均数－后测成绩平均数再加以比较，从测量结果的变化说明处理的效果。也可以比较两组之间的一系列时间的前测或后测，以判断实验组和对照组接受不同处理所产生的效果。

五、交叉滞后设计

交叉滞后设计（cross-lagged panel design）的基本原理是通过对两个变量 A 与 B 的两次测量，然后对几个相关系数进行分析比较，以确定变量之间关系。“交叉滞后”意指一些数据点被视为滞后的结果变量，其设计模式如图 4-3。

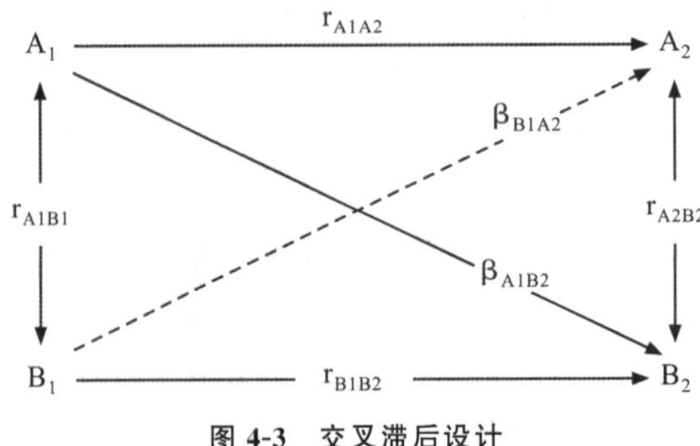

图 4-3　交叉滞后设计

在图 4-3 中，A 和 B 代表两个变量，每一个都先后进行两次单独测量，分别记作 A_1、A_2 和 B_1、B_2。图中包括三对相关关系：稳定性相关、同步相关和交叉滞后相关。两个稳定相关系数是 r_{A1A2} 和 r_{B1B2}，通过比较大小，可以得知 A 因素和 B 因素在时间维度上的相关稳定性，分别涉及 A_1 和 B_1、A_2 和 B_2 之间的相关。两个同步相关系数是 r_{A1B1} 和 r_{A2B2}，通过比较大小，可以得知 A 因素和 B 因素在时间维度上的相关稳定性，分别涉及 A_1 和 B_1、A_2 和 B_2 之间的相关。两个交叉滞后相关系数是 β_{A1B2} 和 β_{B1A2}，表示两个数据点之间的关系，分别涉及 A_1 和 B_2、A_2 和 B_1 之间的关联。

这种设计中，研究者感兴趣的不是稳定性相关和同步相关，而是交叉滞后相关，即 β_{A1B2} 和 β_{B1A2}，当交叉滞后相关有显著差异时，具有因果关系的意义。在此基础上，研究者可分别构建 A_1 对 B_2 的回归方程，B_1 对 A_2 的回归方程，若 β_{A1B2} 显著而 β_{B1A2} 不显著，则存在交叉滞后效应，即 A 与 B 具有准因果关系。

第三节　真实验设计

真实验设计，即通常所说的实验设计，综合采取了随机取样、前测和对照组等手段对影响内部效度的无关变量采取严格的控制并有效地操纵研究自变量。心理学研究中的真实验设计按被试接受实验处理的情况可以分为三大类：被试间设计、被试内设计和混合设计。真实验设计体系见图 4-4。

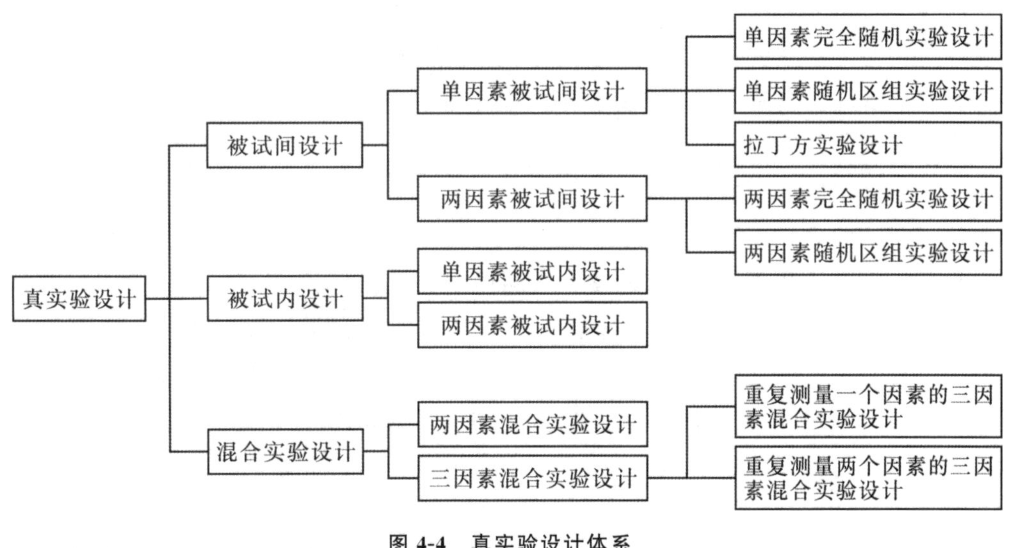

图 4-4　真实验设计体系

一、被试间设计

在被试间设计中，不同的被试接受不同的自变量水平或自变量水平结合的实验处理。在这种设计中，由于被试是随机取样并随机安排到不同实验处理，因而也称为完全随机化设计；各实验处理组之间相关性不显著，因而又称为独立样本设计。对被试间设计的数据进行统计分析时，通常是对实验组和对照组的结果进行差异显著性检验或方差分析，如果差异显著，就表明实验处理有效。而对该设计的结果进行解释和概括结论时，要结合被试赖以取样的总体，不能超过总体范围。根据设计中所包含的因素数目是一个还是多个，被试间设计可分成单因素被试间设计和多因素被试间设计两类，而单因素和多因素被试间设计又可分为多种。下面主要介绍单因素和两因素被试间设计。

（一）单因素被试间设计

1.单因素完全随机实验设计

单因素完全随机实验设计适用于这样的研究：研究中有一个自变量，自变量有两个或多于两个水平（$p \geqslant 2$）。它的基本方法是：把被试（实验单元）随机分配给处理（自变量）的各个水平，每个被试只接受一个水平的处理。完全随机实验设计是用随机化的方式控制误差变异的。它假设，由于被试是随机分配给各处理水平的，被试之间的变异在各个处理水平之间也应是随机分布、在统计上无差异的，不会只影响某一个或几个处理水平。

当一个研究要探讨文章的生字密度对学生阅读理解成绩的影响时，研究者假设阅读理解成绩随着文章中生字密度的增加而下降。该实验中的自变量为生字密度，并将生字密度分为四种水平：5：1（a_1）、10：1（a_2）、15：1（a_3）、20：1（a_4），其中，5：1表示每5个字中出现一个生字；20：1表示每20个字中出现一个生字。因变量是被试阅读理解测验分数。实施实验时，研究者将16名被试随机分为四组，每组被试阅读一种生字密度的文章，并回答阅读理解测验中有关文章内容的问题。该设计分配被试的示意图例如图4-5。图4-5中显示了单因素完全随机实验设计的特点：实验中只有一个自变量，自变量有4个水平，每个处理组有4个被试，每个被试接受一个处理，16个被试参加了实验。这是一个典型的单因素完全随机实验设计。虽然研究者不再检验实验中其他因素的影响，但实际上存在着多种可能对因变量产生影响的无关变量，例如：文章的长度、文章的主题熟悉性、文章类型等，以及被试的年龄、受教育程度、阅读能力等。这时，控制无关变量可做的工作之一是在选取四篇文章时，使它们在除生字密度以外的其他方面尽量匹配。真实验设计的相关实验数据的计算通常都可用方差分析进行计算，该例子中的单因素完全随机实验设计的平方和与自由度分解如图4-6所示。

a_1	a_2	a_3	a_4
S_1	S_2	S_3	S_4
S_8	S_7	S_6	S_5
S_9	S_{10}	S_{11}	S_{12}
S_{13}	S_{14}	S_{15}	S_{16}

图 4-5　单因素完全随机实验设计的模式图

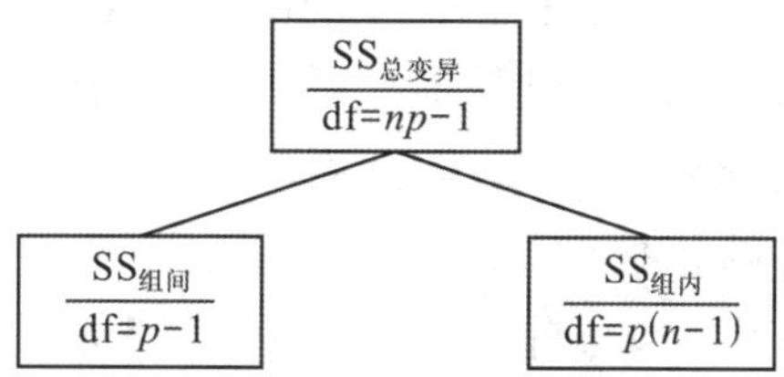

注:df—自由度;p—平数;n—总被试数。

图 4-6　单因素完全随机实验设计的平方和与自由度分解

其中,各个平方和的含义为:

$SS_{总变异}$——总平方和或总变异,是指实验数据中所有的变异,包括实验处理效应、无关变异和误差变异。

$SS_{组间}$——组间平方和,或处理平方和,指所有由于实验处理引起的变异,在单因素设计中指A因素的处理效应。

$SS_{组内}$——组内平方和,或误差平方和,指所有不能用实验处理解释的变异,它可能包括被试个体差异、其他无关变异和实验误差。在单因素完全随机实验中,不再对组内平方和做进一步分离,因此在总变异中减去组间平方和就是组内平方和。

2.单因素随机区组实验设计

心理学研究中,被试的个体差异是误差变异的重要来源。它常常会混淆实验处理的效应,因此是无关变异。随机区组设计使用区组方法减小误差变异,即用区组方法分离出由无关变量引起的变异,使它不出现在处理效应和误差变异中。

单因素随机区组设计适用于这样的情景:研究中有一个自变量,自变量有两个或多个水平($p\geq2$),研究中还有一个无关变量,也有两个或多个水平,并且自变量的水平与无关变量的水平之间没有交互作用。当无关变量是被试变量时,一般首先将被试在这个无关变量上进行匹配,然后将它们随机分配给不同的实验处理。这样,区组内的被试在此无关变量上更加同质,它们接受不同的处理水平时,可看作不受无关变量的影响，主要受处理的影响，而区组间的变异反映了无关变量的影响，可以利用方差分析区分出这一部分变异，以减少误差变异，获得对处理效应更精确的估计。另外，环境因素也是潜在可考虑的区组变量，例如，每天的时间、地点、仪器等方面的因素也可以划分区组，以减少误差变异。

用文章的生字密度对阅读理解影响的研究做例子。由于考虑到学生的智力可能对阅读理解检测分数产生影响，但它又不是该实验中感兴趣的因素，研究者决定把学生的智力作为一种无关变量，通过实验设计将它的效应分离出去，以更好地探讨生字密度对阅读理解的影响。研究者选用了单因素随机区组实验设计。这时，研究假设，实验的自变量、因变量都是不变的，只是增加了一个无关变量。在实验实施前，研究者首先给 16 个学生做了智力测验，并按智力测验分数将学生分为 4 区组，每位被试从四种生字密度的文章中随机抽取一篇进行阅读。该设计的被试分配如图 4-7 所示。随机区组实验设计的平方和与自由度分解图如图 4-8 所示。

	a_1	a_2	a_3	a_4
区组 1	S_{11}	S_{12}	S_{13}	S_{14}
区组 2	S_{21}	S_{22}	S_{23}	S_{24}
区组 3	S_{31}	S_{32}	S_{33}	S_{34}
区组 4	S_{41}	S_{42}	S_{43}	S_{44}

图 4-7 单因素随机区组实验设计模式图

从图 4-7 中可以看出实验中有一个自变量，自变量有 4 个水平。实验中还有一个无关变量，将 16 个被试在无关变量上进行匹配，分为 4 个区组，每个区组内 4 个同质被试，随机分配每个被试接受一个处理水平。

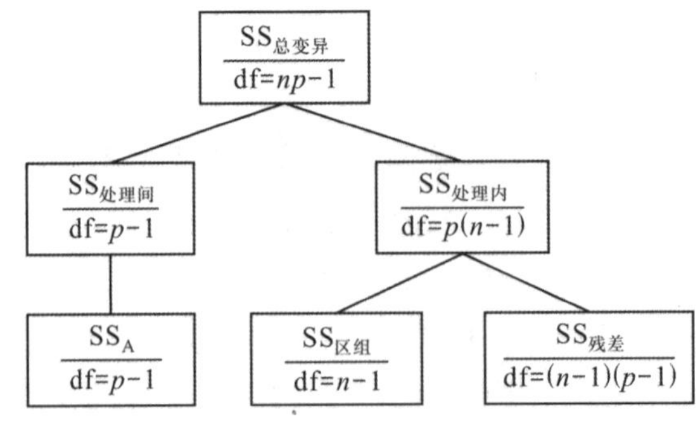

注：df—自由度；p—水平数；n—总被试数。

图 4-8 单因素随机区组实验设计的平方和与自由度分解图

其中，各个平方和的含义为：

$SS_{总变异}$——总变异是指实验数据中所有的变异，在随机区组实验中，总平方和应首先分解为处理间平方和与处理内平方和。

$SS_{处理间}$——处理间平方和，指所有实验处理引起的变异，在单因素设计中仅指A因素的效应 SS_A。

$SS_{处理内}$——在随机区组实验中，处理内平方和可进一步分解为两部分：区组平方和与误差平方和。

$SS_{区组}$——区组效应，在该实验中指总变异中由被试智力引起的变异。

$SS_{残差}$——残差指变异中不能被实验处理和区组效应解释的变异。在随机区组实验设计中，接受相同实验条件的同质被试只有一个，因此，不能计算单元内误差，而用残差作为误差变异的估价。残差的计算是从总变异中减去处理效应和区组变异。

随机区组实验设计的优点是，在许多研究情境中，它比完全随机实验设计更加有效。这是由于它使研究者从总变异中分离出了一个无关变量的效应，从而减小了实验误差，可获得对处理效应的更加精确的估计。随机区组实验设计可使用于含任何处理水平数到实验中，并且区组的数量也不受限制，因而有较好的灵活性。随机区组实验设计的缺点是，如实验中含有许多处理水平，可能给形成同质区组、寻找同质被试带来困难。另外，使用随机区组设计比使用完全随机设计有更多的限定，例如，使用随机区组实验设计的前提假设是，实验中的自变量与无关变量之间没有交互作用。如果交互作用是存在的，使用随机区组实验设计是不合适的。这在一定程度上限制了随机区组实验设计的应用。

3.单因素拉丁方实验设计

单因素拉丁方实验设计是一个含 p 行、p 列，把 p 个字母分配给方格的管理方案，其中每个字母在每行中出现一次，在每列中出现一次。单因素拉丁方实验设计扩展了随机区组实验设计的原则，可以分离出两个无关变量的效应。一个无关变量的水平在横行分配，另一个无关变量的水平在纵列分配，自变量的水平则分配给方格的每个单元。

单因素拉丁方实验设计被广泛应用于农业和工业研究，以及心理学研究中。这种实验设计适合满足下列条件的实验：

(1)研究中有一个带有 $p \geqslant 2$ 个水平的自变量，还有两个带有 $p \geqslant 2$ 个水平的无关变量，一个无关变量的水平被分配给 p 行，另一个无关变量的水平被分配给 p 列。

(2)研究者事先假定处理水平与无关变量水平之间没有交互作用。如果这个假设不能满足，对实验中的一个或多个效应的检验可能有偏差。

(3)随机分配处理水平给 p^2 个方格单元,每个处理水平仅在每行、每列中出现一次。每个方格单元中分配 $n(n\geqslant 1)$ 个被试接受处理,因此,实验中总共需要的被试数量为 $N=np^2$。

当拉丁方格中的第一行和第一列是按字母排序的时候,叫作标准化方块,图 4-9 表示的是一些标准化方块的例子。

A	B
B	A

2×2

A	B	C
B	C	A
C	A	B

3×3

A	B	C	D
B	A	D	C
C	D	B	A
D	C	A	B

4×4

图 4-9　拉丁方格的标准化方块

拉丁方格可能的组合随着 p 的增加而迅速增加,如一个 2×2 的拉丁方格可能的组合是 2,一个 3×3 的拉丁方格可能的组合是 12,一个 4×4 的拉丁方格可能的组合是 24,……理论上说,使用拉丁方实验设计时应从可能的拉丁方格总体中随机选择一个方格。但当拉丁方格大于 5×5 后,很难操作。拉丁方格随机化的具体方法为:首先,任意选择一个拉丁方格标准块,然后先随机化标准块的行,再独立地随机化标准块的列。具体如图 4-10 所示。

标准块

	1	2	3	4
1	A	B	C	D
2	B	C	D	A
3	C	D	A	B
4	D	A	B	C

随机化行

	1	2	3	4
3	C	D	A	B
1	A	B	C	D
2	B	C	D	A
4	D	A	B	C

随机化列

	4	3	2	1
3	B	A	C	D
1	D	C	A	B
2	A	D	B	C
4	C	B	D	A

图 4-10　拉丁方格标准块的随机化

研究者在做 4 种文章的生字密度对学生阅读理解影响的研究时,从 4 个班随机选取 32 名学生,每个班 8 人,实验在星期三、四、五、六下午分 4 次进行。在这个研究中,自变量生字密度有 a_1、a_2、a_3、a_4 四个水平,考虑到来自不同班级的学生可能在阅读理解方面存在差异,从而影响实验结果,但班级的差异又不是研究者感兴趣的,可以把班级作为一个带 b_1、b_2、b_3、b_4 四个水平的无关变量。另外,实验时间的不同也可能影响学生的情绪,从而影响实验结果,因此可将实验时间作为第 2 个无关变量,有 4 个水平:

c_1、c_2、c_3、c_4。实验实施前，研究者需要首先建构一个 4×4 的拉丁方格标准块，将每个班级的 8 名学生随机分配在 c_1、c_2、c_3、c_4 的拉丁方格中，每个方格中的 2 个学生接受完全相同的实验条件。然后，将拉丁方格标准块随机化，并按随机块的方案实施。该单因素拉丁方实验设计的被试分配如图 4-11 所示。平方和与自由度分解如图 4-12 所示。

	c_1	c_2	c_3	c_4
b_1	a_1	a_2	a_3	a_4
	S_1 S_2	S_9 S_{10}	S_{17} S_{18}	S_{25} S_{26}
b_2	a_2	a_3	a_4	a_1
	S_3 S_4	S_{11} S_{12}	S_{19} S_{20}	S_{27} S_{28}
b_3	a_3	a_4	a_1	a_2
	S_5 S_6	S_{13} S_{14}	S_{21} S_{22}	S_{29} S_{30}
b_4	a_4	a_1	a_2	a_3
	S_7 S_8	S_{15} S_{16}	S_{23} S_{24}	S_{31} S_{32}

图 4-11　单因素拉丁方实验设计的模式图

从图 4-11 中可以看出，实验中的自变量 A 有 4 个水平，无关变量 B 和无关变量 C 也各有 4 个水平，形成 4×4 的拉丁方格，32 个被试参加了实验，每个方格内有 2 个被试，每个被试只接受某个实验条件的处理。

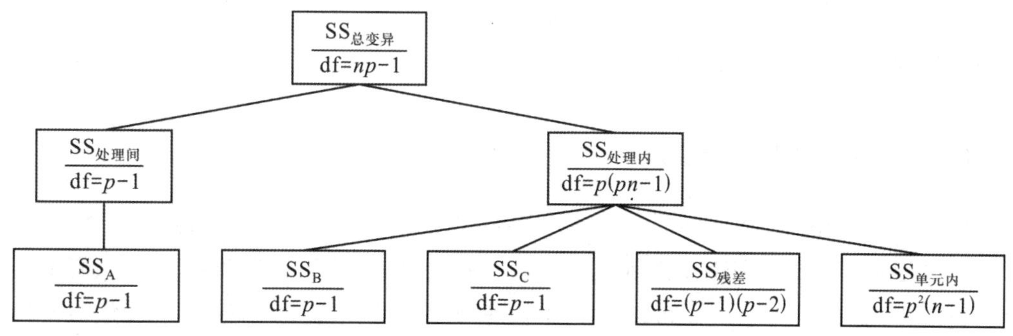

注：df—自由度；p—水平数；n—总被试数。

图 4-12　单因素拉丁方实验设计的平方和与自由度分解图

其中，各个平方和的含义为：

$SS_{总变异}$——拉丁方实验中，总变异应首先分解为处理间平方和和处理内平方和。

$SS_{处理间}$——实验处理引起的效应，在此相当于 A 因素的处理效应 SS_A。

$SS_{处理内}$——在单因素拉丁方实验中，处理内平方和被分解为三部分：无关变量 B 的平方和、无关变量 C 的平方和，以及误差平方和。当方格内被试数量大于等于 2 时，误差平方和可分解为单元内误差和残差两部分。

SS_B、SS_C——无关变量的效应，即总变异中由班级的不同、实验时间不同引起的变异。

$SS_{单元内}$——方格单元内误差变异，当同一方格单元内接受同样处理的被试有两个或多个时，拉丁方实验中出现此项误差变异，它是接受相同处理条件的被试之间的实验误差，可用作整个实验中实验误差的估价。当方格单元内仅有一名被试时，拉丁方实验中没有此项误差变异。方格单元内误差变异与完全随机实验中的单元内误差变异性质相同。

$SS_{残差}$——残差变异，指除单元内误差变异外，总变异中其余的不能被实验处理和无关变量解释的变异，其中包括 A 因素与无关变量 B 或 C 的交互作用的残差。拉丁方实验中残差变异的性质与随机区组实验中残差变异的性质相同。

拉丁方实验设计的优点是，在许多研究情境中，这种设计比完全随机和随机区组实验设计更加有效，它可以使研究者分离出两个无关变量的影响，因而减小实验误差，可获得对处理效应更精确的估计。另外，通过对方格单元内误差与残差做 F 检验，可以分析实验设计的正确性。拉丁方实验设计的缺点是，它关于自变量与无关变量之间不存在交互作用的假设在很多情况下是难以保证的，尤其当实验中含有多个自变量时。因此，拉丁方实验设计在多因素实验中不常使用。另外，拉丁方实验设计要求每个无关变量的水平数与自变量的水平数必须相等，这也在一定程度上限制了其使用。

（二）两因素被试间设计

1.两因素完全随机实验设计

在一个实验中，研究者同时操纵两个或多个自变量时，应该使用多因素实验设计。与单因素实验设计相比，多因素实验设计的优点是可以对两个或多个自变量之间的交互作用进行估计，从而可获得比单因素实验更加丰富的信息。下面介绍两因素完全随机实验设计的适用研究条件：

（1）研究中有两个自变量，每个自变量有两个或多个水平。

（2）如果一个自变量有 p 个水平，另一个自变量有 q 个水平，实验中含 $p\times q$ 个处理的结合，研究者对所有处理水平的结合效应感兴趣。

两因素完全随机实验设计，即 2×2 被试间设计的基本方法是，随机分配被试接受实验处理的结合，每个被试接受一个实验处理的结合。与单因素完全随机设计不同，在两因素完全随机设计中，每个被试接受的是处理的结合，而非一个处理。

如果在文章生字密度的研究中，同时探究文章主题熟悉性对阅读理解的影响，可以做一个两因素完全随机实验设计。研究假设是，当文章主题熟悉性不同时，生字密度对阅读理解的影响可能产生变化。研究者可以选择两种类型的文章：主题是儿童不熟悉的（a_1），例如激光技术；主题是儿童非常熟悉的（a_2），例如春游。使用的三种生字密度是 5∶1（b_1）、10∶1（b_2）和 15∶1（b_3）。这是一个两因素设计，实验中有 6 种处理水平的结合。研究者选择 24 名五年级学生，将他们随机分为 6 组，每组接受一种处理水平的结合。该两因素完全随机实验设计中的被试分配如图 4-13 所示。从图 4-13 中可以看出，在这两个因素完全随机实验设计中，两个自变量的所有水平的结合均被测量，这叫作处理水平完全交叉（crossed）。一个两因素完全随机设计需要的被试量是因素 A、B 的水平数。随着 n 的增加，实验中需要的被试数量迅速增加。平方和与自由度分解图如图 4-14 所示。

a_1 b_1	a_1 b_2	a_1 b_3	a_2 b_1	a_2 b_2	a_2 b_3
S_1	S_2	S_3	S_4	S_5	S_6
S_7	S_8	S_9	S_{10}	S_{11}	S_{12}
S_{13}	S_{14}	S_{15}	S_{16}	S_{17}	S_{18}
S_{19}	S_{20}	S_{21}	S_{22}	S_{23}	S_{24}

图 4-13　两因素完全随机实验设计中被试的分配

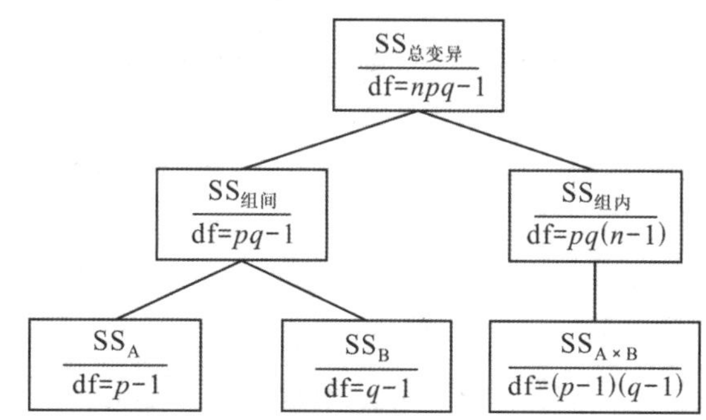

注：df—自由度；p—水平数；n—被试数。

图 4-14　两因素完全随机实验设计的平方和与自由度分解图

其中，各平方和的含义为：

$SS_{组间}$——组间平方和，指所有由实验处理引起的变异。在两因素实验中它包括A因素、B因素及其交互作用引起的变异。

SS_A——A因素的处理效应。

SS_B——B因素的处理效应。

$SS_{A\times B}$——A因素与B因素的交互作用。

$SS_{组内}$——组内平方和，指实验中接受相同实验处理的被试之间的变异之和，其均方用作A因素、B因素和A×B交互作用的F检验的误差项。

两因素实验设计与单因素实验设计最重要的区别是前者可以估计交互作用的影响。交互作用的估计对于研究的深入是非常重要的，在几个因素同时作用的时候，经常会出现这样的情况：一个因素的各个水平在另一个因素的不同水平上变化趋势不一致，以致如果只区分每个因素单独的作用，并不能揭示因素水平之间的复杂关系。例如，在上述文章生字密度研究中，若实验数据如表4-1所示。

表4-1　不同熟悉度和生字密度条件下的阅读理解平均成绩

	b_1	b_2	b_3
a_1	16	16	19
a_2	15	32	48

从图4-15可以看到，在阅读不熟悉文章时，生字密度对阅读理解的影响没有显著差异；在阅读熟悉文章时，随着生字密度的降低，阅读理解成绩逐渐提高。熟悉性与生字密度之间的交互作用表明不同的文章可能适合不同阶段的学习，对词语学习阶段的学生，使用熟悉性高的文章更有助于其理解。这种复杂的关系是不可能在显然，单因素实验中观察到的。

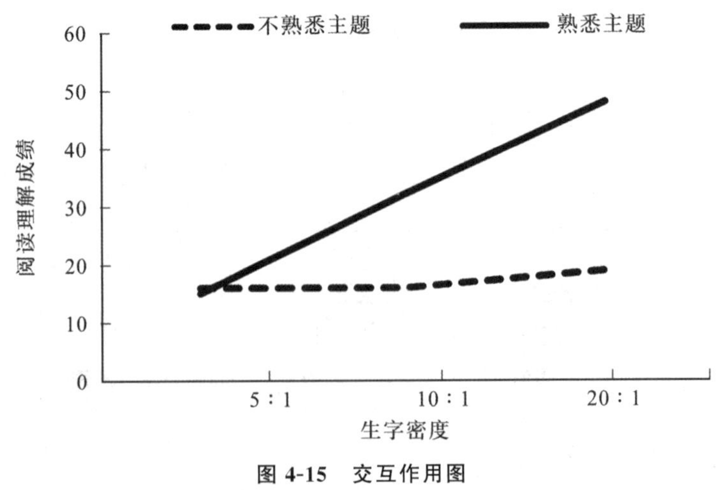

图4-15　交互作用图

2.两因素随机区组实验设计

两因素随机区组实验设计使用了区实验组技术，在估计两个因素的处理效应及其交互作用的同时，还可以分离出一个无关变量的影响。适合两因素随机区组实验设计的研究条件是：

(1)研究中有两个自变量，每个自变量有两个或多个水平($p \geqslant 2, q \geqslant 2$)，实验中含有 $p \times q$ 个处理的结合。

(2)研究中有一个研究者不感兴趣的无关变量，并且这个无关变量与自变量之间没有交互作用，研究者希望分离出这个无关变量的变异。

两因素随机区组实验设计的基本方法是：事先将被试在无关变量上进行匹配(如果这个无关变量是被试变量)，然后将选择好的每组同质被试随机分配，每个被试接受一个实验处理的结合。

对于前文两因素随机区组实验设计的实例，若研究者还想进一步分离学生智力对阅读理解成绩可能的影响，可以将智力作为一个无关变量，进行两因素随机区组实验设计。实验设计中自变量文章主题熟悉性有两个水平，另一个自变量生字密度有三个水平。研究者首先将随机选取的 30 名学生按其智力测验分数分为 5 个区组，然后随机分配每个区组的 6 名学生，每个学生接受一种实验处理的结合。该实验设计中分配被试图见图 4-16。但进行该实验设计的前提是，应当事先假设文章熟悉性、生字密度与学生智力之间是没有交互作用的。该两因素随机区组实验设计的平方和与自由度分解如图 4-17 所示。

	a_1	a_1	a_1	a_2	a_2	a_2
	b_1	b_2	b_3	b_1	b_2	b_3
区组 1	S_{11}	S_{12}	S_{13}	S_{14}	S_{15}	S_{16}
区组 2	S_{21}	S_{22}	S_{23}	S_{24}	S_{25}	S_{26}
区组 3	S_{31}	S_{32}	S_{33}	S_{34}	S_{35}	S_{36}
区组 4	S_{41}	S_{42}	S_{43}	S_{44}	S_{45}	S_{46}
区组 5	S_{51}	S_{52}	S_{53}	S_{54}	S_{55}	S_{56}

图 4-16 两因素随机区组实验设计的模式图

从图 4-16 中可以看出，每个区组需要 $p \times q$ 个同质被试，随着因素水平数的增加，每个区组内所需的同质被试迅速增加，给选择带来困难。

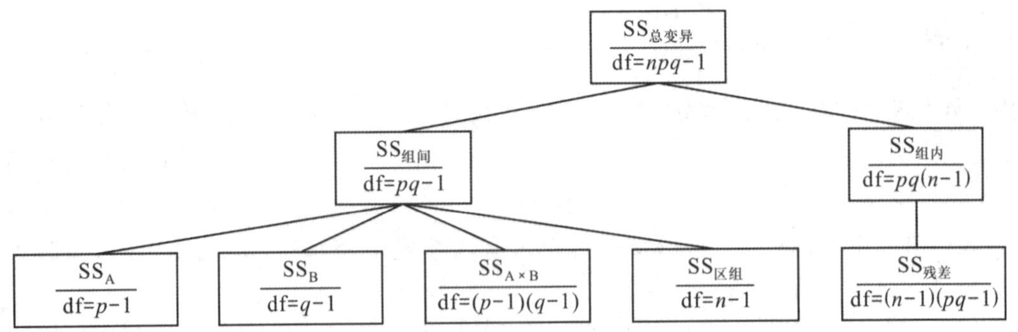

注：df—自由度；p—水平数；n—总被试数。

图 4-17　两因素随机区组实验设计的平方和与自由度分解图

其中，各个平方和的含义为：

SS_A——A 因素的处理效应。

SS_B——B 因素的处理效应。

$SS_{A\times B}$——A 因素与 B 因素的交互作用。

$SS_{组内}$——在随机区组设计中，处理内平方和被进一步分解为区组效应和残差平方和两部分。

$SS_{区组}$——区组内被试个体差异导致的变异。

$SS_{残差}$——残差平方和是随机区组设计中的误差变异，它的均方用作 A 因素、B 因素、A×B 交互作用和区组的 F 检验的误差项。

二、被试内设计

在单因素完全随机实验设计中，组内变异实际上是由两部分组成的：实验中测量误差引起的变异和未控制的无关变量带来的变异，其中主要是被试个体差异带来的变异。减少误差变异的一个方法是控制个体差异引起的无关变异，达到此目标的途径之一是使用随机区组设计，而控制个体差异的更有效方法是被试内设计。在一个非重复测量实验设计或被试间设计中，例如前文介绍的完全随机设计和随机区组设计中，一个共同的特点是实验中每个被试仅接受一个处理或处理结合，被试的个体差异带来的变异混杂在误差变异中。被试内设计的基本方法是：实验中每个被试接受所有处理水平。这种实验设计目的是利用被试自己做控制，使被试各方面特点在所有处理中保持恒定，以最大限度地控制由被试个体差异带来变异。

使用被试内设计的前提是研究者必须事先假设，当若干处理水平连续实施给同一被试时，被试接受前面的处理对接受后面的处理没有长期影响。重复测量设计在有些情况下是不合适的，当处理的实施对被试有长期影响（如学习、记忆效应）时，不能使用被试内设计。例如，在一个教学研究中，要比较两种教学方法对学生学习成绩的影响。研究者不能使用同一班学生先后接受两种教学方法然后比较教学方法对学生学习成绩的影响，因为前一种教法教学不可避免地对学生接受后一种教法的教学产生影响。在心理学研究中，许多实验处理会对被试产生学习、记忆效应，因此使用被试内设计要特别谨慎。另外，被试连续接受处理时，会产生练习、疲劳等效应，因此被试内设计需考虑平衡顺序效应的问题。

（一）单因素被试内设计

这种设计的特点是，研究中只包含一个因素，该因素为被试内变量，水平数有两个或多个。

以 4 种文章生字密度对学生阅读理解的影响研究为例。为了更好地控制被试变量，研究者仅用 8 名被试，每个被试阅读 4 篇生字密度不同的文章（a_1 为 5∶1，a_2 为 10∶1，a_3 为 15∶1，a_4 为 20∶1），并测他们对各篇文章的阅读理解分数。选择使用被试内设计是由于研究者假设，当实验安排合适时，被试阅读一篇文章不会对阅读另一篇文章产生影响。但是，在这种实验设计中，疲劳效应和顺序效应是必须考虑的。为了减少疲劳效应，研究者决定将 4 篇文章放在四个下午分 4 次进行施测。平衡顺序效应的方式有两种：以随机顺序实施 4 种生字密度的文章，以拉丁方排序实施 4 种生字密度的文章。后一平衡顺序效应的方法举例如图 4-18 所示。

被试呈现顺序	1	2	3	4
$S_1\,S_2$	a_1	a_2	a_3	a_4
$S_3\,S_4$	a_2	a_1	a_4	a_3
$S_5\,S_6$	a_3	a_4	a_2	a_1
$S_7\,S_8$	a_4	a_3	a_1	a_2

图 4-18　被试内设计的模式图

该单因素被试内设计的平方和与自由度分解如图 4-19 所示。

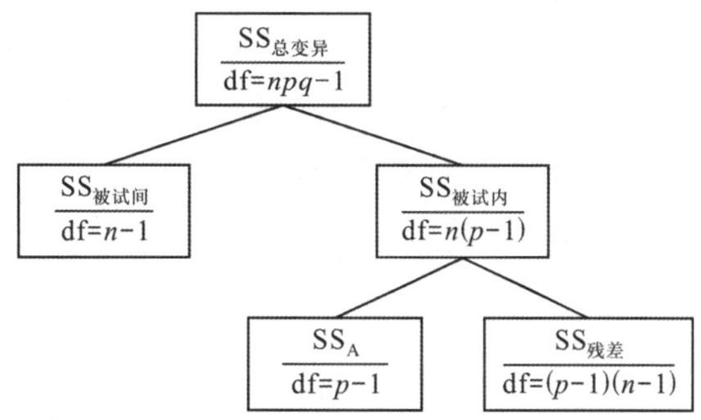

注：df—自由度；p—水平数；n—总被试数。

图 4-19　单因素被试内设计的平方和与自由度分解图

其中，各个平方和的含义为：

$SS_{总变异}$——在被试内设计中，总变异应分解为被试间平方和与被试内平方和。

$SS_{被试间}$——被试间平方和，即总变异中所有由被试的个体差异引起的变异。

$SS_{被试内}$——被试内平方和包括同一被试在接受不同实验处理时产生的变异（被试内因素的处理效应），以及偶然因素引起的实验误差。在单因素重复测量实验设计中被试内平方和被分解为两部分：A 因素的处理效应和误差变异。

$SS_{残差}$——被试内设计中的残差变异与随机区组实验中的残差性质相同，被试内设计方差分析中残差的计算是先从总变异中减去被试间平方和，然后再减去处理效应。由于事先从总变异中分离出了所有的由被试个体差异带来的变异，被试内设计中的 $SS_{残差}$ 一般很小。

（二）两因素被试内设计

两因素被试内设计的特点是，研究中包含两个因素，这两个因素均为被试内变量，每个因素可有两个或更多个水平，适于这样的研究条件存在：

(1)研究中有两个自变量，每个自变量包含两个或多个水平，如果一个自变量有 p 个水平，另一个自变量有 q 个水平，实验中含 $p \times q$ 个处理的结合。

(2)研究中的两个自变量都是被试内变量。其基本方法是，每个被试都接受所有实验处理的结合。实验刺激呈现给被试先后次序是随机化，或按拉丁方排序平衡。

对上文中的例题，如果研究者想进一步控制被试变量，还可以做一个两因素被试内设计，即把生字密度和主题熟悉性都作为被试内因素。由于主题熟悉性有两个水平：a_1、a_2；生字密度有三个水平：b_1、b_2、b_3，共有 6 个处理水平的结合，这时，只用 4 名被试，每个被试阅读 6 篇文章，其中 3 篇生字密度不同、主题熟悉的，3 篇生字密度不同、主题不熟悉的。采用此实验设计前提是，研究者假设被试阅读前一篇文章不会对阅读后一篇文章产生系统的影响。为了克服疲劳和顺序效应，实验分 6 次进行，每个被试每次阅读一篇文章，阅读顺序按拉丁方格平衡。两因素被试内设计中分配被试的图解如图 4-20，平方和与自由度分解如图 4-21。

	b_1	b_2	b_3
a_1	S_1	S_1	S_1
	S_2	S_2	S_2
	S_3	S_3	S_3
	S_4	S_4	S_4
	S_5	S_5	S_5
	S_6	S_6	S_6
a_2	S_1	S_1	S_1
	S_2	S_2	S_2
	S_3	S_3	S_3
	S_4	S_4	S_4
	S_5	S_5	S_5
	S_6	S_6	S_6

图 4-20　两因素被试内设计的模式图

从图 4-20 中可以看出，在两因素被试内实验设计中，每个被试接受 $p \times q$ 个处理水平的结合。与上文的两因素完全随机设计相比，所需的被试量大大减少。

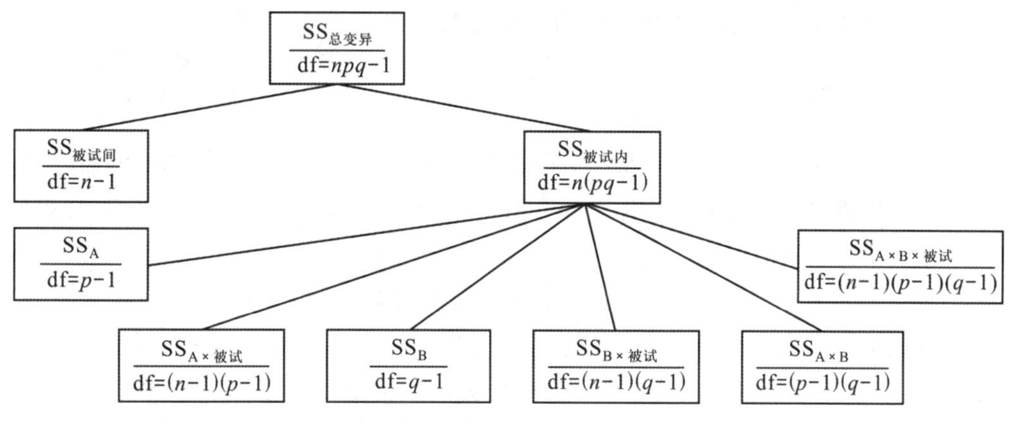

注：df—自由度；p—水平数；n—总被试数。

图 4-21　两因素被试内设计的平方和与自由度分解图

其中，各平方和的含义为：

$SS_{被试间}$——在两因素被试内设计中，被试间平方和包含了所有由被试个体差异引起的变异。

$SS_{被试内}$——在两因素被试内设计中，被试内平方和包括所有由实验处理引起的变异及误差变异。

SS_A——A 因素的处理效应。

$SS_{A\times 被试}$——残差,其均方用作 A 因素的 F 检验的误差项。

SS_B——B 因素的处理效应。

$SS_{B\times 被试}$——残差,其均方用作 B 因素的 F 检验的误差项。

$SS_{A\times B}$——A 因素与 B 因素的互交作用。

$SS_{A\times B\times 被试}$——残差,其均方用作 A×B 互交作用的 F 检验的误差项。

三、混合实验设计

当一个实验设计既包含被试间变量,又包含被试内变量,那么该设计就是混合设计。混合设计是当前心理学实验中应用最为广泛的一种实验设计。由于同时包含被试间变量和被试内变量,因此混合实验设计同时兼备被试间设计和被试内设计的优点。与被试间设计相比,混合设计不仅可以节省被试人数,而且能更大程度控制无关变异,从而获得更好的实验精度。而被试间设计和被试内设计中遇到的问题,即创设相等组和序列效应问题,在混合设计中仍然存在。前一问题可通过随机分配或匹配被试来解决,后一问题则主要通过使用各种抵消平衡技术来解决。同样,混合实验设计也可根据设计中所含的因素数目,可分为两因素混合实验设计和多因素混合实验设计两类。

下面主要介绍两因素和三因素混合实验设计。

(一)两因素混合实验设计

两因素混合设计的特点是,研究中包含两个因素,其中一个因素为被试内变量,另一个因素为被试间变量,每个因素可有两个或更多个水平。两因素混合实验设计需满足以下研究条件:

①研究中有两个自变量,每个自变量包含两个或多个水平。

②研究中的一个自变量是被试内自变量,即每个被试要接受该因素所有水平的处理;另一个自变量是被试间自变量,即每个被试只接受该因素一个水平的处理,或者其本身是一个被试变量,而且是每个被试独有而不能同时兼备的,如年龄、性别、智力等。

③研究者对研究中被试内因素的处理效应,以及两个因素的交互作用更感兴趣,希望对它们的估计更加精确。相比之下,被试间因素的处理效应不是研究者最感兴趣的。

两因素混合设计的基本方法是:首先确定研究中的被试间变量(共 p 个水平)和被试内变量(共 q 个水平),将 N 个被试随机分配给被试间变量的各个水平,每个水平有 n 个被试。然后使每个被试接受与被试间变量的某一水平相结合的被试内变量的所有水平。混合实验设计既具有完全随机设计的特点,又有被试内设计的特点。

要想很好地控制被试变量，最好的方法是采用被试内设计。研究者选择将生字密度作为一个被试内变量，有 b_1、b_2、b_3 三个水平，将智力作为一个被试间变量，有优秀 a_1、中等 a_2 两个水平，这是一个 2×3 两因素混合设计。8 名五年级学生被随机分为两组，一组学生每人阅读 3 篇生字密度不同的文章，另一组学生每人阅读 3 篇生字密度不同的文章。实施实验时，阅读 3 篇文章分三次进行，用拉丁方平衡学生阅读文章的先后顺序。两因素混合设计分配被试的图解如图 4-22 所示。该两因素混合实验设计的平方和与自由度分解如图 4-23 所示。

	b_1	b_2	b_3
a_1	S_1	S_1	S_1
	S_2	S_2	S_2
	S_3	S_3	S_3
	S_4	S_4	S_4
a_2	S_5	S_5	S_5
	S_6	S_6	S_6
	S_7	S_7	S_7
	S_8	S_8	S_8

图 4-22 两因素混合设计的模式图

从图 4-22 中可以看出，在两因素混合设计中，对于 A 因素来说，实验设计很像完全随机设计，每个被试只接受一个水平的处理；对于 B 因素来说，实验设计是一个重复测量设计，每个被试接受所有水平的处理。同时，它又是一个因素设计，每个被试接受的是 A 因素的某一个与 B 因素所有水平的结合。一个两因素混合设计所需的被试量是 $N=np$，少于一个两因素完全随机设计（$N=npq$），多于一个两因素被试内设计（$N=n$）。

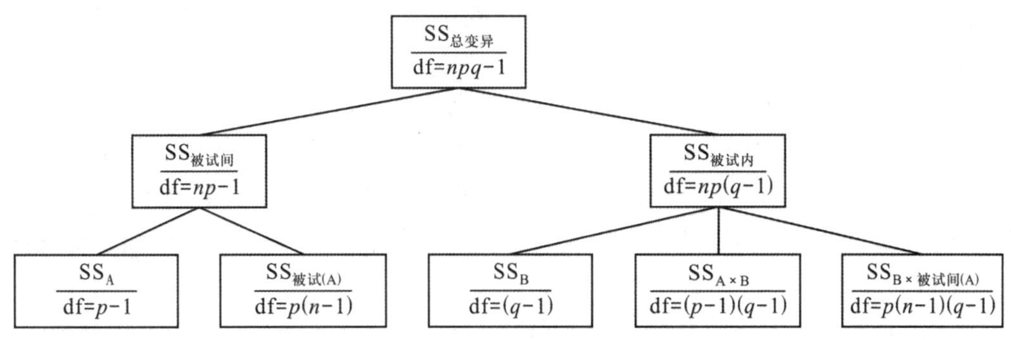

注：df—自由度；p—水平数；n—总被试数。

图 4-23 两因素混合实验设计的平方和与自由度分解图

其中,各个平方和的含义为:

$SS_{总变异}$——在被试内设计中,总平方和被分解为被试间平方和与被试内平方和。

$SS_{被试间}$——在两因素混合实验中,被试间平方和包括被试间因素引起的变异和与被试间因素有关的误差变异。

SS_{A}——被试间 A 因素的处理效应。

$SS_{被试(A)}$——与被试间因素有关的误差变异,其均方用作 A 因素的 F 检验的误差项。

$SS_{被试内}$——在两因素混合实验中,被试内平方和包括被试内因素的处理效应、被试内与被试间因素的交互作用,以及与被试内因素有关的误差变异。

SS_{B}——被试内因素 B 因素的处理效应。

$SS_{A\times B}$——B 因素与 A 因素的交互作用。

$SS_{B\times 被试(A)}$——与被试间因素有关的误差变异,其均方用作 B 因素及 AB 因素交互作用的 F 检验的误差项。

混合实验设计在心理学研究中应用广泛,在下列几种情况中需要使用混合设计:

(1)当研究中的两个变量中有一个是被试变量,如被试的性别、年龄、能力、人格,研究者主要想了解这个被试变量的不同水平对另一个因素的影响。这时,每个被试不可能同时具有这个变量的几个水平,因此,这是一个被试间变量。如果实验中选择了这样一个被试变量作为两个自变量之一,就必须使用混合设计。

(2)当研究中的一个自变量的处理会对被试产生长期效应,如学习效应时,不宜使用被试内设计。因为如果将对被试有长期影响的变量反复施测给同一被试,学习效应会导致结果失去真实性。

(3)有时选用混合实验设计是出于对实验可行性的考虑。例如,当实验中两个因素的水平数都较多,使用完全随机设计,所需要的被试量很大,而选用被试内设计,每个被试重复测量的次数很多,会带来疲劳、练习等效应。这时,混合实验设计可能是一个很好的选择。但是,把哪一个变量作为被试内变量,哪一个作为被试间变量更好呢?

在混合实验设计中,被试间因素的处理效应与被试的个体差异相混淆,因此结果的精度不够好。但是,实验中被试内因素的处理效应及两个因素的交互作用的结果的精度都比较理想,如果研究中的一个自变量的处理效应不是研究者最关心的,可以把它作为被试间因素,牺牲结果的精度,以获得对另一个变量的主效应及两个变量间交互作用的估计的精度。

(二)三因素混合实验设计

三因素混合实验设计有两种,即重复测量一个因素的三因素混合设计和重复测量两个因素的三因素混合设计。接下来将分别介绍这两种三因素设计。

1.重复测量一个因素的三因素混合设计

这种设计的特点是，研究中包含三个因素，其中一个因素为被试内变量，另外两个因素为被试间变量。它需满足下列的研究条件：

(1)研究中有三个自变量，每个自变量有两个或多个水平，其中有两个自变量是被试间变量，一个自变量是被试内变量。

(2)如果实验中的三个自变量分别有 p、q、r 个水平，则研究中共有 $p\times q\times r$ 个处理水平的结合。

重复测量一个因素的三因素设计的基本方法是，在两个被试间因素上，随机分配被试，每个被试接受一个处理水平的结合。在一个被试内因素上，每个被试接受所有的处理水平。

从三种实验设计的图解中，可以清楚地看到引起的一系列问题。在所举的 2×3×2 三因素实验中如果使用完全随机设计，需要被试 $N=npqr=48$ 人。需要的被试量较大会使实验的实施费时费力。

如果使用完全被试内设计，需要的被试量可以大大减少，仅需要 $N=n=4$ 人，但又会带来其他问题。除了以前提到的在有些变量本身是被试间变量或有些变量的施测对被试有长期效应时，不可能使用被试内设计外，顺序效应的影响在多因素实验设计中会变得十分重要。随着实验中因素、水平数的增加，每个被试重复测量的次数也会迅速增加，疲劳、练习等问题变得不容忽视。在上面所举的例子中，使用被试内设计需要每个被试接受 12 个实验处理，当实验任务较复杂、费时较长时会给实验的实施带来很多困难。

若想研究文章文章类型、智力和性别对学生阅读理解影响的研究，研究者可以将其中一个自变量—文章类型作为被试内因素，其余两个自变量智力(优秀 a_1，中等 a_2)和性别(男 b_1 女 b_2)是被试间因素，这时可做一个 2×2×2 重复测量一个因素的三因素混合实验设计。研究者仍然选择两篇主题熟悉性的文章，然后将 16 名被试随机分为 4 组，分别在 a_1c_1、a_1c_2、a_2c_1、a_2c_2 四种情境中，每个被试阅读两篇文章：一篇为主题熟悉和一篇为主题不熟悉。例如，一组中的被试阅读 $a_1b_1c_1$(主题熟悉)和 $a_1b_1c_2$(主题不熟悉)。所有被试阅读两篇文章的顺序应以 ABBA 方式平衡。重复测量一个因素的三因素混合实验设计分配被试的图解如图 4-24 所示，设计的平方和与自由度的分解如图 4-25 所示。

	b_1	b_2	b_3
a_1c_1	S_1	S_1	S_1
	S_2	S_2	S_2
	S_3	S_3	S_3
	S_4	S_4	S_4
a_1c_2	S_5	S_5	S_5
	S_6	S_6	S_6
	S_7	S_7	S_7
	S_8	S_8	S_8
a_2c_1	S_9	S_9	S_9
	S_{10}	S_{10}	S_{10}
	S_{11}	S_{11}	S_{11}
	S_{12}	S_{12}	S_{12}
a_2c_2	S_{13}	S_{13}	S_{13}
	S_{14}	S_{14}	S_{14}
	S_{15}	S_{15}	S_{15}
	S_{16}	S_{16}	S_{16}

图 4-24　三因素混合设计的模式图

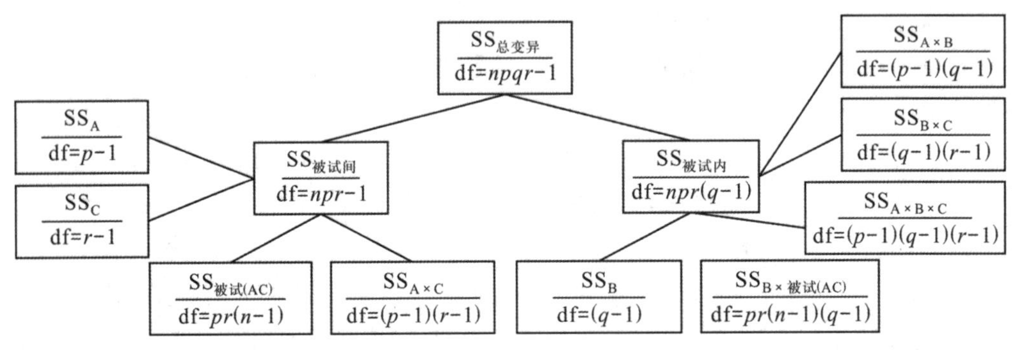

注:df—自由度;p—水平数;n—总被试数。

图 4-25　三因素混合实验设计的平方和与自由度分解图

其中,各个平方和的含义为:

$SS_{被试间}$——被试间平方和,在重复测量一个因素的三因素实验中,包括 A 因素、C 因素及其交互作用引起的变异,还包括与被试间因素有关的误差变异。

SS_A——被试间因素,即 A 因素的处理效应。

SS_C——被试间因素,即 C 因素的处理效应。

$SS_{A\times C}$——A 因素与 C 因素的两次交互作用

$SS_{被试(AC)}$——误差变异，其均方用作 A 因素、C 因素的处理效应及 A×C 交互作用的 F 检验的误差项。

$SS_{被试内}$——被试内平方和在重复测量一个因素的三因素实验中，它包括 B 因素的处理效应、A×B、B×C、A×B×C 交互作用，以及与被试内因素有关的误差变异。

SS_{B}——被试内因素，即 B 因素的处理效应。

$SS_{A\times B}$——A 因素与 B 因素的两次交互作用。

$SS_{B\times C}$——B 因素与 C 因素的两次交互作用。

$SS_{A\times B\times C}$——A 因素、B 因素与 C 因素的三次交互作用。

$SS_{B\times 被试(AC)}$——误差变异，其均方用作 B 因素的处理效应及 A×B、B×C、A×B×C 交互作用的 F 检验的误差项。

2.重复测量两个因素的三因素混合设计

在有些研究中，需要使用另外一种混合因素设计——重复测量两个因素的三因素设计，但需满足以下研究条件：

(1)研究中有三个自变量，每个自变量有两个或多个水平，其中一个自变量是被试间变量，另两个自变量是被试内变量。

(2)如果实验中的三个自变量分别有 p、q、r 个水平，则研究中共有 $p\times q\times r$ 个处理水平的结合。

重复测量两个因素的三因素设计的基本方法是，在一个被试间因素上，随机分配被试，每个被试接受一个处理水平。在两个被试内因素上，每个被试接受所有的处理水平的结合。

研究者想要探究智力、文章主题熟悉性、生词密度对学生阅读理解能力的影响，计划采用 2×2×2 重复两个因素的混合设计。其中，智力为被试间变量，选取 8 名学生通过智力测验优秀(a_1)和中等(a_2)两组；文章主题熟悉性为被试内变量，分为不熟悉(b_1)与熟悉(b_2)两种情况；生词密度为被试内变量，分为 5∶1(c_1)、10∶1(c_2)两水平。根据两个被试内变量处理的结合，选取 4 篇文章，每名被试在不同时间接受 4 篇文章阅读和测试。重复测量两个因素的三因素混合设计的图解如图 4-26 所示。混合实验设计的平方和与自由度的分解图如图 4-27 所示。

	b_1	b_1	b_2	b_2	b_3	b_3
	c_1	c_2	c_1	c_2	c_1	c_2
a_1	S_1	S_1	S_1	S_1	S_1	S_1
	S_2	S_2	S_2	S_2	S_2	S_2
	S_3	S_3	S_3	S_3	S_3	S_3
	S_4	S_4	S_4	S_4	S_4	S_4
a_2	S_5	S_5	S_5	S_5	S_5	S_5
	S_6	S_6	S_6	S_6	S_6	S_6
	S_7	S_7	S_7	S_7	S_7	S_7
	S_8	S_8	S_8	S_8	S_8	S_8

图 4-26　重复测量两个因素的三因素混合设计的模式图

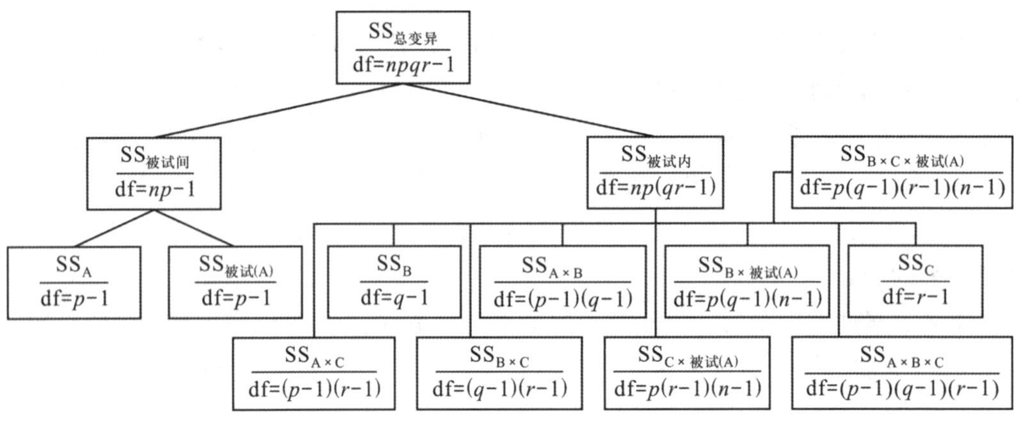

注：df—自由度；p—水平数；n—总被试数。

图 4-27　重复测量两个因素的三因素混合实验设计的平方和与自由度分解图

其中，各个平方和的含义为：

$SS_{被试间}$——被试间平方和，在重复测量两个因素的三因素实验中，它包括被试间因素的处理效应，以及与被试间因素有关的误差变异。

$SS_{被试}$(A)——与被试间因素有关的误差变异，其均方用作 A 因素处理效应的 F 检验的误差项。

$SS_{被试内}$——被试内平方和，在重复测量两个因素的三因素实验中，它包括 B 因素和 C 因素的处理效应，A×B、A×C、B×C、A×B×C 交互作用，以及与被试内因素有关的误差变异。

$SS_{B\times 被试(A)}$——与被试内因素有关的误差变异，其均方用作 B 因素处理效应和 A×B 交互作用的 F 检验误差项。

$SS_{C\times 被试(A)}$——与被试内因素有关的误差变异，其均方用作 C 因素处理效应和 A×C 交互作用的 F 检验误差项。

$SS_{B\times C\times 被试(A)}$——与被试内因素有关的误差变异，其均方用作 BC 因素处理效应和 A×B×C 交互作用的 F 检验误差项。

第四节　应用范例

平面香水广告版面设计的眼动研究

音乐节奏和共餐人数对就餐时间的影响

网络利他行为影响青少年心理健康的实验研究

思考与练习

1.假设有一位临床心理学家开发了一套针对抑郁情绪干预的治疗方案，试选用合理的实验设计检验该方案的效果。

2.在一项心理学两因素实验中，A 因素有三个水平，B 因素有两个水平，试画出以下情况的线性图：

(1)A 无主效应，B 有主效应，无交互作用；

(2)两个因素均无主效应，但有交互作用；

(3)两因素均有主效应，但无交互作用；

(4)两因素均有主效应且交互作用显著。

3.某实验拟采用拉丁方实验设计探讨 5 种心理训练程序对某种技能学习成绩的

影响。现从5个群体中分别随机选取6名被试，并将实验分别安排在星期一至星期五进行。试以不同群体为行变量，实验时间为列变量，设计出具体的实验方案。

4.试设计一项两因素混合实验，其中一个变量为人格类型变量(被试间变量)，另一变量为认知变量(被试内变量)。

拓展阅读

舒华，2015.心理与教育研究中的多因素实验设计[M].北京：北京师范大学出版社.

该书在介绍各种实验设计原理的基础上，将实验设计、统计分析和计算机数据处理三方面内容紧密结合，通过大量的例子，详细介绍了如何根据研究课题进行实验设计、方差分析，得出研究结论，如何编制SPSS方差分析程序对书中的例题进行数据处理，特别是交互作用中的简单效应检验，以及如何阅读输出结果。因而能使读者较好地把三方面知识结合起来，快速掌握实验设计的模式与操作。

金志成，何艳茹，2005.心理实验设计及其数据处理[M].广州：广东高等教育出版社.

该书全面论述了实验研究的全过程。从如何确定一个研究问题开始，论述了形成假设、确定自变量、选择因变量、控制额外变量的干扰、进行统计分析，直到评价和解释实验结果的全过程。为了使读者能很好地掌握实验研究的原理，该书介绍各种实验设计时都辅以例子，在例子中还介绍了这种设计应使用哪一种统计检验、如何进行统计检验等。该书案例翔实，内容全面，适合作为心理学实验设计的工具书。

彼得·哈里斯，2009.心理学实验的设计与报告[M].北京：人民邮电出版社.

该书上编主要介绍实验报告的撰写，详细地点出了报告的每个主要组成部分，指出了各部分在撰写中应注意的问题。下编涉及实验设计与统计方法，就心理学研究中经常采用的几种实验设计方法以及相关的统计方法作出了概要性的介绍和评价。该书能为撰写实验报告和设计实验提供具体的指导。

曾祥炎，陈军，2009.E-Prime实验设计技术[M].广州：暨南大学出版社.

该书共四编八章，前三编包括“心理实验程序设计的理论框架”“E-Prime基本实验程序设计”“E-Prime的数据处理”，主要介绍心理实验程序设计的模式化方法、E-Prime的基本知识和基本设计技巧，数据的合并、提取和修复等基础内容。第四编是“E-Prime高级实验程序设计”，着重介绍心理实验程序设计的常用技术和高级使用技巧。该书用语简洁，案例翔实，可作为E-Prime的入门工具书。

冯成志，2009.心理学实验软件Inquisit教程[M].北京：北京大学出版社.

该书共分11章，主要介绍了Inquisit的脚本语言、程序的编辑、实验程序的编制、实验的运行、调查的编制、程序的调试和数据文件格式及与ASL眼动仪的连接等内容。该书提供了大量的实验示例程序来帮助读者巩固对Inquisit实验软件的学习。

陈立翰，2017.心理学研究方法：基于 MATLAB 和 PSYCHTOOLBOX[M].北京：北京大学出版社.

该书共 11 章，首先介绍心理学研究基本的科学方法、基于 MATLAB 程序结构和流程控制的编程基础知识。其次，在简要介绍心理学实验研究的常用 MATLAB 函数后，重点讲解如何使用 PSYCHTOOLBOX 编制心理学实验所需的视觉刺激与听觉刺激，如何用 MATLAB 进行数据分析并进行合乎国际期刊规范的制图，以及常用的心理物理法和对应的 MATLAB 代码实现。最后，该书不仅将心理学研究方法渗透于具体的实验设计实例中，还结合实例列举了基于 MATLAB 与 PSYCHTOOLBOX 工具包的常见科学研究设备（脑电仪、眼动仪、运动捕捉系统以及 DIY 设备）的接口编程。

参考文献

白学军，张钰，姚海娟，等，2006.平面香水广告版面设计的眼动研究[J].心理与行为研究，4(3)：172-176.

白学军，2017.实验心理学[M].北京：中国人民大学出版社.

郭秀艳，2004.实验心理学[M].北京：人民教育出版社.

郝德元，周谦，郭春彦，等，1989.心理实验设计统计原理[M].北京：首都师范大学出版社.

舒华，张亚旭，2008.心理学研究方法：实验设计和数据分析[M].北京：人民教育出版社.

王才康，2000.实验设计体系初探[J].心理科学，23(5)：590-594.

王重鸣，2001.心理学研究方法[M].北京：人民教育出版社.

杨治良，1988.基础实验心理学[M].兰州：甘肃人民出版社.

袁登华，王重鸣，2002.心理实验设计的程序化思路[J].心理科学，25(3)：300-302.

朱智贤，1989.心理学大辞典[M].北京：北京师范大学出版社.

朱滢，2000.实验心理学[M].北京：北京大学出版社.

张学民，2011.实验心理学[M].北京：北京师范大学出版社.

张智君，韩淼，朱祖祥，等，2002.文本结构和时间应激对网页阅读绩效的影响[J].心理科学(4)：422-424，510.

赵晓妮，游旭群，2007.场认知方式对心理旋转影响的实验研究[J].应用心理学(4)：334-340.

郑显亮，2018.网络利他行为对青少年的影响研究[M].北京：中国社会科学出版社.

第五章　测验法

本章导读

测验法是心理学研究中一种最常用的收集资料的方法。由于心理学研究对象的特殊性和测验法的日益完善，目前，测验法在研究中应用越来越广泛，在揭示人的心理活动规律中发挥着重要作用。本章首先介绍了测验编制的一般过程，包括理论基础、测验项目编选要求、测量指标分析。其次，交代了测验实施过程中被试选取、分发测验、回收测验等方面需注意的问题。最后，提出了共同方法偏差的概念以及中介、调节等关系模型。

第一节　测验编制

一、测验法概述

测验法是通过心理测验来研究心理规律的一种方法，即用一套标准化题目，按规定程序，通过测量的方法来收集数据资料。

（一）测验的含义

心理测验(psychological test)是根据一定法则和心理学原理，通过标准化操作程序对一部分人有代表性的行为进行测量的一种工具。下面三点有助于科学把握测验的含义。

首先，测验遵循一定的标准和程序，而非凭主观经验进行。例如，测量人的智力，就应当根据智力理论来编制测验，参照被试在测验上的得分判断其智力水平。因此，用于心理科学研究中的测验，无论是编制、施测，还是评分、解释，都依据一套系统的程序。

其次，测验是测量人的行为，即用标准化的程序来测量个体某种行为。因此，各种测验都是由一系列能引起个体反应的项目组成，只有测量出一个人对测验题目所产生的反应，才能达到测验目的。

最后，一个测验通常只能测量人的一部分行为，并非人的全部行为。因此测验题目的取样必须有代表性，且与其他样本等值。

在心理学研究中，以测验作为工具的测量都必须具备两个要素：一个是参照点，另一个是单位。参照点是计算事物量的起点，心理测验中的参照点都是人为标定的，例如智商为0，并不是说没有智力。单位也是测量的基本要求，没有单位，数的多少、大小就无法表示。一般来说，心理测量所用的单位都是等值的，即每两个单位之间的距离是相等的。

（二）测验的特征

心理测验具有以下几个特征：

（1）间接性。心理测验测量的是被试对测验题目的外显反应，而非内隐过程。人们只能根据被试的外显行为来推论其内在心理过程或心理特质，所以心理测验是一种由“果”至“因”的科学研究形式，因而具有间接性。

（2）相对性。心理测验所测得的结果，一般只是从个体在群体中的等级顺序反映出个体间的差异。因此心理测验所测得的结果只是一个相对量数，是与被试所在团体中大多数人的行为比较而言的。

（3）客观性。心理测验虽然是间接的、相对的，但仍然具有客观性。这是因为：①心理测验所测量的心理现象是客观存在的；②心理测验在编制、施测、评分和解释方面都有一套严格的程序，无关变量的影响得到了尽可能地控制。

（三）测验的标准化

测验和心理测验有很大的共性，如：都提供一些项目，要求被试作答，都可以采用纸笔形式施测，以此进行实际情况调查和心理测量；二者都可归入调查法的范畴。然而，测验和心理测验的根本不同在于，后者的标准化程度高于前者。

测验标准化（test standardization）指测验的编制、实施、计分以及测验分数解释程序等方面的一致性和统一性。这种标准化有助于减少误差，控制无关因素对测验结果的干扰，确保心理测验的准确性和有效性。

第一，测验的内容标准化。标准化首先指测验内容的标准化，即给所有被试施测相同的测验项目，以确保所有被试接受的刺激内容是相同的，这样才能使得不同被试的测试结果具有可比性。测验的制作还要保证物理特性上的一致。例如，要确保纸质测验的印制、操作测验中的实物等方面对于所有被试都是一样的。

第二，测验的实施标准化。除了对所有被试施测相同的测验题目，还要保证测验条件相同。实施的标准化包括：①统一的指导语。指导语包括对被试的和对主试的两个方面。这两个方面的指导语，都要明确无误，以控制可能来自这两个方面的误差。②统一的施测程序。施测程序，包括测验的发放与回收、测验的顺序和时间安排、测验的场景与材料、主试的行为规范等，都要做到统一。

第三，测验的计分标准化。这方面的标准化，既包括计分与分数合成方法的标准化，也包括方法使用的标准化。对于完全使用客观题目的测验，只要按照统一的计分方法，测验分数的整理与合成比较容易保证一致性。然而，主观题目（如创造力测验中的认知作业、投射测验等）的评分、计分方法相对复杂，且对评分者的要求很高，因此要严格训练评分者，以确保最后测验分数的可比性。一般认为，两个评分者之间所给分数的平均一致性应该达到 90%以上，才可认为计分是可靠的、客观的。

第四，测验分数的解释标准化。测验分数必须与某种参照系相比较，才能显出其意义。例如，仅知道自家孩子的语文成绩为 85 分，家长无法判定其含义，但如果知道了全班的平均分等信息，就可以判定这个分数的含义。在测验中，用作分数解释参照系的是“常模”(norm)，它是根据测验对象总体的代表性样本测得的分数分布。根据该分布的主要描述统计指标，如平均数、标准差等，就可以有效解释某一被试得分的含义。除了以常模作为参照来解释分数含义外，还可以使用某种绝对标准作为参照，前者称为常模参照测验（norm reference test)，后者称为标准参照测验（criterion reference test)。例如，体能达标测验、驾驶执照考试等都规定了绝对的标准。

二、测验的编制

虽然测验编制的方法和过程依测验的性质不同而存在一定差别，但由于测验原理大致相同，因而测验编制程序也基本相同。主要包括以下几个步骤：

（一）研究目的与假设

编制测验首先要明确测验目的。具体包括测验对象、测验用途、测验目标。在编制测验前，要明确测量对象，也就是该测验编成后要用于哪些个体或团体；还应明确所编测验是用于描述、诊断、选拔还是预测；也应明确测验要用来测量什么，是态度、能力、人格、动机、情绪还是成就？

收集所需资料，构建测验假设。除通过查阅文献、实地考察、个案研究等途径外，测验项目的构建主要可通过以下两个途径实现：

(1)设计开放性测验，提前做小规模预测性调查。在开放性测验中，并不预先给定可供选择的答案，而是被试根据自己的情况自由回答。开放性测验主要用于探索性研究，如“青少年网络利他行为类型”的研究，通过开放性测验，可归纳出人们网络利他行为有网络提醒、网络分享、网络指导、网络支持等四类。

(2)以充分的理论为依据,构建测验项目。例如,基于大五人格理论模型,将人格确定为神经质、尽责性、宜人性、开放性、外向性五个维度。

(二)编选测验项目

在收集资料时,应选择具有丰富性和普遍性的资料。项目形式要依据测验目的、材料性质、测验对象的特点和其他各种实际因素进行选择。这两项工作的目的都是更好地编制测验项目,在编制测验项目时还需考虑测验时间、测验项目的数量、测验刺激的形式和计分方法等因素。同时,题目难度必须符合测验目的的要求,例如,编制“大五人格测验”,选用“我常感到害怕”测评神经质,选用“一旦确定了目标,我会坚持努力地实现它”测评尽责性,选用“我觉得大部分人基本上是心怀善意的”测评宜人性,选用“我头脑中经常充满生动的画面”测评开放性,选用“我对人多的聚会感到乏味”测评外向性。同时采取五点计分方式,以表示“非常不同意”“不同意”“不确定”“同意”“非常同意”。

(三)广泛征求意见,修订项目

将前一阶段编选的项目做进一步的推敲,可寻找专家和同行学者对项目内容及表达方式进行修改。具体可将编选的测验项目设置成半开放式的测验,并对专家及学者进行发放,使其做出“同意”与“不同意”的选择并提出意见,最后进行回收。

(四)预测

预测是测验设计的重要步骤。预测样本一般为 30～50 人。预测主要有两个目的:一是考查测验的信度和效度;二是进一步发现具体的缺陷,如题数、顺序是否合适,问题的内容是否合理,问题的表述是否确切。

(五)项目分析

将预测后形成的测验进行发放,试测一般选择与预测对象相近的团体进行,人数为 500～1000 人,同时,试测的实施过程及情境应力求与以后正式测验时的情况相似,并随时记录被试的反应情况,在时限上可宽松一些。

项目分析是指对题目的质和量进行分析,既包括评价取样内容的适当性、题目的思想性以及表达是否清楚等方面,也包括对试测结果进行统计分析,确定题目难度、区分度和备选答案的合适度等内容。通过项目分析,对不适当的题目进行修正或删除,最后筛选出准备编入正式测验中的题目。

（六）建立常模

一套标准化的测验除了在内容、指导语、时限和评分等方面都具有严格的要求和规定外，对分数的解释也必须标准化，这就需要设立常模。常模(norm)是根据标准化样本的测验分数经过统计处理而建立起来的具有参照点和单位的测验量表。在这个量表上，被试可根据自己的测验分数找到自己在团体中所处的地位。一个被试的得分只有与常模进行比较，才具有意义。

建立常模的方法是，在将来要使用测验的全体对象中，选择有代表性的一部分(标准化样本)进行施测，并将所得分数加以统计整理，得出一个具有代表性的分数分布，这个标准化样本的平均数，即为该测验的常模。例如，制定大学生群体大五人格测验常模，可选择代表性常模团体后，确定各维度的分数分布和标准差，形成标准分数常模。

（七）鉴定测验

测验编制的最后一项工作是鉴定测验，即鉴定测验的信度和效度。鉴定信度主要是为了了解测验的可靠性或一致性；鉴定效度旨在考查测验的有效性，即测验能否测出所要测量的行为或心理特征。

三、测验的评价

一份测验编好后，需要对其测量的可靠性和有效性加以评估，因此需搜集信度和效度资料，对其进行测量学方面的分析。除此之外，还要做项目质量的分析。

（一）信度

信度(reliability)指测量结果的可靠性、稳定性和一致性。例如，用钢卷尺去量一个人的身高，所得结果大致是可靠的，因为无论是由一个人量数次还是分别由几个人去量，所得结果都较为一致。然而，如果改用橡皮筋做的软尺去测量身高，则会因拉力大小不同，多次或多人测量所得结果就难以取得一致。因此，用橡皮筋做的软尺测量长度或高度是不可靠的，也就是说，这样的测量工具是缺乏信度的，而钢卷尺的信度相对较高。类似的，心理测验作为一种测量工具，其信度也有高低之分。

根据经典测量理论，一个测验分数的变异由真分数和随机误差两部分变异组成。真分数，可理解为某被试无数次反复测量的平均结果。虽然每次测量都受随机误差影响，但是当测验次数足够多时，随机误差的影响相互抵消，平均误差值为0，这时测量结果的平均值就代表了所测量事物特性的真实情况。然而，真分数的变异无法直接计算(因为实际上不能无限度地反复测量)，但可通过计算出随机误差的方差和测量结果的总方差,再计算出二者的比值,用1减去这个比值,即为信度。换言之,信度代表了非随机误差的方差占总方差的比例。计算信度的具体方法有多种,通常要考查如下四种信度指标:

(1)重测信度(又称稳定性系数)(retest reliability)。该系数通过"重测法"获得,即采用同一测验,相隔一定时间(几周或几个月)两次测量同一群体,前后两次测量分数的相关系数(通常用积差相关系数表示),就代表了测验稳定程度,或跨时间一致性。

(2)分半信度(splithalf reliability)。它是指将一个测验中的所有项目分成等值的两半,所有被试在这两半上所得分数的一致性程度。

(3)同质性信度(homogeneity reliability),又称内部一致性系数。它是指测验内部所有题目间的一致性程度。当一个测验所有项目之间的相关度都很高时,表明测验项目可能是在测量单一的特质,这种相关代表了测验的同质性信度。分半信度和同质性信度,都反映了测验跨项目的一致性。

(4)评分者信度(scorer reliability)。一些测验分数的获得依赖于评分者的打分。例如,两名教师对同一篇作文进行打分,多名研究者对一件作品的创造性予以评分。这时两名或多名评分者之间所给分数的一致程度,就称为评分者信度。如果是两人评分,则计算两列分数的积差相关(用于等距数据)或斯皮尔曼等级相关(用于顺序数据);如果是三人或更多人做等级评定时,则计算不同人评分结果之间的肯德尔和谐系数。

通常,信度系数越接近1越好。对于内部一致性信度,如果在0.70以上,表明该测验可用于团体层面的描述和比较;如果在0.85以上,可用于个体的诊断和鉴别;评分者信度最好能在0.90以上;而重测信度往往要低一些,它容易受到测验内容、性质和间隔时间的影响。不过这些标准都是习惯上的判定,仅供大致参考,判定一个测验的信度高低还要考虑其他的复杂因素。例如,对于儿童发展研究,可能就难以像通常那样考查重测信度,因为他们的心理变化很快,所以两次测验的结果不一致是很正常的。

(二)效度

效度(validity)指测量的有效性或正确性,是对测量工具的根本要求。一个测量工具是否有效,关键在于它所测量到的是否是其需要测的内容。例如,钢卷尺测量身高是有效的,但不能用它称量体重,不管它每次测量结果之间是否一致,都是无效的,因此,对称量体重来说,钢卷尺是个无效或效度很低的工具。优秀的心理测验,既应是可靠的,还应是有效的,即不仅要有信度,更要有效度。

一般用真分数的方差和测量结果的总方差之比来定义效度。真分数的变异除了包括所需测量心理特质的真实变异,还包含某种系统误差导致的变异,可能还包含随机误差的影响。例如,一个钢卷尺开头的一厘米被折断而丢掉,若每次都从原来的一厘米处开始计量,每次测量结果仍然是稳定的、一致的(即有信度),但是,这些结果还包含了系统误差,其测量的有效性(效度)就降低了。所以,在排除掉系统误差和随机误差后,测验所测心理特征的真实变异占整个测量分数变异的比值,就代表了测验效度。

综上,测验的效度是比信度更严格的指标,二者的关系是:一个测验有较高的信度,但未必有较高的效度;反过来说,有较高的效度,一定会有较高的信度。提高信度的方法是控制随机误差;而要提高效度,须同时控制随机误差和系统误差;若两种误差都控制了,那么这个测验既有信度又有效度。

要评估所编制测验的效度,有以下方法:

(1)内容效度(content validity)。如果测验项目"恰当地"代表了测验规定范围内的内容,则它具有内容效度。例如,从思维的流畅性、灵活性和独特性三个角度来衡量创造性,然而,若所用的题目中根本没有考虑到思维的独特性问题,则这个测验的题目设置缺乏内容效度。不过,实际上如何评价这种"恰当性"是很复杂的问题,通常由专家根据自己的经验来判定,若专家认可度很高则表示有内容效度。内容效度最适用于学业成就测验、职业成就测验。

(2)构想效度(construct validity)。它也称为结构效度,指一项测验测量到理论所构想特质的程度。如果根据理论构想的模型,能较好地拟合实际测量数据,则说明测验测到了理论构想关注的内容,或者说理论构想是正确的。能力测验和人格测验的编制通常建立在某种理论构想的基础上,因此需要考查构想效度。

因素分析是考查构想效度最常用的方法之一。因素分析(factor analysis)本质上是分析资料相互关系的一种精确的统计技术。因素分析将为数众多的观测变量缩减为少数不可观测的潜变量(又称因素,或共同因素、公因子等),用最少的因素概括和解释大量的观测数据,从而达到简化观测数据、建立起简单结构的目的。因素分析所发现的因素是高度概括的,用它们能描述观测变量中的大部分信息,并且使观测数据更容易解释。

经过因素分析,观测变量的总变异被分解为共同变异(与其他因素共有的变异)、该变量所独有的特殊变异和随机误差变异三部分。因素分析就是通过发现共同变异,找到有普遍性影响的若干共同因素,进而探讨各观测变量与共同因素之间的关系。观测变量与因素间的相关性,即变量在因素上的贡献量(负荷),称为因素效度。因素效度越大,说明变量在该因素(心理特质)上越有效。

(3)效标关联效度(criterion validity)。效标指某种外部标准(如实际工作表现、学业成就、临床诊断结果),如果测验结果与效标有很高的相关系数,就表明它有较好的效标关联效度。效标关联效度包括预测效度和同时效度。以被试未来的某种实际表现为效标,一项测验的结果若能预测被试的未来表现,这就表明测验有预测效度。

例如，高考成绩若能预测大学时期学生的表现，则说明高考试卷有预测效度。如果测验结果和效标资料同时收集，二者的相关系数就体现了同时效度。例如，高考成绩与大一期间学业表现（效标）有较高相关性，这种相关性代表了高考测验的同时效度。

若一种测验的效标关联效度较高，则该测验就较适合被采用。比如，临床上诊断一个人是否有网瘾，是很费时费力的事情，若某个网络成瘾量表能预测临床诊断结果，以后只要通过该量表来诊断就行了，即免去了临床诊断的麻烦。能力测验和人格测验都应该考查效标关联效度。

上面讲的是因素分析，目的在于查明变量的结构。提取共同因素的个数与研究者对特征根的设置（不小于 1）、对碎石图拐点的判断、依据事先确定的理论架构对共同因素个数的限定等主观因素有很大关联，另外还涉及转轴的旋转角度等主观性较强的问题。因此探索性因素分析得到的只是有一定数据支持的客观化表达的主观模型，如果要验证这个结构是否具有一定的通用性，还需进行验证性因素分析，用另外的样本数据与探索性因素分析所得结构之间的拟合程度来说明结构的有效性。研究者在验证性因素分析中会就某些参数（因素负荷、因素间的相关和独特因素等）的数值做出假设。最典型的就是提出某种因素负荷的假设。譬如，可能有人会假设韦克斯勒智力量表中言语有关测验题目在操作量表上的负荷为 0，操作有关测验题目在言语量表上的负荷为 0。总之，用这种方法可以验证探索性因素分析所得结构是否有效。

（三）项目分析

项目分析主要涉及项目的难度和区分度。项目的难度，可以用作答人在该项目上的通过率来表示，即通过的人数在所有作答人数中的百分比。通过率越高，项目难度越小。项目的区分度，是项目对心理特性的区分程度。一般地，用高分组和低分组在某一项目上通过率的差值表示项目的区分度，也可以用项目得分和测验总分的相关系数来表示项目区分度。

1.难度

项目难度（difficulty）指项目的难易程度。二分法记分项目与非二分法记分项目难度的计算方式有所不同。

（1）二分法记分项目的难度计算

二分法记分又叫二值记分，即只有答对和答错两种情况，记为 1 或 0。具体包括通过率法和两端分组法。

①通过率法。用题目的通过率估计难度。通过率是指被试正确回答项目的人数与所有被试人数之比，即：

$$P = R/N$$

其中，P 值表示项目难度，R 表示被试正确回答或通过项目的人数，N 表示参加测验的所有被试人数。

②两端分组法。先将被试依照测验总分从高到低排列，分成三组。若测验总分的分布符合正态分布，高分组和低分组的最适当比率是各占 27%；如果分布较平坦，应高于 27%。用两端分组法计算难度的公式如下：

$$P=(P_{H}+P_{L})/2 \quad 或 \quad P=1/2(R_{H}/N_{H}+R_{L}/N_{L})$$

其中，P 是难度，P_{H}、P_{L} 分别表示高分组、低分组在该项目上的通过率，R_{H}、R_{L} 分别表示高分组和低分组通过该项目的人数，N_{L}、N_{H} 分别表示高分组和低分组的人数。

(2)非二分法记分项目的难度计算

对于简答题、论述题等题型，每个项目不只有答对和答错两种结果，而是有从 0 分至满分多种结果，对于此类项目，常用下面的公式来计算难度：

$$P=X/X_{MAX} 或 P=M/W$$

其中，P 为难度，X 或 M 为所有被试在该项目上的平均得分，X_{MAX} 或 W 为该项目的最高得分(满分)。

理论上，在测验中，题目的难度在接近或等于 0.50 时，是比较理想的难度，此时项目具有最大的鉴别力。但是，实际工作中并非如此简单。对于人格、心理健康和态度测验一般不考虑难度。对于选拔测验，难度最好接近录取率。对于选择题，难度一般应大于猜测率。

2.区分度

项目区分度(item discrimination)即项目之间是否有一定的鉴别力和区分程度，良好的区分度能将不同水平的被试区分开来。例如，在一次语文测试中，语文能力高的学生是否能够明显地区别于语文能力较低的学生，即高水平的学生取得高分，低水平的学生取得低分。区分度的计算主要包括项目鉴别指数法和相关法。

(1)项目鉴别指数法。这是项目区分度分析的一种简便方法，以高分组和低分组的测验总分在某一项目上通过率的差异，作为项目鉴别指数。计算公式为：

$$D=P_{H}-P_{L}$$

其中，D 为鉴别指数，P_{H} 为高分组在该项目上的通过率，P_{L} 为低分组在该项目上的通过率。D 值越大，项目的区分度越高。

一般情况下，取高分端 27%作为高分组，低分端 27%作为低分组。这样取值在正态分布下能够有效地使两个对比组的差异尽可能大。另外，对项目鉴别力的计算，也可以将高分组与低分组进行独立样本 t 检验，检验结果差异显著，则表示高分组显著高于低分组，即可证明项目鉴别力良好。

例如，某高中物理测验，被试共18人，高分组和低分组各取总人数的27%，则两组各为5人，第五题高分组5人全部答对，低分组只有1人答对，1－0.2＝0.8即为该题的鉴别指数。表5-1中列出了根据鉴别指数取舍题目的标准。

表5-1 鉴别指数判定表

鉴别指数 D	题目评价
0.40以上	很好
0.30～0.39	良好、修改会更好
0.20～0.29	仍需修改
0.19以下	差、必须淘汰

（2）相关法。一般以总分来衡量被试能力或成就的高低，被试在某个项目上的得分和总分都高，说明该项目与总分具有一致性，从这个项目上就可以鉴别出被试水平的高低，那么这个项目的鉴别力就高；反之亦然。也就是说，项目与总分的相关高，项目的鉴别力就高。因此，可以用项目的得分与总分的相关来衡量项目的区分度。

第二节 测验施测及关系模型构建

一、测验的实施

测验编制好之后，下一步工作就是实施测验，用其收集研究所需数据和资料。测验实施过程的质量，直接影响研究结果的科学性。下面，将着重讨论测验实施过程以及影响测验回收率、有效率的相关因素。实施测验的一般程序包括：被试的选取、分发测验、回收测验和结果处理与分析。

（一）被试的选取

被试的选取通常用抽样的方法。抽样方法包括随机抽样、分层随机抽样等，具体采用何种方法应根据某项测验研究的具体情况来确定。

测验回收的有效数量为测验总题数的4～5倍。其中，排除漏答、不认真作答等情况后，剩余测验称为有效测验，其份数与发放测验总份数之比为有效回收率。目前，在心理学研究中，测验的有效回收率在90%以上是可以接受的标准。

（二）分发测验

心理测验的分发方式分为发送测验、访问测验和邮寄测验三种。在测验的实际实施过程中，测验一般都是按照上述三种方式进行分发的，具体采用哪一种形式根据研究的具体情况而定。

（三）回收测验

测验的回收情况依分发测验方式的不同而异。一般来说，访问测验的回收效果最好，通常可达100%；发送测验的回收率也比较好，如果安排好从发送测验到回收测验的整个过程并及时派人回收，或在被试集中的地方请有关人员协助，还可能取得更高的回收率；邮寄测验则不同，由于整个测验实施过程的控制程度很低，其回收率往往也较低。

（四）结果处理与分析

测验回收以后，为了保证研究的科学性和精确性，以及便于结果的处理和分析，通常需要对所有测验进行逐一审查，内容主要包括：分类整理、淘汰不合格的无效测验（不完整或不可靠）和进行编号、登记等。整理好所有合格测验以后，就可以根据既定的分析维度对结果进行处理和分析。在进行结果处理与分析时，需注意以下两点：一是运用计算机时必须事先认真做好测验设计工作，使设计的测验便于计算机处理和发挥"社会科学统计软件包"的效用；二是在对开放式测验进行结果处理与分析时，应当尽力避免研究者的主观倾向，认真做好定性分析。通常，对于开放式测验，研究者也应当事先设计好可能出现的答案，并经专家评价和小范围测试，确定每种答案的强度或顺序性，这样在进行定性分析时，可以大大降低研究者的主观性对结果的认定，从而保证测验结果的科学性。

二、共同方法偏差

共同方法偏差（common method biases）指的是因为同样的数据来源或评分者、同样的测量环境、项目语境以及项目本身特征所造成的预测变量与效标变量之间人为的共变。这种人为的共变会对研究结果产生严重的混淆并对结论产生潜在误导，是一种系统误差。共同方法偏差在心理学、行为科学研究中，特别是采用测验法的研究中广泛存在。

共同方法偏差的控制方法包括程序控制和统计控制。程序控制是指研究者在研究设计与测量过程中所采取的控制措施，比如从不同来源测量预测变量与效标变量，对测量进行时间上、空间上、心理上、方法上的分离，保护反应者的匿名性、减小对测量目的的猜测度，平衡项目的顺序效应以及改进量表项目等。研究者首先应该考虑采用程序控制，因为这些方法直接针对共同方法偏差。

但是，在某些研究情境中，受条件限制，上述的程序控制方法无法实施，或者无法完全消除共同方法偏差，这个时候就应该考虑在数据分析时采用统计方法来对共同方法偏差进行检验和控制。

本部分介绍其中一种控制方法：Harman 单因素检验。这种技术的基本假设是：如果方法变异大量存在，进行因素分析时，要么单独析出一个因子，要么用一个公因子解释大部分变量变异。传统的做法是把所有变量放到一个探索性因素分析中，检验未旋转的因素分析结果，确定解释变量变异所需的最少因子数，如果只析出一个因子或某个因子解释力特别大，即可判定存在严重的共同方法偏差。现在更普遍的是采用验证性因素分析，设定公因子数为 1，这样可以对"单一因素解释了所有的变异"这一假设做更为精确的检验。

三、关系模型构建

在心理学研究中，量表一般不会单独发放，研究者的目标通常在于揭示两个或两个以上变量之间的关系，因此在发放测验时，常常将多份测验装订在一起进行发放，回收后再加以统计分析。本书介绍目前流行的心理学数量关系分析，包括相关分析、回归分析、中介效应分析和调节效应分析。

（一）相关分析（correlation analysis）

相关分析是分析变量之间是否存在依存关系的统计方法。最早由 Galton 发明，后由他的学生 Pearson 发展而来。在心理学研究中，相关分析的使用最频繁。例如，在描述信度和效度时，主要就是使用相关系数的概念。

描述相关关系常用相关系数 r 来表示，但实际上判断相关程度还要根据样本量的大小、相关系数的显著水平以及统计效力来确定。另外，当两个变量具有显著的相关关系时，必须清楚这只是表示二者之间有确定的依存关系，并不能表明二者具有因果关系，不能确定其中一个变量具有决定另一个变量的关系。

（二）回归分析（regression analysis）

回归分析是确定因变量和两个或两个以上自变量之间相互依赖关系的一种统计分析方法。按照涉及自变量的多少，只有一个自变量称为一元回归分析；两个或两个以上自变量称为多元回归分析。另外，按照自变量和因变量之间的关系类型，又可分为线性回归分析和非线性回归分析。

回归分析通过最小二乘法估计参数，建立自变量与因变量之间的数学模型，并判断自变量的影响是否显著；在多元回归分析中，还要分析多个自变量的影响，将影响显著的自变量选入模型，并剔除影响不显著的变量，据此建立起预测方程。

与相关分析不同的是，相关分析主要分析变量之间的相互依存关系，而回归分析更确定变量之间的预测关系，建立回归模型，并根据数据估计模型的参数，评估回归模型的拟合效果。评估回归模型拟合效果的指数主要有 R^2、F 值和 t 值。R^2 为回归方程的决定系数，用来表示回归方程中自变量 X 对因变量 Y 的影响程度。例如，$R^2=0.8$，表示回归方程可以解释因变量 Y 的变化的 80%。F 值用于检验回归方程的线性关系是否显著，显著性水平小于 0.05 才有统计学意义。然而，F 值只是表示整个方程是显著的，并没有表示所有的回归系数都是显著的，因此还需要对每个回归系数进行 t 检验。

（三）中介效应分析（mediation analysis）

当考虑自变量 X 对因变量 Y 的影响时，如果 X 通过影响变量 M 来影响 Y，则称 M 为中介变量。例如，关于职业倦怠的研究：组织公平→心理资本→职业倦怠，其中“心理资本”为中介变量。可用图 5-1 所示的路径图和相应的方程来说明变量之间的关系。

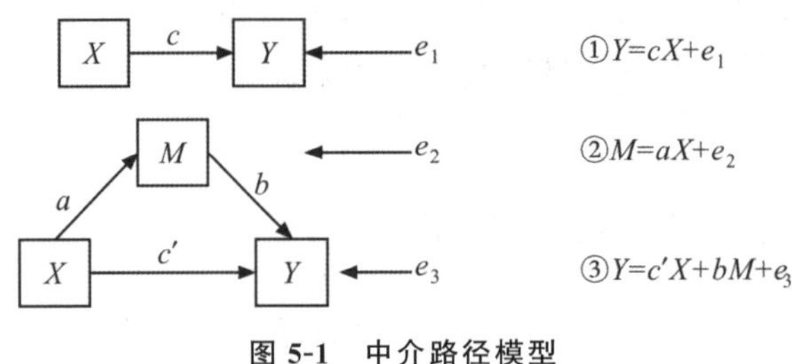

图 5-1　中介路径模型

图 5-1 中，自变量为 X，因变量为 Y，中介变量是 M。方程①$Y=cX+e_1$ 中，c 是 X 对 Y 的总效应。方程②$M=aX+e_2$ 中，系数 a 为自变量 X 对中介变量 M 的效应。方程③$Y=c'X+bM+e_3$ 中，系数 b 是在控制了自变量 X 的影响后，中介变量 M 对因变量 Y 的效应；系数 c' 是在控制了中介变量 M 的影响后，自变量 X 对因变量 Y 的直接效应；e_1、e_2、e_3 都是回归残差。对于这样的简单中介模型，中介效应等于间接效应，即等于系数乘积 ab，它与总效应和直接效应有下面关系：$c=c'+ab$。

中介效应的检验有三种方法，分别是逐步法、系数乘积项检验法和 bootstrap 法。

1.逐步法

检验中介效应最常用的方法是逐步检验回归系数，即通常说的逐步法：

（1）检验方程①的系数 c（即检验 H_0 ：c=0）。

（2）依次检验方程②的系数 a（即检验 H_0 ：$a=0$）和方程③的系数 b（即检验 H_0 ：$b=0$），有文献称之为联合显著性检验。如果系数 c 显著，系数 a 和 b 都显著，则中介效应显著。完全中介过程还要加上：方程③的系数 c' 不显著。

2.系数乘积项检验法

此种方法主要检验 ab 乘积项的系数是否显著，检验统计量为 $z=ab/s_{ab}$，该公式和总体分布为正态的总体均值显著性检验差不多，不过分子换成了乘积项，分母换成了乘积项联合标准误，此时总体分布为非正态，因此这个检验公式的 Z 值和正态分布下的 Z 值检验是不同的，同理，临界概率也不能采用正态分布概率曲线来判断。分母 s_{ab} 的计算公式为：$s_{ab}=\sqrt{a^2s_b^2+b^2s_a^2}$，其中，$s_a^2$ 和 s_b^2 分别为 a 和 b 的标准误，这个检验称为 sobel 检验。

3.bootstrap 法

现今被认为最好的方法是用 bootstrap 程序来直接检验中介效应。bootstrap 法是一个非参数的重新抽样程序，其对中介效应的分布并没有要求，可以克服中介效应的非正态分布的问题。bootstrap 法的具体操作步骤为：

(1)通过对现有样本进行 n 次($n>1000$)有放回的重复抽样，即将原始样本当作 bootstrap 总体，从这个总体中有放回的重复取样以获得类似于原始样本的 bootstrap 样本；

(2)然后计算每个抽样后所得样本中的效应估计值 ab，所有这 n 个样本的效应估计值的平均值即为总的效应估计值；

(3)将它们从小到大排列，就可以得到中介效应的非参数近似抽样分布，其中第 2.5 百分位点和第 97.5 百分位点就构成了置信度为 95%的中介效应置信区间；

(4)如果效应值在 95%的置信区间没有包括 0，则表明中介效应显著。

(四)调节效应分析(moderation analysis)

如果因变量 Y 和自变量 X 的关系(回归斜率的大小和方向)随第三个变量 M 的变化而变化，则称 M 在 X 和 Y 之间起调节作用，此时称 M 为调节变量(见图 5-2)。调节变量可以是定性的(如性别、种族、学校类型等)，也可以是定量的(如年龄、受教育年限、刺激次数等)，它影响因变量和自变量之间关系的方向(正或负)和强弱。

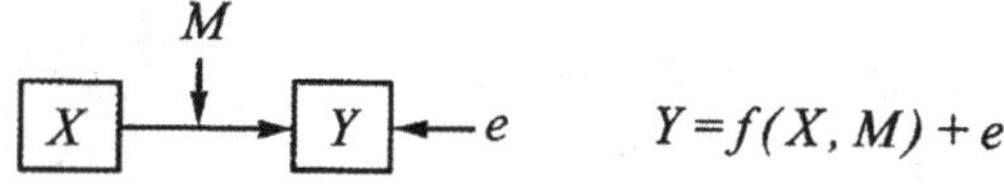

图 5-2　调节路径模型

在做调节效应分析时，通常要将自变量和调节变量做中心化变换(即变量减去其均值，或进行标准化处理)，然后构造自变量和调节效应的乘积项作为调节效应。简单常用的调节模型，假设 Y 与 X 有如下关系：

$$Y=aX+bM+cXM+e \quad 即：Y=bM+(a+cM)X+e$$

对于固定的 M，这是 Y 对 X 的直线回归。Y 与 X 的关系由回归系数 $a+cM$ 来刻画，它是 M 的线性函数，c 用来表示调节效应的大小。从公式中可以看出，c 其实代表了 X 与 M 的交互效应，所以这里的调节效应就是交互效应。这样，调节效应与交互效应从统计分析的角度看可以说是一样的。然而，调节效应和交互效应这两个概念不完全一样。在交互效应分析中，两个自变量的地位可以是对称的，其中任何一个都可以解释为调节变量；也可以是不对称的，只要其中有一个起到了调节变量的作用，交互效应就存在。但在调节效应中，哪个是自变量，哪个是调节变量，是很明确的，在一个确定的模型中两者不能互换。

当自变量和调节变量都是类别变量时应进行方差分析。当自变量和调节变量都是连续变量时，用带有乘积项的回归模型，做层次回归分析：

(1)做 Y 对 X 和 M 的回归，得测定系数 R_1。

(2)做 Y 对 X、M 和 XM 的回归得 R_2，若 R_2 显著高于 R_1，则调节效应显著；或者，做 XM 的偏回归系数检验，若显著，则调节效应显著。

当调节变量是类别变量、自变量是连续变量时，做分组回归分析。但当自变量是类别变量、调节变量是连续变量时，不能做分组回归，而是将自变量重新编码成为虚拟变量，用带有乘积项的回归模型，做层次回归分析。

第三节　应用范例

大学生网络利他行为量表的初步编制

网络利他行为对乐观人格的影响：积极情绪的中介作用

“蚁族”群体知觉压力与主观幸福感的关系：希望的调节作用

思考与练习

1.根据测验编制的步骤,试编制一份针对本课程某章的单元测验。

2.选择某项人格测验,对你熟悉的人进行施测,并根据常模进行分数解释。

3.什么是共同方法偏差?如何检验共同方法偏差?

4.什么是中介效应?请举例说明并画出模型图。

5.什么是调节效应?试举例说明并画出变量关系的效应示意图。

拓展阅读

吴明隆,2011.问卷统计分析实务:SPSS操作与应用[M].重庆:重庆大学出版社.

该书完整介绍了问卷调查法中的数据处理与其统计分析流程以及结果的解释,统计分析技术以SPSS统计软件包的操作界面与应用为主,内容除基本统计原理的解析外,着重介绍的是SPSS统计软件包在量化研究上的应用。

吴明隆,2009.结构方程模型:AMOS的操作与应用[M].重庆:重庆大学出版社.

该书旨在通过结构方程来检验测验之间的关系模型,并在AMOS软件中实现多种结构方程模型分析方法和操作步骤。

温忠麟,刘红云,侯杰泰,2012.调节效应和中介效应分析[M].北京:教育科学出版社.

该书系统全面介绍了调节效应和中介效应分析相关知识。

汪向东,王希林,马弘,1993.心理卫生评定量表手册(增订版)[M].北京:中国心理卫生杂志社.

该手册详细介绍了临床心理领域量表的功能和结构、实施、计分方式和解释方法,并附有完整的条目。

戴晓阳,2010.常用心理评估量表手册[M].北京:人民军医出版社.

该书详细介绍了常用量表的功能和结构、实施、计分、结果分析和解释方法,并附有完整的条目。

杨志明,张雷,2003.测评的概化理论及其应用[M].北京:教育科学出版社.

概化理论是继经典测量理论之后发展而来的一种新型测量理论,它旨在研究测验误差控制和测验整体设计。该书内容包括测评的基本问题、概化理论的基本原理和方法以及应用实例,对心理评估、教育考试、人事选拔等方面的理论与应用工作具有指导价值。

杜文久,2016.高等项目反映理论[M].北京:科学出版社.

项目反应理论是继经典测量理论之后发展而来的另一种新型测量理论,它重在研究测验项目作答概率模型。该书旨在较全面地介绍项目反应理论的基本思想和方

法，讨论了一维项目反应模型、多维项目反应模型、能力参考估计、项目参数估计、算法等内容。

参考文献

董奇，2006.心理与教育研究方法（修订版）[M].北京：北京师范大学出版社.

江红艳，余祖伟，陈晓曦，2011."蚁族"群体知觉压力与主观幸福感的关系：希望的调节作用[J].中国临床心理学杂志，19(4)：540-542.

童辉杰，2012.心理学研究方法导论[M].北京：中国人民大学出版社.

温忠麟，侯杰泰，张雷，2005.调节效应与中介效应的比较和应用[J].心理学报，37(2)：268-274.

辛自强，2012.心理学研究方法[M].北京：北京师范大学出版社.

杨阳，2016.大学生人际自我价值感权变性量表编制及现状研究[D].石家庄：河北师范大学.

周浩，龙立荣，2004.共同方法偏差的统计检验与控制方法[J].心理科学进展，12：942-950.

张斌，周怡，蒋怀滨，等，2014.学习效能感在护理本科生专业认同与学习倦怠关系中的中介作用[J].中国临床心理学杂志(6)：1121-1123.

郑显亮，2013.网络利他行为的理论与实证研究[M].北京：中国社会科学出版社.

郑显亮，2018.网络利他行为对青少年的影响研究[M].北京：中国社会科学出版社.

第六章 访谈法

本章导读

访谈法是心理学以及各种社会科学广泛使用的基本研究方法之一。较之其他方法，访谈法更为灵活和主动，适用范围也较广，所获得的有关研究对象的心理活动情况和心理特征方面的信息往往更为丰富、深层，具有独特的价值。本章主要就访谈法的设计思路与实施过程作出阐述，并介绍实施过程中需要用到的访谈技巧以及注意事项。在此基础上，本章还呈现了最新发展的扎根理论，包括理论基础及结果分析过程。

第一节 访谈法概述

一、访谈法的概念与特点

访谈法(interview)又称晤谈法，是指访谈者通过和被访谈者进行口头交谈来收集有关心理和行为数据的一种研究方法。虽然访谈法在形式上类似日常谈话，但作为科学方法的访谈有着严格的方法学要求。

首先，访谈法具有特定的科学目的。在心理学研究中，访谈法是根据研究课题需要，为解决一定问题而进行的，其目的在于直接获取有关访谈对象心理与行为方面的数据资料。所有的访谈设计与安排都是为实现研究目的服务的。而日常谈话也可能有明确目的，如了解实情、求得帮助、交流感情等，但不涉及研究目的，不是为了解决研究问题。

其次，访谈法有着一整套设计、编制、实施的原则。访谈计划的编制、访谈问题的设计、访谈过程的实施、访谈活动的记录、访谈结果的整理与分析等都需要按照一定的科学原则来进行，这就在很大程度上保证了访谈法的科学性、有效性以及访谈结论的客观性，使访谈法完全不同于日常生活中的交谈。

最后，访谈法注重访谈者对整个访谈过程的控制。为了达成研究目的，确保访谈资料可靠性和有效性，研究者或者访谈者（研究者可以自己访谈，也可以训练访谈者进行访谈）要负责控制谈话过程以及其他访谈安排。这一过程中的“控制”并非指所有话语权都是由访谈者把握，不给被访谈者表达和发挥的机会，而是指谈话进程以及被访谈者的表现等都是由访谈者有目的地加以控制的。例如，访谈者可以调控谈话的节奏和进程，确保谈话不跑题，从而有效地收集对研究目的“有用”的信息。相较之下，日常谈话则可能显得漫无目的，整个谈话过程是由交谈双方自然互动决定的，缺乏明确控制性。

综上所述，访谈法是根据研究目的和问题，由访谈者控制谈话过程，通过与被访谈者的交谈，以有效收集研究所需信息和资料的方法。大量的心理学研究已经表明，通过访谈法获得的有关人的心理活动资料，常常比传统心理学实验中最常用的反应时、正确率等指标所提供的信息更为丰富、完整和深刻。因此，访谈法对于一些研究具有难以替代的特殊意义和作用。

二、访谈法的类型

（一）结构访谈和非结构访谈

根据访谈研究控制水平或标准化水平，可以将访谈法划分为结构访谈和非结构访谈。

结构访谈必须按照统一的标准和方法选取被访谈者，一般采用随机抽样法。访谈过程也是高度标准化的，即访谈问题、提问的次序和方式以及对访谈问答的记录、整理等都完全统一。但是，对每个被访谈者都提供相同的问题，这将使访谈者难以对某些特定问题进行深入探讨，访谈过程缺乏弹性，不利于发挥访谈双方的积极性和主动性。

非结构式访谈事先没有统一访谈提纲，而只有一个大致的问题范围，访谈者与被访谈者在此基础上自由交谈，具体问题可在访谈过程中边谈边形成边提出。对于提问的方式和顺序、回答的记录、访谈时的外部环境等也没有固定要求，可根据访谈过程实际情况作相应安排。同结构式访谈相比，非结构式访谈的最主要特点是弹性和自由度大，能充分发挥访谈双方的主动性、积极性、灵活性。

此外，还有半结构化访谈，是指按照一个粗线条式的访谈提纲来进行的非正式访谈。该方法对提问的方式和顺序、访谈对象回答的方式、访谈记录的方式和访谈的时间、地点等只有粗略的基本要求，可由访谈者根据实际情况灵活处理。

（二）直接访谈和间接访谈

根据研究所采取的会话媒介手段，可以将访谈分为直接访谈和间接访谈。

直接访谈是指访谈者与被访谈者之间发生的面对面的访谈活动。直接访谈的突出特点是访谈者与被访谈者直接发生相互作用，这不仅有助于访谈者较为广泛、深入地与被访谈者探讨相关问题，了解他们的真实想法，还能够直接对被访谈者的特征及其在访谈过程中许多非言语信息进行观察，从而加深对谈话内容的理解，判断访谈结果的真实可靠性。但直接交往这种形式访谈对访谈者要求较高，且比较费时、费力。

间接访谈法就是访谈者通过电话、网络等通信工具与被访谈者进行非面对面的交谈。目前，在间接访谈中，使用较多的是电话访谈。与直接访谈相比，在电话访谈中，被访谈者在回答某些敏感问题时受社会赞许性的影响程度可能较小；同时，电话访谈更易于对抽样、访谈者偏差、数据录入等环节进行控制，有助于确保访谈质量；另外，电话访谈还具有速度更快、效率更高的优点。但是，电话媒介不利于长时间的交流，且被访谈者在回答开放式问题时给出的答案往往比较简短，因此难以对较为复杂的问题进行深入访谈；而且研究者无法观察到被访谈者的非言语信息，这也限制了所获信息的数量和访谈者对信息可靠性的判断。

（三）一般访谈和特殊访谈

一般访谈是指对正常的访谈对象所进行的访谈。这类访谈研究只需按照一般的访谈程序和方法进行就可以了。

特殊访谈指对特殊访谈对象（儿童、老人、罪犯、某些知名度很高的人等）或有身心疾病的非正常访谈对象所进行的访谈。由于访谈对象的特殊性，进行这类访谈时需要注意一些重要问题。比如，将儿童作为被访谈者时，应充分考虑他们的心理年龄特征、有限的理解能力和语言表达能力等；对老人进行访谈时，应尽可能从侧面了解老人的家庭情况，灵活地避开敏感话题。当老人产生情绪波动时，应用适当的心理学技巧平复老人的情绪，避免为达研究目的而忽略伦理道德以及人道帮助。

应该注意的是，一般访谈与特殊访谈的区分是相对的。如访谈某一正常儿童，对于一般成人的访谈来说属于特殊访谈，而相对于某些特殊儿童的访谈来说则属于一般访谈。

（四）一次性访谈与重复性访谈

一次性访谈是指在一个时段内，对被访谈者进行整个一次的访谈。此类访谈可以在较短的时间内获取大量信息，但其所获结果多为静态信息，不易了解心理现象变化过程与发展趋势。

重复性访谈也称纵向访谈，指在较长时间内对同一组被访谈者进行多次访谈。例如，在灾害事故发生后，对受害人的研究，可采用定期或不定期随访，以了解受害人随着时间、环境等方面的变化及其适应状况的改变。这种访谈有助于获取动态信息，了解被访谈者内在心理过程的变化和规律，但因其耗费周期较长而往往受到限制。

（五）个人访谈和焦点小组访谈

个人访谈是指访谈者对每位被访谈者单独进行的访谈。这种个人访谈的形式使得访谈者与被访谈者之间易于就具体情况灵活处理问题。例如，正式访谈开始之前，可以先以建立关系为主，随后再进入正题。在访谈过程中，同样可以较灵活地控制访谈进度。另外，这种访谈对一些敏感问题的研究也具有重要作用。这些特点在焦点小组访谈中很难体现出来。

焦点小组访谈(focus group)也叫焦点团体访谈，是社会科学经常使用的一种研究方法。一般包括 8～12 位小组成员，由主持人负责引导小组成员讨论的主题(即焦点)、促进小组成员之间的相互作用并保证讨论集中在研究主题上。这种方法主要有三个重要作用：第一，深入探索知之不多的研究问题。焦点小组访谈适用于迅速了解顾客对某一新产品、新计划、新服务等的印象以便于对潜在问题进行诊断和改进；通过了解焦点小组访谈成员对特定问题或现象的看法和态度，还可以为问卷、调查工具或其他量化研究所采用研究工具的设计收集资料。第二，为分析大规模、定量调查结果提供基础和补充。第三，焦点小组访谈还是一种检验研究假设的方法，当研究者有充分的证据相信一个假设正确与否时可使用该方法检验假设。

三、访谈法的评价

在心理学研究方法中，访谈法是一种使用十分广泛的方法，特别是将其与其他方法结合使用时，效果更佳。访谈法之所以在心理学的研究领域中占重要地位，与其优点是密不可分的。

（一）访谈法的优点

访谈法的主要优点体现以下四方面：

(1)有利于对研究问题进行深入、广泛的研究。访谈法以口头交谈方式进行，因此，可以用语言交流的内容，基本都适合用访谈法来研究。它既可用于收集现有资料，又可收集过去资料；既可了解客观事实、行为方面的问题，又可了解主观动机、情感、观念方面的问题；既可用于验证某种假设或理论，又可用于提出某种假设或理论。总之，与其他收集研究资料的方法相比，访谈法可以获得更为丰富、广泛的资料，有助于对人的心理活动及规律进行多层次、多方面的探索。

(2)具有很大灵活性。访谈法是访谈者和被访谈者相互影响、相互作用的过程,因此,研究者可以借助这种人际互动过程,灵活地探知研究需要的信息和资料,及时处理研究过程中产生的疑问、误会及其他各种问题。比如,当被访谈者表现出对问题的不理解或误解时,研究者可针对具体情况以适当方式重复提问;当被访谈者的回答含糊不清、态度不明确时,研究者可对其做详细的解释说明;当被访谈者说出研究者事先未预料到的、有价值的内容时,研究者可以根据具体情况进行追问或加以记录。此外,研究者还可以根据被访谈者教育水平或理解程度灵活变换提问方式,当被访谈者自由发表看法时在一定程度上控制谈话方向。

(3)可以保证收集到的研究资料具有较高的可靠性。当被访谈者不理解研究者问题,或者研究者认为被访谈者的回答不完整、不明确时,都可以采取追问的方式,进而了解更为确切的信息;研究者可以对访谈环境进行控制,防止干扰,也可以严格控制问题顺序,避免因访谈提纲的结构受到破坏造成的误差;此外,在进行访谈时,研究者可以在提问或被访谈者回答时观察对方非言语信息(如表情、姿势、动作等),结合这些非言语信息可以对获得的资料进行信度和效度的评估,保证研究资料可靠性。

(4)适用范围广。访谈法是口头进行的,研究者可以对问题进行诠释、说明,它适用于一切具有口头表达能力(思维正常)的不同文化程度的被访谈者。与问卷法相比,访谈法适用对象更为广泛,如被访谈者可以是文盲、半文盲或因种种原因不能书写的人。

(二)访谈法的局限性

当然,访谈法并非一种完善的资料收集方法,它仍然存在局限性,体现在以下四方面:

(1)访谈结果的准确性、可靠性可能受到访谈者素质影响。访谈法是由访谈者进行,因此,其优点的发挥有赖于访谈者素质。如果访谈者素质较差、能力不强,可能对被访谈者的回答产生误解或在记录时发生错误;如果访谈者没有掌握必要的访谈技巧、态度生硬、语言不礼貌,可能影响访谈的相互作用过程,造成被访谈者不合作或提供虚假信息,这样就难以获得可靠的研究资料。同时,访谈结果还易受访谈者的主观偏见、价值取向的影响。因此,对访谈者进行访谈技巧培训是必要的。此外,访谈者的性别、性格、年龄、衣着、口音等都可能影响被访谈者的回答。

(2)某些问题不宜进行访谈。对于被访谈者比较敏感、不愿意回答的属于个人隐私的问题,不宜进行访谈。如果强行进行访谈,可能使被访谈者中止访谈或不做真实回答,影响访谈结果。一些无法用语言表达的情感、体验、社会关系变化、动作变化或心理过程等资料不能用访谈法取得,而需要用其他方法(如观察法、实验法等)获得。

(3)与其他方法相比,访谈法费时、费力。采用访谈法,需要聘请访谈者并对其进

行培训。访谈需要抽样,印制各种访谈提纲,准备录音设备或记录纸张,还要支付访谈者和被访谈者的劳务费、差旅费等,因此,访谈法需要花费较多的人力和财力。访谈法一般每次只对一个被访谈者进行,访谈过程及对其记录、整理需要较多的时间。在被访谈者分散的情况下,访谈时间可能更长。

(4)访谈法获得的研究资料难以量化。一方面,由于被访谈者文化程度不同,可能对问题的理解不同,而访谈者对问题的解释也可能不同,这种灵活性造成问题表述缺少标准化。另一方面,访谈结果缺乏量化指标,一般只能以某一答案出现的次数、百分比作为指标;被访谈者回答可能有很大差异,可能答案很多,也难以定量计算。结果量化的困难使研究难以做出精确的结论,也难以推广。

此外,访谈法还受环境、时间和被访谈者情绪状态的限制,被访谈者思考问题时间较短等特点,也会影响访谈法的使用。

第二节　访谈法的设计与实施

在确定采用访谈法收集资料之后,为确保研究过程和研究目的之间的一致性以及研究的有效性,研究者需要对整个访谈研究进行精心设计。

一、准备阶段

(一)明确访谈目的

在访谈设计中,明确访谈研究的目的并将其进一步具体化,即确定访谈研究的各种具体变量。研究目的指明了总目标,因此也就对研究的范围、对象等做出了相应的要求。但是,研究目的往往是比较笼统、概括的。如果直接问一名成人"请谈谈你对金钱有什么看法吧",他可能不知该从何答起,只好拿一句流行说法草草应付,如他会说"钱不是万能的,但没有钱是万万不能的"。很显然,这样笼统的问题不适用于访谈法。

那么,如何做到将研究问题具体化呢?研究者在明确了研究问题之后,首先要做的是详细列出具体研究问题所涉及的所有变量的类别与名称,形成一个研究变量简表,进一步明确回答研究问题、检验研究假设需要收集的信息。研究者通过认真查阅与访谈内容有关的国内外文献,特别是研读近期相关的研究报告,可以从中吸取有重要参考价值的资料。有时研究者还需要深入实际进行初步了解和调查,这同样有助于明确访谈研究目的。在明确了要收集的变量信息之后,研究者需要对其中的变量概念进行操作化定义。操作化定义就是将抽象的概念转化为能够体现这一概念的具体现象或指标。例如,“同情心”这一概念可以操作化为“给灾区捐款”“为弱者做义工”等,然后询问被访谈者是否在最近一次大灾难时为灾区捐款,或者过去一年做过多少次义工以帮助弱者。对于被访谈者而言这类具体问题更容易回答,根据其回答也较易判断被访谈者是否有“同情心”。需要注意的是,理论概念被操作化定义后的内容应是被访谈者了解和熟悉的具体现象,这样被访谈者才能有针对性地回答。

(二)访谈问题形式的设计

明确访谈目的之后,研究者就需要考虑访谈问题的具体形式,以便随后编制相关访谈问题。

1.开放型问题与封闭型问题

从问题所要求的答案是否标准化来分类,研究者可以把访谈问题分为开放型问题与封闭型问题。开放型问题指对被访谈者的回答没有限制,允许其自由发表意见、想法的问题,如“你觉得你自己在平时上网时有什么样的网络利他行为呢?请具体举例说明”这种问题,它所需要的回答内容是被访谈者自己的行为经历,没有任何的限制;封闭型问题则对被访谈者的回答内容和方式有严格的限制,如“您在平时使用网络过程中有做过利他行为吗”,那么被访谈者回答的内容往往就是“是的”或者“不是”。

在选择开放型或封闭型问题的时候,应当考虑访谈的目的是什么、被访谈者是谁等。通常情况下,当访谈的目的是为了解被访谈者看待研究问题的方式和想法时,应采用开放型问题,因为这个时候封闭型的问题会极大地限制被访谈者思维,导致访谈结果的不客观、不准确。而当访谈的目的是为获取事实型的内容,使用开放型问题则容易导致整个访谈过程冗长、无用信息过多。另外,研究者还需针对不同被访谈者选择与之相应问题类型,如当被访谈者对访谈毫无概念时可先采用封闭型问题对其进行引导,然后根据其回答展开下一步提问。

2.具体型问题与笼统型问题

根据预期所获访谈内容的具体程度,研究者可以将访谈问题分为具体型问题与抽象型问题。具体型问题有利于受访者回忆事件相关的细节。当研究目的主要是了解一个过程性内容时,宜采用具体型问题,如:“网络利他行为主要可以包括对他人提供支持、指导、分享、提醒的帮助等行为,您在网络活动中最多进行的是哪一类呢?”这样直接询问可以在较短调查时间里得到较为准确的相关信息。而笼统型问题主要收集被访谈者对某类现象的概括和总结,或者对一些事件比较笼统、整体性陈述。这种问题一般多用于了解被访谈者的某些态度、想法或情感,如“您是否做出过以上行为呢?”但往往较难得到实质性内容,因此通过具体型问题对抽象型问题进行补充是一

个很好的途径。如:先问被访谈者“在网上为他人提供帮助以后,自己的心理感受是否被影响?”被访谈者回答:“是。”则可以继续追问:“对自己心理感受有什么影响,可以从思想、情绪、行为方面举例说明”将回答内容具体化。

3.清晰型问题与含混型问题

从语义清晰程度来看,访谈的问题还可以进一步分成清晰型问题和含混型问题。前者指那些结构简单明了、意义单一、容易理解的问题;而后者指那些语句结构复杂、承载着多重意义的问题。在进行访谈时研究者会采用一些语意很准确的词语来进行提问,如:“你每天的网络游戏时间大概是几小时?”这样的问题需要被访谈者回答一个小时、半个小时或者其他准确的答案,所以一般用于搜集事实型材料。而含混型的问题则应当避免在访谈中出现,因为提问的基础就是要让对方明了自己的意思,若结构复杂、包含多重语义则无法实现预期的访谈目的。

4.一般型问题与追问型问题

一般型问题是指访谈者根据访谈目的,计划性地提出较具独立性的问题。而追问型问题则是访谈者根据被访谈者的回答而追加问题,有利于挖掘出更多内容。追问一般基于以下三点原因:一是访谈者需要被访谈者更详细地回答;二是访谈者在被访谈者的回答中得到了预期与研究目的相关的内容,希望能就此进行更加深入的交谈;三是验证访谈者是否正确理解了被访谈者的回答。在访谈过程中应当多注意被访谈者神情及其语言中的深层含义,以判断是否需要追问。在访谈最初阶段,一般还未进入较深层次的访谈,此时最好不要追问,否则容易使被访谈者产生抵触情绪。

不同问题类型适合在相应情景下根据不同访谈目的,针对不同被访谈者提出。并且,这些问题的类型并不是独立存在互无关系的,在提问中应根据研究需要,结合不同类型的问题进行提问,以获得有效访谈资料。

根据上述介绍以青少年网络利他行为特点、影响因素以及对个体的作用为例,可以初步拟定以下访谈提纲:(1)网络利他行为特点:①你觉得网络上有哪些行为可以为他人提供帮助?②你是否做出过以上行为呢?③网络利他行为主要可以包括对他人提供支持、指导、分享、提醒的帮助等行为,你在网络活动中最多进行的是哪一类呢?(2)网络利他行为影响因素:④你认为自己在什么样的情况下愿意在网络上为他人提供帮助?在哪些情况下不愿意提供帮助呢?⑤在网上面对那些需要帮助的人,你决定是否提供帮助的标准是什么呢?⑥你认为在网络中帮助他人是否会受到其他人的影响呢?⑦网络和现实两种环境,你觉得自己在哪种环境中更愿意帮助他人呢?请说明理由。(3)网络利他行为对个体的作用:⑧当在网上为他人提供帮助以后,你会有怎样的心理感受呢?

(三)具体访谈问题的编制

确定访谈问题的形式之后,访谈设计就进入第三步,即拟定出具体访谈问题。总的来说,拟定具体访谈问题时,要紧密围绕具体研究变量进行,每一问题都应满足某一变量操作定义的相关要求,成为对应变量的具体度量指标之一。

(1)问题要清楚明确不含糊。含糊问题的表现之一是双重问题,即在一个问题中同时询问两个问题,如"家长对于你玩网络游戏的态度是怎么样的,是支持还是反对?"这样的问题实际上包含了"父亲对于你玩网络游戏的态度是怎么样的?"和"母亲对于你玩网络游戏的态度是怎么样的?"两个问题。

(2)问题的文字表述要通俗易懂,避免使用专业术语。需要注意的是,访谈问题对研究者来说是比较熟悉的,但是对被访谈者来说则并非如此。例如,"你认为网络利他行为对于个人道德观有怎样的影响",如果访问对象是青少年,其对道德价值观不是很清楚,可以将问题改为"你的网上助人行为是怎样影响你评价其他现实行为是否道德的?"。

(3)问题应中立客观,避免使用引导性词语。如"你是一个正直的人吗?"这类问题往往会因为社会规范作用而得到肯定的答案,因此难以获得有意义信息。

上述几点既是拟定具体访谈问题需要注意的方面,同时也是衡量具体访谈问题设计水平的标准,研究者在访谈设计时应当加以认真考虑。

(四)访谈问题反应方式的选择

拟定具体访谈问题的同时,还需要考虑被访谈者的作答方式。

封闭型问题有确定的备选答案,要求被访谈者从问题给定的几个选项中选出一个作为答案,例如:"网络利他行为主要可以包括对他人提供支持、指导、分享、提醒的帮助等行为,您在网络活动中最多进行的是哪一类呢? 最少进行的又是哪一类",而开放型问题则允许被访谈者根据自己的想法,用自己的语言来进行回答,例如:"您认为自己在什么样的情况下愿意在网络上为他人提供帮助?"

开放型问题有利于被访谈者充分表达自己的思想、情感,有利于访谈者了解额外信息,对不明确的回答进行追问等。其主要缺点是计分困难,更具主观性。封闭型问题则易于计分,能更好地保证反应形式的标准化和结果的客观性,但是可能难以反映被访谈者的具体相关情况,缺乏灵活性。

在访谈设计中,为了选择最佳、最恰当的反应方式,必须综合考虑以下几方面:①所研究变量的性质;②统一处理需要的数据类型;③反应的灵活性;④完成访谈所需时间的多少;⑤反应方式可能存在的反应误差大小;⑥计分的难易程度。

(五)访谈者的选择与训练

访谈者是访谈过程的中心人物,研究结果在很大程度上取决于访谈者的个人品质、特征和能力。非结构式访谈对访谈者的要求更高。

1.访谈者的选择

访谈者的选择条件应当包括两种:一种是任何研究的访谈者都应具备的条件;另一种是由研究主题的性质和被访谈者的特点等所规定的条件。前者称一般条件,后者称特殊条件。

(1)一般条件包括:①诚恳与亲切(这是访谈者必须具备的最基本品质);②主动与大方;③中立与敏锐;④谦逊与耐心;⑤自信与自然。

(2)特殊条件包括:①性别:一些深入女性个人或家庭生活的访谈,女性访谈者的效果会更好;②年龄:从事访谈者工作的一般以年轻人为多,但对一些职位较高、影响力较大的领导人进行访谈,年龄大的访谈者效果会更好;③教育:受教育程度高的访谈者在访谈中的效果更好;④语言与社会背景:访谈者与被访谈者社会及生活背景越相近(民族、宗教、职业、居住地区等),访谈效果越好,尤其是对于民族、宗教等敏感性问题。

2.访谈者的训练

访谈者的培训步骤:①研究者向访谈者简单介绍访谈流程;②访谈者阅读访谈者手册、指南、访谈提纲及其他与该项研究有关的材料;③开展模拟访谈;④集体讨论;⑤建立监督管理办法。

访谈者调查守则:①外观与举止得体;②熟悉访谈提纲;③严格遵循提纲的要求提问;④如实记录被访谈者的回答;⑤认真保管和及时上交访谈资料,并严格保密;⑥依法行事和遵守伦理规范。

(六)预访谈与访谈设计的修订

预访谈是发展和完善访谈设计工作不可缺少的重要组成部分,其主要目的是检验预想的访谈要点和相关设计安排的合理性、可行性、存在的问题,如提问措辞是否妥当、提问顺序安排是否合理、整个访谈提纲是否符合研究目的等。在此基础上对访谈设计进行修订,以形成正式的访谈提纲。

要做好预访谈工作,必须注意以下几个问题:

(1)预访谈是对正式访谈的模拟,其被访谈者应与正式访谈时的被访谈者为同质对象,只是人数上可以少一些。其他各方面的工作应基本按照正式访谈的设计要求进行。

(2)在预访谈时,应尽可能对整个过程做详尽记录。包括记录访谈提纲存在的问题、访谈者与被访谈者在交往过程出现的问题、被访谈者对整个谈话的态度等。在条件允许情况下可以对整个预访谈过程进行录音。

预访谈工作结束后,应及时对访谈设计进行适当修订。研究者要充分重视修订过程,并进行以下三方面工作:第一,全面检查所有问题,防止文字表述方面存在遗漏和疏忽;第二,重点分析问题措辞,根据预访谈结果排查含糊不清、模棱两可的问题,然后有针对性地斟酌或添加相关说明;第三,考虑是否需要在某些问题后面增设追问型问题。

总之,访谈是发生在特定情境下的一个会话过程,包含访谈者、被访谈者、问题、情境、媒介、会话内容以及结构等多个要素。访谈研究的准备阶段,就是从这些影响被访谈者回答的要素出发,对访谈过程进行整体性设计。

二、正式实施阶段

(一)访谈前的准备工作

充分做好访谈前一系列准备工作,是保证访谈成功的重要前提,其主要包括以下五个方面:

(1)协商、安排访谈事宜。与被访谈者事先进行沟通以确定访谈时间、地点,其原则是以方便被访谈者为主,每次访谈时长为0.5～2小时。在与被访谈者沟通时,研究者要做好自我介绍、研究介绍,说明交谈规则、保密原则、录音或记录要求等事项。

(2)充分熟悉访谈提纲的内容。访谈前对访谈提纲的内容充分熟悉,甚至到能背诵的程度,将有利于访谈者掌握访谈的主动权,把主要精力集中在倾听对方谈话、观察对方行为表现、思考对方谈话内容、追问和记录上。进行结构访谈时,访谈者必须仔细阅读、理解统一设计的访谈提纲;进行非结构访谈时,访谈者应当牢记访谈的粗略提纲及基本访谈问题。

(3)带齐访谈所需的相关材料。在进行访谈研究时,有关访谈研究的简要文字说明、介绍信、个人身份证件等都可能是需要的。此外,还应带上记录本和各种颜色的铅笔或圆珠笔,以便记录时使用。如果访谈研究需录音、照相,则还可配备录音笔等。

(4)尽可能了解被访谈者。在进行实际访谈之前,访谈对象已基本确定,在条件允许情况下,尽量充分了解被访谈者的性别、年龄、职业、教育背景、专长、经历、性格、兴趣、爱好及家庭情况等。这将有利于研究者选择合适的访谈方法,取得被访谈者配合并与其建立信任关系。比如,与青年人或老年人谈话、与家长(父亲、母亲)谈话,其访谈方法和技巧应有所不同。

(5)选择合适的访谈时间、地点。访谈时间、地点的选择应以有利于被访谈者准确回答问题、畅所欲言为原则。一般来说,最佳访谈时间是被访谈者学习、工作、家务不太繁忙,而且心情比较舒畅的时候。当然,这也视研究的目的而定,当被访谈者遇突发事件时,则应停止访谈,如被访谈者临时发现这个时间段还有其他事情或出现强烈情绪反应等。访谈地点的选择有赖于访谈的内容和被访谈者的意愿。一般来说,有关工作方面的问题,以在工作地点访谈为宜;有关个人或家庭方面的问题,则在家里访谈为好。但是,同样是有关家庭方面的问题,如要向丈夫了解妻子在家庭管理、孩子教育方面的情况,可能当他到学校接孩子时向其了解有关情况比在家里访谈效果更佳。可见,访谈地点的选择应考虑多方面的因素。另外,有些被访谈者不愿意在家里或工作地点接待访谈者,在这种情况下可以选择一些公共场所。访谈时,最好找一安静处。总之,访谈时间、地点的选择,应有利于访谈过程的顺利进行,以取得真实、可靠的资料。

(二)接近访谈对象

实际访谈的第一步是接近访谈对象,步骤如下:

(1)如何称呼对方的问题。一般来说,称呼要恰如其分,既不可对人不尊重,又不可一味奉承,否则易引起对方反感。此外,还应考虑到被访谈者身份、职业、教育水平等因素,如对同样年龄和性别的工人、领导干部、一般市民和知识分子,称呼时就应有所差别。如可能,尽量了解被访谈者所在地的风俗习惯,做到入乡随俗、亲切自然。

(2)向被访谈者介绍自己。自我介绍应做到不卑不亢、简洁明了,其目的在于让对方了解自己,消除紧张和戒备心理。必要时,可主动出示身份证明,以使对方感到放心。

(3)简要说明访谈研究的目的、意义、内容、完成访谈所需时间以及选择该访谈对象的原因,以激发被访谈者接受访谈的动机,提高他们的兴趣。说明研究的具体目的和内容时,应考虑到研究的性质。

(4)在开始之前,访谈者应该向对方承诺,在研究的过程中访谈遵循自愿原则,被访谈者有权随时退出。同时,研究者应该向被访谈者做出必要的进行保密,保证对其提供的信息进行保密。在访谈开始时,有的被访谈者在听到保密原则后可能会对访谈内容有所顾虑,存在抵触心理,所以根据特定情况再申明保密原则。

(三)对付拒绝的技巧

由于种种原因,一些被访谈者可能会拒绝交谈。比如,有的人说对此调查研究不感兴趣,有的说这些调查研究没有什么用,有的说自己太忙没有时间,有的对访谈者持戒备心理,有思想顾虑等。对此,访谈者一方面要有耐心,甚至忍耐对方一些无礼的言行，另一方面要尽力弄清被拒绝的原因并采取相应方法。

如果对方对自己的身份产生疑虑，就应当尽可能多地提供身份证明；如果对方对研究不感兴趣或认为其没有价值，就应当更详尽地向对方说明研究的意义；若对方对访谈内容保密性感到担心，就应向对方说明研究结果将如何处理和呈现；若对方确实很忙，则应与其另约时间；若访谈者与被访谈者之间因存在较大差异（如年龄、民族）而不能交谈，则最好有礼貌地告退，再由另一个有更多相似特点的访谈者接替。

（四）谈话与提问的技巧

在被访谈对象接纳后，即可开始进行交谈，通过提问向对方了解有关情况。所提问题可分为两类：一类是研究问题，即访谈研究所要探讨的一些问题，如被访谈者的思想、观点、态度、情感、行为特点等；另一类是非研究问题，即不是访谈研究所要探讨的一些问题，如“近来学习很忙吧”“今年你们单位效益如何”“你在这个单位工作多久了”等非研究问题。提出非研究问题的目的，不是要了解这些问题本身，而是为了使访谈连贯、过渡自然。在实际访谈过程中，一个有经验的访谈者不但要善于以适当方式提出各种研究问题，而且要善于灵活运用各种非研究问题，以促进访谈过程的顺利进行。

一般来说，访谈者提问方式、词语选择以及问题内容范围都要适合被访谈者身心发展阶段、教育背景和谈话习惯。在访谈中应遵循口语化、生活化、通俗化和地方化的原则，尽量熟悉被访谈者的语言并用他们听得懂的语言进行交谈。

提问方式是多种多样。究竟采用哪种方式，需要考虑问题本身的性质和特点、被访谈者的具体情况以及访谈双方之间的关系。比如，对情况不太熟悉、理解能力差的访谈对象，应采取耐心解释、循循善诱、逐步深入方式提出问题；在访谈双方尚未建立初步信任情况下，则应采取细心、谨慎的方式提出问题。

要做好访谈和提问工作，需注意以下几点：①严格按照访谈提纲上的问题编排顺序提问；②严格按照访谈提纲的每个问题的原话提问；③访谈者在提问时态度应真诚、自然；④避免对被访谈者进行引导；⑤交谈过程中应注意保持同被访谈者的交流，认真倾听对方讲话，并做出必要的反应；⑥要善于以礼貌方式驾驭整个谈话过程，使对方离题的话回到本题，或中止对方冗长而不得要领的话；⑦如发现遗漏内容，应请对方再次回答；⑧访谈过程中，既要重视言语信息，又要重视非言语信息，注意观察对方的表情、动作、姿态和行为，并在评价和解释谈话内容时加以综合考虑。

（五）倾听的技巧

在访谈中，特别是在被访谈者回答开放性问题时，访谈者需要注意倾听，不要轻易打断对方谈话。一方面，倾听有助于让被访谈者感受到尊重，以维系良好访谈关系。另一方面，耐心倾听“跑题的谈话”，可能会发现对于回答研究问题新的、有价值的线索。

此外，访谈者还要尤其注意“倾听”沉默。当被访谈者沉默时，应当首先判断对方沉默的原因，然后再根据具体情况做出相应反应。访谈者需要相信自己的研究能力和对访谈过程控制能力，保持心态平和，这样被访谈者也会因此感到轻松，能更加自然地表达自己。

（六）回应的策略

在访谈过程中，访谈者不仅要提问和倾听，还需要对被访谈者的言行做出适当的反应。回应是控制性问题在访谈实施过程中的具体运用，其目的是通过将自己对被访谈者言行的态度、想法（如接受、理解、疑问等）及时传递给对方，从而在一定程度上控制访谈过程的节奏，并与被访谈者建立融洽的访谈关系。

一般回应方式有以下四种：

（1）认可：表示已经听到对方的讲话，并希望对方能继续说下去、访谈者可以通过言语行为（如“嗯”“是吗”“很好”）和非言语行为（如点头、微笑、鼓励的目光）两种方式表示认可。

（2）重复：将对方所说的话或意义进行重述。可以是对被访谈者原话的重复，也可以是访谈者以自己的方式进行的、概括性重复。

（3）自我表露：说明自身经历或体验以对被访谈者的言行做出反应、其作用在于拉近自己与被访谈者之间的距离，促进平等的交流关系，同时还能起到示范作用，感染对方，促进被访谈者更加积极探索自己的内心。

（4）鼓励：从对方的期望出发来肯定对方的某些特定言行、有时访谈者问题可能让被访谈者感到为难（如涉及个人隐私或伤心回忆等），这种情况下，访谈者可以使用一定的回应方式安抚对方，表示自己并不要求对方一定要回答，并鼓励对方按照自己觉得可以谈的话题继续下去。

（七）追问的策略

追问是指访谈者就被访谈者前面所说的某一观点、事件、行为进行进一步探询，将其挑选出来继续向对方发问。在有些情况下，研究者就需要进行适当的追问，如：有的回答残缺不全、不完整；有的回答含糊不清、模棱两可；有的回答过于笼统、不准确；有的答非所问等。追问的主要功能是引导被访谈者更全面、精确地回答问题，此外，还可使被访谈者的回答结构化，保证所要探讨的问题都已经问及，减少其他无关信息。

追问可以预先写在访谈提纲上，即为了取得更详细的信息而在一般性问题后面加入更具体的问题,也可以由访谈者参考双方的交谈之后在访谈后期进行。在访谈初期,可能被访谈者对于访谈问题有许多自己想要说的内容,即使这些内容与访谈目的没有太大关系,访谈对象也会"顽强"地把它说出来。这时候,如果访谈对象的谈话被打断,则会破坏访谈对象对于访谈者的信任。因此,假如访谈者听到了自己希望继续追问的内容,不应该立刻打断对方,而是等待时机,在对方谈话告一段落时再对这些内容进行追问。

从频次上看,访谈者要控制追问的数量。如果问题对于被访谈者来说比较尖锐,应避免直截了当地追问而考虑采用较迂回的方式。

(八)访谈的记录

记录的方式有两种:一是纸笔记录;二是用录音笔记录。一般来说,被访谈者都不愿意被录音,故使用前必须征得对方同意,否则容易引起对方误会和不安,影响访谈过程的顺利进行。一般情况下,封闭型问题的回答方便记录。而对于开放型问题,被访谈者可以自由表达自己的观点,而研究者很难知道哪些资料有用,哪些资料没有用。特别是有时候研究者可能会认为被访谈者所说的话"离题",没有记录的必要,但是在分析资料的时候,却发现那部分资料非常有价值。因此,对采用开放型问题的访谈,研究者最佳的记录原则是:尽力记下整个访谈过程。要做到这一点,研究者一般需采取录音加笔录的方式进行记录。

为做好记录工作,应注意以下六个问题:①尽可能详细记录被访谈者对开放型问题的所有回答和回答封闭型问题时主动做出的额外说明,通常后者对资料分析很有价值。②记录过程中,不要试图去总结、分段或改正语法。③同时记录言语信息和非言语信息。④在实际访谈中,有些被访谈者总想看访谈者记录了什么或试图纠正记录,因此,访谈者坐的位置最好是对方不能看到记录内容的地方。⑤在记录的同时,还应注意同被访谈者保持联系,以保证访谈顺利进行。应用速记的方式记录,以免被访谈者感觉不被关注。⑥访谈结束后,应尽快整理访谈记录,对记录时所使用的各种符号、缩写做出还原和说明。

(九)访谈的结束与再次访谈

访谈活动的最后一步就是结束访谈工作,如果需要还应为再次谈话做好安排。无论是否要进行再次访谈,做好结束工作都是十分必要的。

以下几个方面是做好访谈结束工作应当注意的一些问题:

(1)应严格控制和掌握访谈时间,避免超时。无论从保证访谈研究的质量还是从建立访谈者信誉的角度来说这一点都是必要的。在预约访谈时,访谈者应向被访谈者说明此次访谈所需的大概时长且尽可能按预定时间准时结束访谈,若因种种原因未能完成访谈内容，则应安排再次访谈；若确定需要在这次访谈时延长时间，则应该和被访谈者协商，征得对方同意。

（2）访谈应该尽可能以一种轻松、自然的方式结束。在实际访谈中，常常会出现下述一些情况。随着访谈的进行，被访谈者对访谈研究的问题产生较大的兴趣，临近结束时还谈意正浓，这种情况下，如其他条件允许，可以适当延长访谈时间；相反，随着访谈的进行，有的被访谈者明显表现出疲劳、厌倦，或因交谈不当而情绪变坏、不愿意继续合作，这时就应尽量提前结束访谈活动。总之，访谈活动必须在良好的交谈气氛中进行，如果良好的交谈气氛一经破坏，就应马上结束访谈。另外，如果需要的话，访谈者可以用一些行为或言语来向被访谈者暗示访谈即将结束。

（3）应注意感谢被访谈者的合作和帮助。访谈者应真诚感谢被访谈者对研究工作的支持，感谢对方奉献的宝贵时间和所提供有价值的信息资料，同时还应表示从对方那里学到了许多知识，以通过访谈建立友谊。有的访谈者不注重访谈的结束工作，资料到手后便扬长而去或简单应付两句，最后给对方留下不好的印象，这种情况应当避免。

（4）如果需要，应为以后的访谈做好铺垫和安排。结束时，应向被访谈者表示，今后可能还要再次同其交谈、了解及请教有关问题。如果这次没有完成访谈任务，则应约定再次访谈的时间和地点。

（5）如可能，对被访谈者的某些合理要求应当予以满足。访谈结束后，有的被访谈者往往会想咨询或讨论一些专业问题（如心理学在生活中的应用，如何教育子女等）。如果时间允许，研究者应给予简要的介绍和说明。此外，还常有一些被访谈者想要了解今后的研究分析报告。其中，极个别者是出于某种顾虑，而绝大多数则是出于对研究课题的兴趣。

三、结果整理阶段

访谈研究可以获得大量原始资料，譬如长达几十小时的访谈录音，或者几百页的访谈记录。研究者只有通过对这些资料进行深入分析，才能有效解决研究问题。所谓资料分析，就是通过对原始访谈资料的系统整理，将资料与所研究的问题建立直接联系，进而从中得到研究问题答案的过程。

对于以封闭型问题形式进行的访谈来说，其数据分析工作较为便捷。由于被访谈者回答在研究现场就已经被归入某一类别（或者说被归入某变量的某一水平），只要按照一定法则予以赋值即可转化为数字形式。因而在数据分析阶段，这些资料经过初步整理，就可以采用相应统计学方法加以分析。

与封闭型问题不同，开放型问题的访谈结果往往以文字形式呈现且十分庞杂，每一个被访谈者表述的内容和措辞方式彼此不同，这给资料的分析造成一定的难度。

(一)资料整理

当研究者以录音方式记录访谈资料时，首先需要将录音整理为文本，这一过程称为转录。之所以要进行转录，是因为与声音材料相比，文本材料更适合作为分析对象。转录最基本的要求是忠实于原始访谈资料，而无须将之整理为流畅的书面文字。另外，整理时应将被访谈者说的话和访谈者或记录者的解释或总结加以区分。如果通过做笔记而不是录音进行记录，就需要在文本中精确标出什么地方是引用被访谈者的原话，什么地方是研究者的总结。

根据不同研究目的，资料转录可在不同水平上进行。对于一些开放型问题的访谈，如果研究者感兴趣的是被访谈者话语意义，就需要转录其语义内容要点；如果研究者不仅对被访谈者话语意义感兴趣，而且关注其表达意义的过程和方式，那么需要转录的内容就不仅要包括被访谈者的言语行为，还要包括其非言语行为(如叹气、哭、笑、沉默、语气中所表现的迟疑，诸如“嗯”“哦”等语气词，以及停顿的时间)。

在转录结束之后，需要将每份转录后的文本按照一定规则编号，建立编号清晰的资料库，并将编号后的资料库保存副本。编号系统通常包括以下几方面的信息：①被访谈者的基本信息，如姓名、性别、职业等；②收集资料时间、地点和情境；③访谈者姓名、性别和职业等；④资料访谈序号(如对某人的首次访谈)。研究者可以给所有的书面资料都标上编号和页码，以便今后分析时查找。

(二)资料编码

在转录之后，研究者会发现所要面对的是多达几万字甚至几十万字的访谈文本资料，而且这些资料结构凌乱，内容庞杂。只有将这些资料在一定程度上予以简化，才能分析其中所包含的事物间的内在联系，并从中得到有价值的结论，最终回答研究者所关心的研究问题。在访谈研究中，访谈资料的简化也是给资料编码的过程。这个过程一般包括两个环节：

(1)建立编码表。编码表的设计可以有两种途径：一种是理论驱动的途径。研究者依据先前文献分析，或者依据研究设计和概念框架建立编码表。另一种是经验驱动的“扎根”过程(具体可参考本章第四节关于扎根理论的介绍)，即研究者在仔细阅读原始访谈文本时，从中找出那些与研究问题相关的、有价值的资料，并将之归纳为概念、主题和事件，据此建立编码表。

(2)对文本进行编码。在建立了编码表之后，研究者就可以根据编码表对原始访谈文本进行编码。所谓编码，就是用简单的记号在访谈文本中标注出那些体现编码表中概念、主题和事件的具体文本内容。对文本进行编码主要包括以下四个步骤：①在开始编码之前，仔细阅读和充分熟悉原始文本资料。只有准确理解文本内容，才能进行可靠的编码。②确定分析单元。所谓分析单元，就是研究者编码的最小文本单位，可以是词、句子、段落等。一般来说，分析单元应该较为精细，以词或句子为佳。③对分析单元进行编码。编码时，可以将码号写在相应片段的页边空白处。④对资料进行归类，即将编码后的资料重新整理，将相同编码的分析单元放置在一起，建立编码系统，这样研究者就可以方便地抽取并考察所有涉及同一概念的不同分析单元。编码常用的工具主要有 Nvivo、Maxqda、ATLAS.ti 等分析软件。

（三）资料分析

编码实际上就是将千差万别的访谈资料进行类别化处理。在资料被类别化之后，研究者可以根据自己的研究问题，选取不同的资料分析思路，建构对于研究问题的理论解释。访谈资料可以做量化分析。有时候，研究者需要对某个群体的特点和个体间差异情况进行推断，从而采用标准化程度很高的结构访谈，但是研究者对于被访谈者预期的回答方式没什么了解，因而只能主要采用开放型问题进行访谈。这时，研究者可以采用量化手段分析资料。具体来说，研究者在所获得的资料中建立编码方案，并通过这一方案对资料分类和赋值，进而可以通过统计方法对总体特征和个体差异情况进行推断。需要注意的是，如果编码表是基于经验驱动途径建立的，也就是说对资料进行编码时所依据的概念体系是在搜集资料当中生成的，而并非在取得资料之前就已存在，那么这时研究者进行的统计推断过程，本质上就是一种探索性的数据分析过程。

访谈资料也可以做质性分析。量化的分析往往假定，文本资料就代表了真实的世界，只要编码这些资料并赋值，就可以量化地分析变量关系，反映客观事实。然而，质性研究关心的不是用数据代表世界，而是考察被访谈者建构世界的方式以及文本的意义结构。

第三节　主题分析法

一、主题分析法的概念

主题，这一概念本质上是一种“蕴含模式的反应或深层意义”，它根植于与研究议题紧密相关的质性数据之中，却又超越了原始资料的局限，展现出更为概括与抽象的特质。这一过程要求对数据实施高度集成与深度解读，从而触及数据的核心精髓。主题可以分为语义主题（明显主题）和潜在主题（反映数据更深层次的含义）。值得注意的是，主题的重要性并不简单地与其出现频次成正比。研究者在主题的甄选上虽享有极大的自主权,但应聚焦于那些能为研究问题提供关键洞见的主题。

主题分析,作为一种高效解析质性数据的技艺,要求研究者在浩瀚的描述性数据中穿梭,精准识别、细致分析并准确报告那些重复出现的模式。这一技术既是数据描述的利器,也蕴含着编码选择与主题构建中的深刻解释。尽管有观点认为主题分析更贴近人群志或现象学范畴,但其核心原则——编码数据、探寻并提炼主题、报告研究发现——实则跨越界限,广泛应用于访谈资料分析。Braun 与 Clarke 等学者更是将主题分析提升为一种独立的分析框架,视其为其他质性研究方法的基石。

在质性研究的分析工具箱中,归纳与演绎构成了两大核心策略。归纳法,一种自下而上的数据驱动模式,其编码节点直接源自原始资料,适用于探索性研究,虽可能偏离研究者预设焦点,却能提供对数据整体的广泛洞察。相比之下,演绎法遵循自上而下的理论导向,以先验理论为指引,精确定位分析主题,特别适用于理论验证或跨时期主题对比,能精准磨砺数据,深化对先验理论的理解。主题分析灵活多变,既可单独采用归纳或演绎路径,亦可融合二者之长,形成混合分析模式。这种灵活性与深度,使得主题分析成为运用访谈资料分析的必要方法。

二、主题分析法的步骤

主题分析是一个递归的,而非线性的过程,后续步骤要求研究者根据研究的新主题或新数据,反复回到早期的步骤。参考传统的主题分析程序和一个新的系统主题分析程序,将主题分析过程划分为三阶段六步骤:准备阶段即熟悉数据的过程,分析阶段包括初级编码、寻找主题和复核主题,报告阶段主要包括主题概念化和生成概念模型。

1.熟悉数据

对于需要转录成文本的访谈资料,转录与核查过程是熟悉数据的好机会。熟悉整个数据集,积极、反复、彻底地阅读数据,形成整体的认识与理解,这将为数据的编码提供有价值的方向,也是所有后续步骤的基础。

2.初级编码

编码过程是指“采用一个词语或短语来代表数据所蕴含的核心特征”,这些替代数据的词语或短语被称作“节点”,它们是原始资料构成的基础单元,能够以一种有意义的方式评估研究现象。此过程始于从文本数据中辨识出与研究目的紧密相关的核心信息,挑选出对研究具有价值的关键引文作为分析基础,这样既能精简数据,又便于深入分析。这些参考点中频繁出现的关键词构成了编码工作的实际出发点,并为后续分析提供了方向。在选择引文时,需纳入不同参与者的视角,以确保所选内容的代表性和多样性,引文不仅能提供证据和解释,还能提升论述的清晰度和可信度。接下来,对这些参考点进行索引整理,将内涵相同的点合并归纳为节点,使数据呈现出更加理论化和概念化的形态,同时也将数据拆解为更简洁、易于管理的部分。节点的定义和划分需清晰明确,避免相互重叠。数据收集和编码是一个不断迭代的过程:基于收集到的数据进行编码分析,同时针对新涌现的节点补充更多质性数据,直至无新观点或节点出现,即达到数据理论饱和。确定节点框架或模板后,研究者会将这些编码规则应用于整个数据集,用相应的节点标记基础点引文,必要时,单个参考点可关联多个节点。最终,编码结果以表格形式展示,参考点引文应包含足够的文本内容,为节点提供必要的背景信息,这既是对编码成果的展示,也是对编码规则的说明。

3.寻找主题

研究者在进行数据收集与分析的过程中,依据个人的观察与思考,建立起质性数据与研究问题之间的高度抽象且概括性的联系。这种联系的构建,依赖于对节点间关系的深入分析、整合、比较及映射。因此,主题识别的过程本质上是一个积极的阐释活动。从编码过渡到主题识别,研究者需审视编码节点、整理参考点引文,并以富有意义的方式将节点组合起来,以揭示数据内在的价值,从而为研究问题提供深刻见解,并探寻具有普遍意义的主题。在此过程中,部分节点可能直接构成主题或子主题,部分则在相互融合后形成主题或子主题,还有些节点可能暂时难以归类,或需返回编码阶段进行修正。研究者应详尽记录所有潜在意义及主题,不论其参考点数量多少,或与研究问题的直接关联程度如何。甚至,研究者可设立一个“其他”主题类别,用以容纳那些难以归入现有主题框架的孤立节点。各主题应保持独立且富有意义,同时共同编织成一个连贯的分析性叙事。在创建与组织主题时,利用主题网络可直观展现各概念间以及主题与子主题之间的内在联系。

4.复核主题

重新审阅每个主题下的编码数据,确保编码内容与原始资料之间的一致性,同时保证同一主题内的数据具备足够的相似性和连贯性,而不同主题间的数据则需展现出明显的差异性。这一步骤凸显了主题分析过程的递归特性,即可以回溯到之前的任何阶段,比如重新为参考点引文分配节点,或调整节点间、节点与主题间、主题与主题间的关系,以更精确地反映编码结果,并根据需要补充新的质性数据。主题的增减、合并、拆分或删除均可进行,直至研究者确信修订后的主题网络全面且准确地覆盖了所有原始资料。尽管这一迭代过程在理论上可以无限进行,但当所有与研究问题相关的数据均已被纳入编码体系,主题间保持连贯,且进一步的改进不再带来实质性变化时,修订工作即可终止。在整个流程中,研究者应详细记录笔记或备忘录,载明主题开发和修改的思考轨迹及逻辑依据，以便于在主题间建立联系。

5.主题概念化

“概念化”这一术语，指的是对研究中的概念进行界定与深化理解的过程。它明确了概念可能涵盖的范畴，并提供直接或间接的证据来证实数据中概念的存在。研究者需借助现有的理论框架来为节点和主题命名，以初步界定这些概念，但最终的报告不应仅仅停留于对节点和主题的描述。报告应提供一个清晰、简洁且逻辑严密的阐述，说明“如何解读数据”以及“为何这一解读既重要又准确”。具体而言，主题的概念化工作通常体现在“结果”分析部分，通过文字形式展示经过完善的主题名称及其相互间的关系。首先，报告需逐一列出每个节点和主题的名称，并给予清晰、确切的定义和阐释，这往往需参考前人的研究成果，以确保名称既简洁又具备足够的描述力和权威性。其次，提供一个最具典型性的数据摘录(即参考点引文)作为支撑，展示每个主题中的编码数据是如何提供独到的见解。将引文、关键词、节点和主题相互关联，不仅深化了对数据的理解，还增强了概念与实际数据之间的可追溯性。最后，详细探讨主题间的联系，将逻辑论述与数据摘录紧密结合，充分考虑概念间的相互作用，从而有助于将整体研究结果概念化，并有效回答研究问题。

6.生成概念模型

这一步是对之前分析与解释工作的延续，它基于已经完善的主题网络，将现有文献、原始资料、编码节点、主题概念以及备忘录融入这一框架之中，推动主题分析的结果进一步演化为一个综合性的概念模型，旨在全面解答研究问题。该模型能够为研究现象提供阐释，帮助研究者识别数据中的关键要素及其相互关系，并为实践活动提供指引。具体而言，构建概念模型的工作通常在研究“讨论”部分进行，它将主题与更广泛的问题相联系，探讨研究发现的深层含义，或通过分析产生主题的先决条件来拓宽分析的视野。此外，还可以参考前人的研究成果来阐述选择特定主题的理由，或将研究发现置于现有文献的脉络中，以增强分析的深度。最终形成的概念模型会根据不同的认识论框架和质性研究者的专业素养而展现出显著的差异。

第四节　扎根理论

扎根理论(grounded theory，GT)是研究者根据数据产生理论的过程，该过程中的数据主要来自访谈。

一、扎根理论概述

扎根理论最初由 Barney Glaser 和 Anselm Strauss 两位学者于 1967 年所创，最后 Strauss 与 Corbin 在 1990 年将扎根理论定义为：通过归纳的方式对现象加以整理、分析以获得结果，即一种放弃先有的理论与假设，通过深入的访谈，采用编码分析等方法直接从第一手资料中发现与发展理论的质性研究方法。扎根理论本身不是一种理论，而是发展理论的一种方法。

通过对扎根理论特点的归纳有助于研究者更好地理解其含义。①扎根的特征。所谓扎根，就是要不带着预先已有的理论，切实深入该研究领域进行实地研究。②直接发展理论的特征。要在该研究领域土壤中"根"的基础上，直接发展理论，即强调搜集并分析第一手资料。③质化的特征。它通过扎根于实地的观察与访谈，不断进行思考，提出一些假设，形成一些概念，然后进行理论抽样（theoretical sampling），回到实地观察与访谈，不断在第一手资料与思考之间循环，直到概念与理论假设能够贴切地解释第一手资料，也即达到饱和状态（theoretical saturation），这时理论也就"出炉"了。

扎根理论的思路如下：

（1）从资料中产生理论。扎根理论特别强调从资料中提升理论，认为只有通过对资料的深入分析，才能逐步形成理论框架。

（2）对理论保持敏感。扎根理论的主要宗旨是建构理论，因此它特别强调研究者对理论保持高度的敏感。不论是在设计阶段，还是在收集和分析资料时，研究者都应该对自己现有的理论、前人的理论以及资料中呈现的理论保持敏感，注意捕捉新的理论建构线索。

（3）不断比较的方法。扎根理论的主要分析思路是比较，在资料和资料之间、理论和理论之间不断进行对比，然后根据资料与理论之间的相关关系提炼出有关的类属及其属性。

（4）理论抽样的方法。在对资料进行分析时，研究者可以从资料中初步生成的理论作为下一步资料抽样的标准。

（5）灵活运用文献。原始资料、研究者个人的理解以及前人的研究成果之间可以构成一个三角互动关系，研究者在运用文献时必须结合原始资料和自己个人的判断了解自己与原始资料和文献之间的互动关系。

（6）理论性评价。扎根理论对理论的检验与评价有自己的标准，总结起来可以归纳为如下四条：①概念必须来源于原始资料，在原始资料中可以找到丰富的资料内容作为论证的依据。②理论中的概念本身应该得到充分发展，密度应该比较大，即理论内部有很多复杂的概念及其意义关系，这些概念坐落在密集的理论性情境之中。③

理论中的每一个概念应该与其他概念具有系统联系，各个概念之间应该紧密交织在一起，形成一个统一、具有内在联系的整体。④由成套概念联系起来的理论应该具有较强的运用价值，适用于较广范围，且具有较强的解释力，对当事人行为具有理论敏感性，可以就这些现象提出相关理论性问题。

二、扎根理论在访谈法中的操作程序

扎根理论方法主要由三个级别的编码程序组成，折叠一级编码（开放式编码，open coding）、折叠二级编码（关联式编码，axial coding）和折叠三级编码（核心式编码，selective coding），通过这三个程序将研究所获得的原始叙述性数据逐渐概念化、范畴化，再对原始数据进行关联和验证，使得理论得以构建。

1.折叠一级编码（开放式编码）

一级编码是将数据分解、检查、比较、概念化和范畴化的一个过程，其目的是在研究的现象中发现各种概念和类属。首先需要把数据转化成概念，也就是概念化；其次赋予每个概念一个可以代表它们现象的名字；再次将相关的概念聚成一类；最后发掘这些相似概念的性质和维度，进一步发展类属，这样一个概念统合的过程就称为范畴化，如图 6-1 所示。

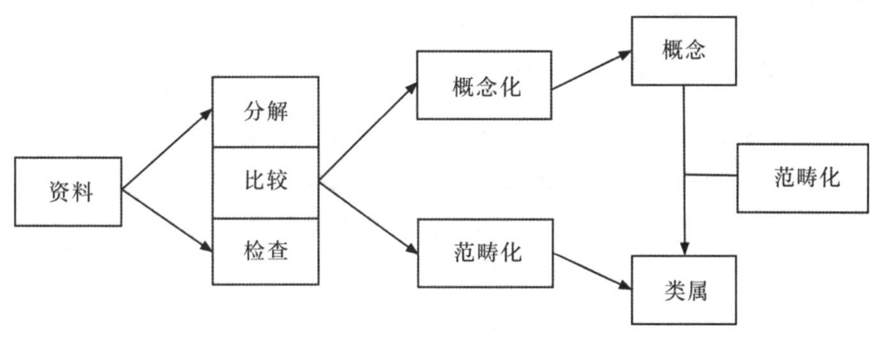

图 6-1　折叠一级编码模型

对于该过程的操作，研究者必须明了以下几个概念：①概念，即附着于个别事件或现象的概念性标签。②范畴，即一组概念。研究者通过对多个概念进行比较后发现它们都指代同一现象时，就可以把这些概念聚合为一组，由一个较高层次、较抽象的概念统摄。③性质，即一个范畴的特性和特质。

2.折叠二级编码（关联式编码）

二级编码的主要任务是发现和建立概念、类属之间的各种联系，这些联系可以是因果关系、时间先后关系、情境关系、过程关系、策略关系等。在二级编码中，研究者每一次只对一个类属进行深度分析，围绕着这一个类属寻找相关关系，因此也将之称为关联式编码。随着分析的不断深入，有关各个类属之间的各种联系变得越来越明晰。研究者可以借用“译码典范”，依照所分析的现象及其脉络、因果条件、干预条件、行动/互动的策略和结果把各概念和类属联系起来，使数据组合到一起，如图 6-2 所示。

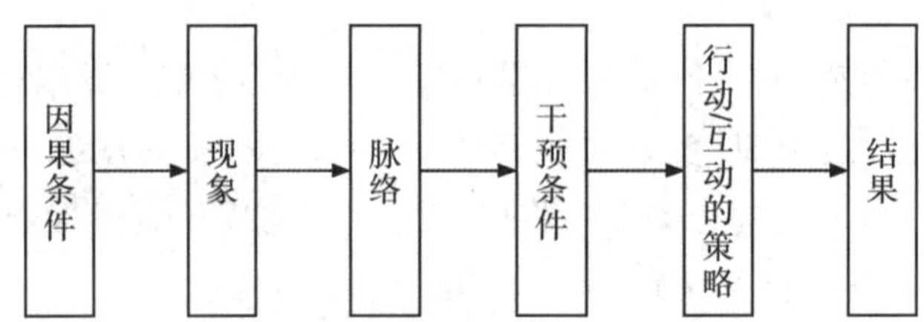

图 6-2　折叠二级编码模型

图 6-2 中各个环节的具体解释如下：①因果条件：致使一个现象产生或发展的条件。②现象：针对具有核心地位的观念、事件，会有一组行动/互动来管理、处置、发生。③脉络：指对现象或事件进行理解和解释的框架。④干预条件：一种结构性条件，它会在某一特定维度范围之中，针对某一现象而采取促进或抑制的行动/互动策略。⑤行动/互动的策略：针对某一现象在其可见、特殊的一组条件下所采取的管理、处理和执行的策略。⑥结果：行动/互动的结果。

3.折叠三级编码(核心式编码)

三级编码主要是选择核心类属，将它有系统地和另外类属进行联系，验证它们之间的关系，并进一步完善各种类属的过程。在前面两种编码中已发现的概念、类属，经过再次系统的分析后选出一个“核心类属”。核心类属必须具有统领性，能够将最大多数的研究结果囊括在内，如图 6-3 所示。

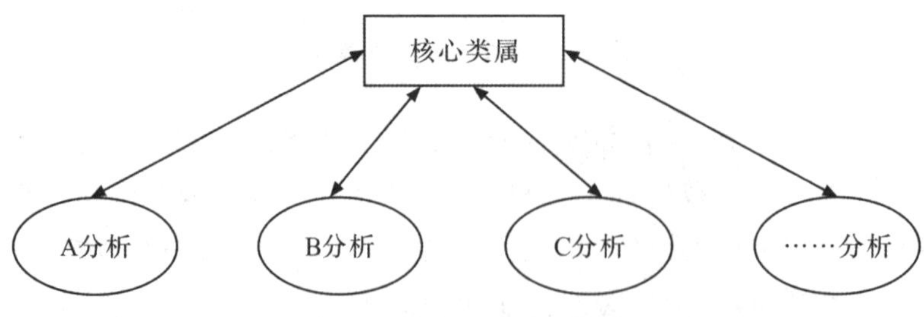

图 6-3　折叠三级编码模型

研究者进行多组不同并反复地分析，如 A 分析、B 分析、C 分析、……分析，不仅要检查这些分析与核心类属之间的关系，更要检查和检验多组分析之间的关系。在三级编码过程中,研究者同样要把握以下几个概念:①故事:针对一项研究的中心现象所做的描写式记叙;②故事线:概念化后的故事;③核心范畴:所有其他范畴以之为中心而结合在一起的中心现象。

三种编码程序间的界限并非固定不变,即研究者并非要按研究的三个阶段分别使用这三种程序。在编码时,很可能开始用一种编码方式,之后不知不觉地由一种编码转到另一种编码,尤其是在一级编码与二级编码间,这种更迭是被允许的。

此外,在编码过程中研究者可能会随时产生大量的想法想要记录下来,此时可以用备忘录来记录这些想法,这同时也反映了随着扎根理论编码的推进,研究者思考和建立理论的过程。

三、扎根理论的操作流程

在研究开始之前研究者一般没有理论假设,而是带着研究问题,直接从原始资料中归纳出概念和类属,然后上升到理论。扎根理论严格遵循归纳与演绎并用的科学原则,它同时也进行了推理、比较、假设检验与理论建立。如果前人建立的有关理论可以用来深化对研究结果的理解,可以适当借鉴既存理论。但是,如果这些理论与本研究的结果不符,研究者应尊重自己的发现,真实地再现被研究者看问题的方式和观点。它强调理论的特殊性和情景性,通过理论取样、数据收集和数据分析等一整套系统的操作程序,来建立并完善关于某种现象的实质理论。扎根理论的操作流程如图6-4所示。

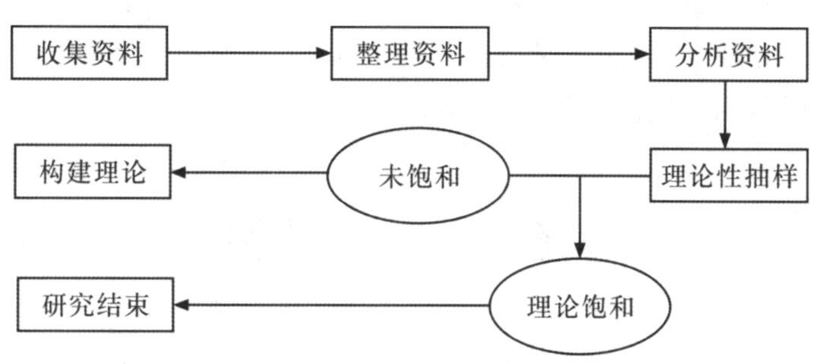

图6-4　扎根理论操作流程图

四、扎根理论的检验与评价

检验扎根理论的标准如下:

(1)理论适合资料。理论与资料是不能脱节的,二者是互动的。不能脱离资料去任意炮制臆想的理论,更不能歪曲或粉饰资料。如果扎根研究所发展出的理论能够很好地解释资料,所有资料能够很好地支撑理论,那么,这一扎根研究就是成功的、优质的。

(2)理论的有效性。这种理论的有效性表现在两方面:一方面能够对资料进行合理组织以解释所研究的现象;另一方面,理论能够指导行动。

(3)研究程序与其他的分析解释相关。研究的基本程序与对实际问题的分析解释必须相关,需经得起常识、常理的检验。

(4)理论的可修正性。扎根研究发展的理论永远是“暂时的”,需要不断修正。随着研究条件的变迁与资料的进一步收集,研究者需要不断修改发展出来的理论。

扎根研究在以下两方面是值得推崇的:第一,有助于发现和发展原创性理论。扎根研究强调从第一手资料中直接发展理论,其发展的一整套研究程序有助于组织资料,产生理论。第二,推进了质性研究的发展。扎根研究的另一重要贡献是开拓了一个质性研究的新领域。正像量化研究一样,扎根研究以它严谨的逻辑、规范的程序,同样可以有效地解释研究现象,提出理论假设,指导行动。而且,正如 Glaser 所说的那样,扎根研究的程序必须与其他的分析解释相关、一致,这就意味着扎根研究的理论发现是可以得到实证研究印证的,从理论上说二者应该是相关的。因此,扎根研究不仅推进了质性研究的发展,实际上也可以促进量化研究与质性研究的互补与整合。

当然,扎根研究也存在一些局限,并且也受到一些批评与挑战。一是过于依赖研究者的理论敏感性。如果一个研究者缺乏足够的理论敏感性,将无从进行扎根研究。在三级编码过程中,从洞察关系、操作概念、归纳异同到概括理论,是对研究者逻辑思维水平极为严峻的考验。研究者理论思维水平的高低,直接关系到扎根研究理论的优质与否。二是“资料的碎化”和循环研究导致的烦琐工作。一方面,扎根研究编码程序的复杂性会导致“资料的碎化”,因此在编码过程中,研究者可能要面临极其艰巨的脑力劳动;另一方面,当发现了某些概念与理论后,还要再进行“理论抽样”,重复返回收集资料的过程,因此,扎根研究的工作量非常大。

第五节　应用范例

上网的利与弊:对大学生网络成瘾者上网利弊认知的质性研究

关于某校食堂满意度的焦点小组访谈报告

女性服刑人员的人际冷漠维度
探索：基于扎根理论的研究

思考与练习

1.试用半结构化访谈的方法就“亲子阅读活动现状和特点”为主题进行研究设计，包括访谈主题的确定、研究对象的选择和访谈提纲的拟定。

2.为了了解顾客对某超市消费满意度的情况，试设计并实施一项焦点小组访谈调查，具体包括访谈对象筛选、提纲设计、结果分析与服务改进对策。

3.试运用扎根理论做一项关于高校毕业生慢就业现象的访谈设计。

拓展阅读

朱丽叶 M. 科宾，安塞尔姆 L. 施特劳斯，2015.质性研究的基础：形成扎根理论的程序与方法(3 版)[M]，朱光明，译.重庆：重庆大学出版社.

从多种提出问题的形式，到编码和分析，再到报告研究结果，本书以通俗易懂的方式，为研究者提供了手把手的指导。本版的亮点在于展示了真实的资料分析(从描述到扎根理论)和通过理论抽样的方法进行资料收集的过程，并通过为读者提供思考、写作和小组讨论活动，以强化书中所呈现的材料。另外，本书还收录了质性研究软件中的真实资料和分析实践。

袁岳，汤雪梅，2001.定性研究方法使用指南：焦点团体访谈座谈会[M].南京：南京大学出版社.

该书是一部有关焦点团体座谈会的专门论著。全书包括焦点团体座谈会的定义、由来和使用过程，焦点团体座谈会的组织、提纲设计以及焦点团体座谈会的主持，探测技术在焦点团体座谈会中的应用，会议资料整理、分析以及报告撰写。

徐建平，2004.教师胜任力模型与测评研究[D].北京：北京师范大学.

该研究通过行为事件访谈法，获得教师工作中一些成功和不成功的关键行为事件的故事，然后对访谈的录音文本进行内容主题分析，抽取事件当中表现出来的行为指标，获取教师的胜任特征，建立教师胜任力模型。

参考文献

陈晓冲，2013.资料收集方法中的访谈方法运用：读《王小刚为什么不上学了》[J].发展(9)：116-117.

董奇，2004.心理与教育研究方法[M].北京：北京师范大学出版社.

邓文君,2006.基于扎根理论的中国旅游业人员跨文化敏感性研究[D].杭州:浙江大学.

费宇彤,刘建平,于河,等,2008.报告定性研究个体访谈和焦点组访谈统一标准的介绍[J].结合医学学报,6(2):115-118.

廖星,2008.基于深度访谈法初步研究中医临床实施方案优化[D].北京:中国中医科学院.

苏文亮,刘勤学,方晓义,等,2007.对大学生网络成瘾者的质性研究[J].青年研究,30(10):10-16.

孙晓娥,2011.扎根理论在深度访谈研究中的实例探析[J].西安交通大学学报(社会科学版),31(6):87-92.

苏彦杰,2010.心理学研究要义[M].重庆:重庆大学出版社.

彭秀平,2005.质的研究访谈法评介[J].社会科学家(s1):534-535.

时雨,仲理峰,时勘,2003.团体焦点访谈方法简介[J].开发技术,1(12):37-40.

吴芳,陆娟,2009.1+1=?一项有关品牌联合效应的探索性研究[J].财贸研究,4(19):121-129.

王萌,2006.浅谈访谈法中的提问技巧[J].现代教育科学,5(10):105-107.

王雅方,2009.用户研究中的观察法与访谈法[D].武汉:武汉理工大学.

徐菲,2016.人际冷漠维度探索[D].昆明:云南师范大学.

谢雁鸣,廖星,2008.基于扎根理论的定性数据主题抽题分析法探析[J].辽宁中医杂志,35(11):1665-1668.

辛自强,2012.心理学研究方法[M].北京:北京师范大学出版社.

杨丹,郑力,张江辉,等,2016.Nvivo软件在护理质性研究资料分析中的应用体会:基于临床护理教师在实习生带教中微信应用体验案例[J].护理与康复,15(7):697-700.

袁方,2000.社会研究方法教程[M].北京:北京大学出版社.

第七章　观察法

本章导读

科学始于观察。观察法是心理学研究中最基本的一种方法。它不仅是心理学理论发展的基础和源泉，而且能充当检验科学假说的事实依据。随着科学的发展，技术手段的成熟，观察范围不断扩大，观察结果也更加可靠，有效。因此，观察法正起着越来越重要的作用。本章将按照设计、实施、分析的逻辑，从完整的过程理解观察法。其中，在设计部分着重介绍了观察法四类策略(参与观察、时间取样、事件取样、行为核查表)以及编码系统在观察记录中的应用。

第一节　观察法概述

一、观察法的含义与作用

观察法(observation)是研究者通过感官借助于一定的科学仪器，在一定时间内有目的、有计划地考察和描述客观对象(如行为表现等)并收集研究资料的一种方法。例如，若有研究者对课堂内师生相互作用的模式感兴趣，可通过实地观察教师上课提问及学生回答情况收集资料，进行后续研究。

在心理学研究中，研究者一般是在自然条件下即在对观察对象不加控制和干预的状态下进行观察和记录，这即为自然观察。相应地，在人为控制和干预观察对象的条件下进行的观察和记录则为实验观察。由此可以看出，一方面，观察法和实验法并非相互排斥或独立，在任何实验法中都包括了观察方法的使用；另一方面，观察法有广义和狭义之分，广义的观察法包括自然观察法和实验观察法，狭义的观察法主要指自然观察法，即在自然条件下对观察对象进行考察的方法。在本章中，主要从狭义的

范畴来讨论观察法。

观察法是心理学研究中最基本的一种方法。对于以人为主要研究对象的心理学来说,观察法具有如下特殊的重要作用:

第一,观察法是收集心理学方面各种科学事实和研究材料的基本途径,由它所得来的大量而丰富的各种材料,是发现和提出问题的前提,是心理学研究的基础,是绝大多数心理学理论的起点。正是在这个意义上,人们说科学始于观察。在心理学研究领域,许多重要的理论(如 Piaget 的认知发展理论,Freud 的精神分析理论,Ainsworth 的依恋理论)都是心理学家在对研究对象进行长期、深入观察的基础上提出来的。大量新的观察事实不断启迪心理学研究者继续探索并从理论上予以概括,从而揭示心理活动本质和规律。

第二,观察不仅是心理学理论发展的基础和源泉,而且对检验心理学方面的科学假说,拓展心理学的理论具有重要意义。科学上任何重要理论当未被验证时都只能是假说。Freud 的理论虽然影响甚广,也经过特定观察个案研究的支持,但其提出的"无意识"现象看不见摸不着,缺乏大量可观察且相一致的事实证据,至今仍作为一种假说,并且受到大量批评并不断修正。而 Piaget 则因其提出的认知发展理论的基本观点被不同文化背景下取得的观察事实所证实而著称于世,对心理学及其他相关学科影响甚大。

在科学不发达的古代,观察是研究周围世界的主要方法。在科学高度发展的今天,观察仍然是科学研究的一种基本方法。一方面,在天文学、气象学等某些学科中,由于研究对象难以用实验方法进行干预和控制,至今仍把观察作为主要的研究方法。心理学主要以人为研究对象,要揭示人在现实生活各种活动中的有关情况及行为表现,就必须对其进行系统地观察和描述,这可以很好地克服实验法的人为性。当然,在心理学领域中,一些学科(如实验心理学、生理心理学、工程心理学)更多地采用实验方式收集研究数据,而对于另一些学科(如社会心理学、儿童心理学、教育心理学、咨询心理学、临床心理学),观察法则可能是收集科学事实、研究资料的重要方法之一。另一方面,随着科学技术的发展,观察法采用录像、录音、摄影、电子计算机等现代技术手段,其观察技术和策略不断提高,从而使观察范围扩大,观察结果更加可靠、有效。这促使科学研究更加广泛地使用观察法,使观察法成为收集心理学研究资料的基本方法。

二、观察法的适用范围

观察法最早在儿童心理研究领域得到广泛而系统的使用,这实际上与观察法的特点和适用范围有关。

第一,观察法因为"要求条件低",所以适用于广泛的研究问题和研究对象。以儿童研究为例，若对儿童做访谈或纸笔测验，可能受其口头和书面语言能力所限而无法实施；若针对儿童做实验，虽然可能实施，但实验条件的准备和控制实为不易，这也大大增加了实验结果的人为性。相比而言，观察法对研究对象的要求，对观察场所条件的要求都很低，容易实施。

第二，在实验控制难以进行的情况下，观察法却能大显身手。虽然科学实验通过操控实验条件，有助于得到明确的因果规律，但是有大量研究对象或现象是无法操控的。如在心理学中，幼儿建构游戏中同伴交往特点，因为无法直接操控，适宜自然观察研究。

第三，为了追求研究的真实性和生态性，很多情况下应该使用观察法。观察法强调在研究对象的自然状态下收集资料，以获得真实信息，保证研究的生态效度。很多情况下，研究者不能依赖研究对象的“自陈式”报告，因为被试可能产生“主动反应”偏差。例如，若让被试报告自己的道德品质，被试很可能表现出“社会赞许”的行为和倾向，由此得到的研究结果是不真实的，这时直接观察被试是否有某种道德行为是一种更为合适的方法。此外，实验室实验的生态效度也常被质疑，相比之下，自然观察法则容易保证研究的生态性。

第四，适于立体直观地了解观察对象。当把被试放在其生态背景下进行观察时，观察者可以多角度地了解被试，察看其行为与背景的关系，获得对被试的直观全面的了解；还可对观察对象作较长时间的追踪研究，获取行为变化趋势的资料。相比于问卷法、实验法等，观察研究是一种生动、具体、直观的研究，通过观察可以了解“活生生”的研究对象，而不是把复杂的心理现象简单表示为某些变量，然后收集一堆生硬的数据。观察获得的第一手资料有助于研究者直观地理解问题本质，也有助于发现新的问题。

观察法有上述优点，也存在相应的局限性。

第一，观察法只能用于直接观察那些可观察的内容。在心理学研究中，心理本身无法观察，只能观察行为以及行为的背景。如果研究者想了解被试的主观感受、思考过程等内在心理活动，那么他很难通过直接观察进行研究。

第二，观察研究的可重复性可能会较差。由于在自然状态下进行观察，不允许改变观察对象的各种条件，且对影响因素难以控制。这使得完全重复观察过程变得困难，难以重复检测观察结果。

第三，对观察资料的量化较为困难。虽然可以对观察资料进行编码，然后进行量化处理，但观察资料本身通常是以文本、图像、声音等形式记录，其量化工作复杂而困难。

第四，难以明确变量关系及其性质。由于一次观察可能涉及了众多变量，而每个变量的界定与观测未必能从背景中准确分离，这不利于确定变量关系。此外，由于对变量缺乏操控，变量的顺序逻辑可能不明确，从而难以确定变量之间是否存在因果关系。

第五，观察研究容易受到研究者因素影响。观察研究对研究对象和场所条件要求很低，但对研究者要求较高。研究者的主观性及使用策略等可能影响观察的效度。观察过程中研究者"有意识的"或"无意识的"选择性，影响了他们自身对观察过程的记录。若观察者缺乏经验和理论指导，往往只能得到表面的、感性的资料，难以深入事物的本质。

三、观察法的类型

按照不同的标准，观察法可以划分成不同类型，了解各自的特点，有助于正确理解不同方法的优缺点。

（一）直接观察与间接观察

以是否借助中介，可以区分出直接观察（direct observation）和间接观察（indirect observation）。前者指通过感官在研究现场直接观察研究对象的行为或活动；后者指通过某些仪器设备来观察研究对象的行为活动。例如，要研究师生课堂互动模式，研究者可以在课堂里直接做"望、闻、问、切"式的观察研究，也可以借助录像设备对教学过程进行录像，通过分析录像做间接的观察研究。

（二）自然观察与实验观察

根据研究对象是否受到控制，可以区分出自然观察（naturalistic observation）与实验观察（experimental observation）。当研究对象不被控制，而是在其本来存在的"自然"环境或背景下行动时，这时的观察可称为自然观察，狭义的"观察"就是指这种自然观察。如果被试被置于操控或改变了的条件下进行观察，以确定这种条件变化对被试行为的影响，这时就是实验观察，即基于实验操控逻辑的观察。如果广义地来看待观察法，这时的实验法也是一种观察研究。例如，研究者要了解大班幼儿在课堂中的违纪行为模式，可以直接在其自然背景——课堂中，全程记录学生的违纪行为类型与频次等，这就是一种自然观察。如果研究者试图确定实施不同教学方法的课堂中违纪行为是否有差异，这时即便在教室这种自然场所中观察，也可以理解为实验观察，因为加入了实验的逻辑。

（三）参与观察与非参与观察

根据观察者是否直接参与到被观察者所从事的活动之中，观察法可分为参与观察（participant observation）和非参与观察（uninvolved observation）。

参与观察就是观察者参与到被观察者的实际环境之中，并通过与被观察者的共同活动从内部进行观察，故又被称为局内观察。根据参与程度的不同，又可将参与观察分为完全参与观察和不完全参与观察。前者指观察者完全参与到被观察者的群体之中，作为其中一个成员进行活动，并在这个群体的正常活动中进行观察。例如，为了研究人们参加宗教活动对情绪调节的影响，有的研究者就完全参加了某一宗教活动，并从中观察记录有关情况，此时他们既是研究者，同时又是宗教活动的参与者。后者指观察者部分地参与到被观察者的群体中，以半"客"半"主"的身份进行活动，并通过自己的活动进行观察。例如，儿童心理学研究者参与中小学生某些活动，同时进行观察，就是一种不完全参与观察。一般而言，参与观察比较全面、深入，能获得大量真实的研究资料，但观察结论易带主观情感成分。此外，由于它要求观察者参与被观察者的活动，因而比较费时，同时对观察者能力要求也较高。

非参与观察就是观察者不参加被观察者的群体，不参与他们的任何活动，完全以局外人或旁观者的身份进行观察，故又被称为局外观察。例如，在幼儿园一角观察某儿童与其他同伴相互交往的情况，就是非参与观察。一般而言，非参与观察比较客观、公正，但由于观察者未参与被观察者的活动，因而可能只是看到被观察者一些表面的，甚至是偶然的心理活动和行为表现，缺乏对所观察资料的深刻理解，只能获得初步事实和资料。

（四）结构化观察与非结构化观察

按照观察内容和方式是否有明确形式结构，观察法可分成结构化观察(structured observation)和非结构化观察(unstructured observation)。前者，研究者事先确定特定的观察内容和项目，且在观察过程中采用一致的记录方法(如特定格式的记录表)。后者，只有大致明确的观察目的，观察者可以根据当时当地的具体情境调整自己的观察内容和记录方法，此时观察活动有一定的开放性和变通性。

（五）系统观察、取样观察和评定观察

根据观察内容是否连续完整以及观察记录的方式的不同，观察法可分为系统观察、取样观察和评定观察。系统观察又叫叙述性记录(narrative records)，指详细观察和记录被试连续和行为表现。取样观察可分为事件取样观察和时间取样观察。选取被观察对象的某些行为表现叫事件取样(event sampling)，选择在特定的时间内进行取样叫时间取样(time sampling)。评定观察要求在观察的基础上，采用评定量表对行为或事件做出性质或数量上的判断。

第二节　观察法的设计

一、观察研究的设计

要保证观察研究达到预定目的，事先必须进行观察设计。一般而言，观察法的设计通常包括以下五个方面内容。

（一）明确观察目的

在心理学研究中，研究者要有效地运用观察法，事先必须明确“为何而观察”，即通过观察收集而来的资料拟解决或回答什么问题。明确观察目的，也就是要理解和把握研究问题的性质和内容。只有针对问题的性质内容选取的观察方式、方法，才可能是最适宜、最有效的。因此，在观察设计中，研究者应该通过阅读有关文献，请教有关专家或与同行交流等多种方式，更全面、更深入地认识和了解观察问题的相关背景。

（二）确定观察内容

观察设计的第二步就是在明确观察目的和任务的基础上确定具体观察内容，它是整个观察研究的前提，同时也是观察研究能否成功的根本保证。实践表明，一个好的观察内容应具备两点：第一，能准确地反映、体现或说明观察目的；第二，可以被观察到。为此，观察者应通过查阅有关文献资料，研读已有报告书籍，向有关专家学者咨询，进行初步必要的调查研究，从中吸取有参考价值的信息，然后制定出合适而详细的观察内容。

（三）选择观察策略

进行一项具体的观察研究，观察策略的合适与否常常是十分重要的。许多事实表明，由于观察策略的选择不当，常使得观察工作事倍功半甚至收集不到所需研究资料。而要选择出一种合适的观察策略，观察者必须对各种观察策略有比较深入的了解，对每种观察策略的适用条件、优缺点等做到心中有数，这样才能结合自己的观察目的，灵活并准确地选择出合适的观察策略。

（四）制定观察记录表

观察研究的关键问题之一就是如何获取资料。显然，观察记录表是解决这一问题有力的工具和技术手段。随着观察方法的不断发展，观察记录技术也日益完善，如在制定观察记录表时，可使用观察代码策略。应该注意的是，制定观察记录表应尽可能做到简单易行，可靠有效。

（五）训练观察人员

随着观察研究的水平及复杂程度的日益提高，观察人员能力和素质的要求也愈来愈高，特别是在某些特定的观察（如参与观察）中更是如此。因此，对观察人员的培训在观察设计时就显得非常重要。

二、主要观察策略

由于各种观察策略都有其优点和不足，这就要求研究者在实际研究中需根据研究的特定目的和有关具体情况加以选用。下面将对参与观察、时间取样观察、事件取样观察、行为核查表等四种主要观察策略进行较为详细的讨论。

（一）参与观察策略

作为观察法中一种独特的策略，参与观察一度备受人类学家的重视。然而，面对研究生态化的发展趋势，参与观察日益被心理学研究者所采用。下面主要讨论参与观察的适用条件、实施步骤及对其优缺点的评价。

1.适用条件

采用参与观察，通常是为了收集较为完整且具有深度的资料，旨在对研究现象的发生、发展的真实情况有全面而直接和较为深入的理解。一般地，采用参与观察策略的主要目的不是验证某种理论或假设，也不是揭示某种因果关系或做出某种预测，因而常被用于探索性研究。为了尽可能排除各种无关变量的影响，提高研究结果的可靠性与有效性，采用参与观察时须考虑下列条件：

第一，观察者自身的条件。观察者是否有充足时间来从事观察；是否既能与被观察者和谐相处，成为其中一员，又能客观、中立地进行观察记录；是否掌握一定的观察技巧等，都是选用参与观察策略需要考虑的重要因素。

第二，观察者的研究目的。观察者是否拟对某一特定现象或观察对象做全面、综合的了解；是否拟深入了解研究对象的动态过程；是否打算在自然情境中从事研究工作，都影响着参与观察方法的选用。

第三，被观察者的条件。被观察者或团体是开放的还是封闭的，与观察者的差异程度如何等因素，直接影响着进行参与观察的可行性和难易程度。

2.实施步骤

参与观察的主要目的不在于验证某种假说,因而它不必受某种假说的限制。这使得其实施步骤与一般实证性的观察研究有所不同,因为后者往往是一个提出并验证假说的过程,而前者却是一个发现和提出问题的过程。具体地说,参与观察的实施分为如下五个步骤。

(1)界定问题

界定问题即选择和确定研究问题,当然,在选定参与观察的研究问题的同时,也基本上确定了观察者与观察对象。因为问题的选择和确立必须考虑在某一特定的情境里观察者是否能进行自然观察。比如,要研究"教师期望对师生交往的影响",就需要考虑在什么样的学校、在哪个年级和班级进行,观察者应具备哪些知识、能力和观察技能。

(2)进入情境

重视对所观察和参与的情境的了解,努力在进入研究情境时给被观察者以预定的最佳印象,是参与观察不同于其他观察方法的十分重要的一点。其目的就是建立和保持观察者与被观察者之间良好的信任关系,获得被观察者无意之中的配合,以保证参与观察的顺利进行。例如,在研究某团体中的同伴关系时,观察者必须了解该团体的特点和规范,参加他们的活动,适应其生活习惯,努力使自己被该团体认同,与该团体成员建立良好的人际关系,分享他们的思想和情感,这样才能观察和收集到真实有效的研究材料。

(3)记录材料

在参与观察中,记录资料会碰到许多技巧性问题,如观察者如何将资料记录下来?什么时候把资料记录下来?在同被观察对象一起参加活动(如发言、讨论)的同时要把观察到的事实、资料记录下来显然是困难的。而采取事后回忆记录的方式,又难免会出现记忆不准确、不全面的情况,如事后记录往往对被观察者的详细特征、活动强度以及带感情色彩的声调等难以进行精确的描述。解决这些问题需要观察者具有丰富的知识经验、隐蔽而有效的观察记录技能和很强的应变能力。

一般地,参与观察要记录的资料范围很广,包括观察者的全部行为模式、行为发生的时间、频率及持续时间,有关行为发生的背景等。有时还需要记录一些文字性的材料,如生平简介、学校文件等。最重要的一点是在记录资料时,观察者必须自始至终努力保证记录的客观真实性。

(4)分析资料

记录资料之后,紧接下来的一步就是分析资料。最好能在短期内进行分析和总结,这样可以避免由于时过境迁而无法准确地对资料做出解析。为了尽量保持准确和客观,研究者最好在观察记录的同时或当天给予初步分析,一星期左右给予总结。

在分析和解释资料时,应努力了解被观察者的真实意图。资料分析的内容较多,其核心是要体现资料的各个部分间的内在联系,从而揭示行为的深层意义。

(5)呈现结果

呈现结果也就是观察报告的撰写。在资料的分析整理基础上,研究者自然能从中归纳出研究的结果和结论。呈现结果时如果涉及需要推论的部分,要慎重。参与观察收集的资料虽然比较丰富,但毕竟只是参与观察者一人的所观所记,难免存在片面性。

3.评价

参与观察策略有两个显著的优点:一是无先入为主。研究者开始研究时不必使用特定的假设,因此能在研究过程中不受假设的约束。研究者无先入为主的偏见,结果可靠并且常常能有意外而重要的发现。二是效果好。因为观察者参与其中,既有深刻的自我体验,又能与被观察者建立融洽的关系,这样能对所观察的活动有更深入、真实的了解,而且能收集到动态的资料。这些优点较好地克服了心理学研究中长期存在的一些不足和局限,诸如研究受量化、实证性思想的支配,无法收集到动态过程的资料,也无法深入了解研究现象背后的真正意图等,因而受到广大研究者的重视。

当然,参与观察也存在一些不足,如研究费时、费力,收集的资料琐碎且不易系统化,研究的信度不太高,结果推论的范围有限等。为此,在采用参与观察策略时,必须对观察者进行培训,使观察者掌握一定的观察手段和技术,具备应付各种问题的能力。如处理好与被观察者的关系,在观察记录时坚持客观态度等,否则就会影响整个参与观察研究的进行及结果可靠性。

(二)时间取样观察策略

时间取样观察策略是在20世纪20年代,由美国儿童心理学家Walson教授在研究儿童神经性习惯时提出的。它要求观察者事先确定所要观察的维度,然后据此有选择地在某些时间段内观察某一特定行为,并把所观察到的结果记录到事先拟定的记录表上。

时间取样观察策略可以帮助研究者收集以下三方面的内容:①某一行为或事件是否出现或发生;②该行为或事件出现或发生的频率如何;③该行为或事件出现或发生的持续时间有多长。在每项具体研究中,需要测量以上一个方面或几个方面的内容,完全取决于研究的具体目的。例如,有的研究者采用3分钟时间单位去研究中班幼儿自由游戏前15分钟同伴攻击的特征,为此,他们记录班内个体通过身体或言语欺负他人的频次。在这种情况下,时间取样策略显然是被用于研究某一行为发生的

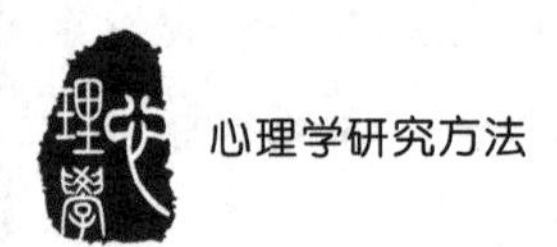

频率或经常性水平。

1.适用条件

使用时间取样观察策略时需要考虑以下两个问题：

第一，时间取样观察策略只适用于经常发生或出现的行为，一般来说，平均15分钟出现一次。如果研究者对这点不能肯定，那么就必须首先深入实际，进行初步的实际观察，以确定所要研究的行为或事件是否经常发生或出现，以及影响这些行为出现或发生的各种个人或情景因素。

第二，时间取样观察策略只适用于易被观察到的一些外显行为。

2.实施步骤

(1)界定问题与对象

界定研究问题与对象主要包括以下四个方面的工作：①根据研究目的确定需要观察的行为；②给有关概念做出明确的操作定义；③确定观察对象的数量；④根据研究的要求与具体条件，确定观察的次数和时间间隔。

(2)编制记录表

时间取样观察是在选取的特定时间区间内对研究对象进行观察记录。为了能在有限的时间区间内有效且针对性地观察和记录所要获取的研究资料，研究者事先需要设计一张记录表。根据这张记录表，观察者可以核对事先被选定的所要观察的行为，计算行为发生的频率或测量行为的持续时间。

编制记录表主要有两方面的工作：第一，确定要记录的信息；第二，确定每一个观察单元的时间区间的长短、间隔和数量。其中，时间区间的长短须考虑所研究行为或事件发生的频率和持续的最短时间，两个时间区间的间隔长短取决于所选用的时间区间的长短、在一个时间区间内被观察者的数量以及需要观察记录的内容的多少，而时间区间的数量则取决于究竟需要观察多长时间才能获得有代表性的行为样本。

(3)记录资料

为了简化记录的复杂程度，尽可能多收集资料以利于进行量化分析处理，许多时间取样观察要求在记录资料时选择和使用一定的观察代码系统。采用观察代码系统，观察者就可以将一些大的行为单位分解为小的行为单位来进行观察，使用特定的代码符号来记录不同的行为表现，进而能节省大量时间和精力。此外，采用观察代码系统的记录结果也较可靠、直观，且易整理。可见，观察代码系统是一种很适合记录的技术手段。

(4)分析资料

由于在记录时已经将信息进行了压缩，特别是采用了观察代码系统，获得的资料已用事先确定的代码符号表示，而代码符号本身又体现了对所观察内容的分类。因而，整理与分析时间取样观察收集到的资料是比较容易的。

3.评价

时间取样观察是一种有效的观察策略。由于在进行实际观察以前，观察者已做了大量周密细致的准备工作，如给有关概念和术语下操作定义、决定时间区间、编制记录表等，因而观察和记录工作都简单易行。同时，由于能在合理的时间范围内观察较多的被试，因此，用时间取样观察所获得的结果可以进行推论。此外，时间取样观察还具有下列优点：①观察目的明确而具体，研究者可以对观察内容及过程进行更有效的控制；②研究者能在较短时间内获得大量的观察数据资料，同时易于取得有代表性的行为样本；③省时、省力，同时又能有效地保证精确性和客观性。

当然，时间取样观察策略也存在一定局限性：①除非在观察时进行特别记录，否则通过时间取样观察难以得到有关环境与情景的信息，观察资料也难以向研究者清楚地表明某种行为发生的背景；②由于采用时间取样观察进行的观察内容只局限于某些方面，加之观察记录结果没有保持行为发生的顺序和连续性，因而难以揭示行为的相关关系、作用以及因果关系。总之，时间取样观察的主要不足在于缺乏连续性、背景信息和自然性，特别是当时间区间和行为单位很少时，更是如此。

（三）事件取样观察策略

事件取样观察策略同时间取样观察策略一样，也要求被观察者事先确定所要观察的特定事件或行为，然后观察记录该事件或行为的发生情况。虽然事件取样观察策略和时间取样观察策略都是对心理活动和行为表现进行有选择的取样观察，但它在以下几个方面不同于时间取样观察策略：

第一，时间取样观察考察的单位是时间区间，而事件取样观察考察的是行为事件本身。在事件取样观察中，观察者没有时间限制，只要所研究的行为事件本身发生，研究者就可对其进行详细观察和记录。

第二，时间取样观察只能研究每 15 分钟至少发生一次的行为，但事件取样观察则可以研究各种各样的行为，不受行为发生频率的限制。

第三，事件取样观察和时间取样观察获得的结果是不同的。时间取样观察研究的是事件或行为是否存在，而事件取样观察研究的是事件或行为的特征。如对中班幼儿攻击行为的观察，研究者注意的是攻击对象，攻击行为产生的原因、被攻击对象的应对方式及事件结果；而在时间取样观察中，研究者注意的则是攻击在不同性别、类型和时间段发生的频次。

1.实施过程

(1)确定目标

首先应确定所要观察的特定事件或行为,给其下操作定义,并尽可能对所研究事件或行为有所了解。这样,研究的事件或行为一旦发生,就能及时、迅速地辨认并记录下来。

(2)确定观察的时间和地点

在不同时间或地点研究同一行为可能会得出不同的结论。因此,确定有代表性的时间、地点是十分重要的。

(3)确定所要记录的信息

事件取样观察既可以事先对所观察的行为进行分类,然后在观察中根据确定的分类,记录需研究的行为是否发生,以及相应特征,又可以采用叙事型描述记录方法记录所有观察到的信息,因而比较自由、灵活。

(4)记录

在上述三个步骤都确定后,便可以进行记录。要注意在设计、使用记录表和代码系统时,应遵循它们各自的原则和方法,并努力使之简便易行。

2.评价

事件取样观察策略既有优点,也有局限性。首先,事件取样观察策略的主要优点是没有将行为和行为发生的情境分离开来,也就是说,它既注意到了行为本身,同时也注意到了行为发生的情境信息。这就易于研究者进行因果分析,说明并解释行为的原因、内容和结果。其次,这一策略能被用以研究任何一种行为或事件。

此外,事件取样观察策略也有一定的局限性。其取样容易缺乏代表性,观察结果可能会欠缺稳定性,这需要引起研究者的足够重视。

(四)行为核查表策略

在观察研究中,行为核查表(behavior check list)是研究者用来核查某种行为是否发生或出现的一种简表。使用行为核查表有助于观察目的的具体化,使观察活动更具有针对性。因此,在许多观察研究中,它也是普遍采用的观察策略之一。

1.编制步骤

一般而言,编制行为核查表要经历以下几个步骤:①根据研究目的确定所要观察的内容;②在核查表中分别列出所要观察的目标行为,这时将第一步的观察内容进一步具体为观察的实际项目;③在核查表中按一定的逻辑关系组织、排列目标行为,核查表的组织方式是多种多样的，其中常常使用的是按项目的难易水平循序渐进地组织核查表；④核查表中所列项目应当包括所需要的信息，比如某一行为是否发生，第一次发生在什么时间等。

下面用一个实例（见表 7-1）具体说明如何按照上述步骤编制行为核查表。为了解 5 岁儿童数学技能的发展水平，首先需要根据相关理论确定 5 岁儿童应具备哪些数学背景知识或预备技能，然后分别将它们具体编成所要观察的目标行为，接着将这些目标行为按难度水平由低到高排列起来，最后检查设计的核查表是否达到研究的要求，即是否包括该研究所需要观察的所有如下目标资料：①确定儿童是否具有初步的数学预备技能；②记录技能发展出现的时间先后顺序。

表 7-1　幼儿数学预备技能核查表

儿童姓名　张三　　　　　　　　　　　　观察日期　××年×月×日

任务	能	否	第一次出现时间
①能否根据名称指出相应图形			
圆	______	______	______
正方形	______	______	______
三角形	______	______	______
长方形	______	______	______
②能否从 1 数到 10	______	______	______
③能否给下列图形命名			
圆	______	______	______
正方形	______	______	______
三角形	______	______	______
长方形	______	______	______
④能否举例说明下述关系概念			
大于	______	______	______
小于	______	______	______
长于	______	______	______
短于	______	______	______
⑤能否进行逐个匹配			
两个物体	______	______	______
三个物体	______	______	______
五个物体	______	______	______
十个物体	______	______	______
十个以上物体	______	______	______

续表

任务	能	否	第一次出现时间
⑥能否在指导语下理解下述概念			
最先	______	______	______
中间	______	______	______
最后	______	______	______
⑦能否举例说明			
多于	______	______	______
少于	______	______	______

2.常用的行为核查表

行为核查表有个体型和团体型之分。在心理学研究中,后者使用较为普遍。目前,常用团体行为核查表有两种。一种用于记录某一新行为出现时被观察者的年龄,据此可以计算出该行为出现的平均年龄。表 7-2 是一个婴儿行为出现核查表,观察者分别以天、周和月为单位记录了某些心理行为第一次出现的时间。当所有被观察的婴儿都表现了某一特定的行为后,研究者就可以计算该组儿童这种行为出现的平均年龄。

表 7-2　婴儿行为出现核查表

姓名	行为出现							
	认识手(天)	认识脚(天)	爬(周)	单独站立(周)	独自走(月)	牙牙学语(周)	单词句(月)	客体概念形成(月)
李丽华	77	159	34	48	18	6	12	10
梁　欢	54	136	31	45	11	5	11	8
林雨婷	61	145	32	46	11	6	11	9
黄林烨	69	140	32	45	10	6	10	9
林乐怡	45	133	29	40	9	4	9	7
周梓煜	81	180	43	53	18	9	18	12
张　坦	66	141	34	47	12	5	11	9
郑　然	74	162	36	57	18	7	12	10
平均数	65.88	149.50	33.88	47.63	13.38	6.00	11.75	9.25

注:表中平均数均为四舍五入,并保留两位小数。

另一种团体行为核查表是参与行为核查表,用以记录观察对象参与活动的时间和类型。表 7-3 是一个幼儿的日常参与行为核查表,它由 4 位教师共同填写,其中画

“√”表示一般参与，“√”上加圈表示参与该项活动花了大量时间。通过表7-3，研究者可以对每个参与者的日常生活有一个较为详细的了解。由此可见，参与行为核查表有三种功能：①记录日常活动；②提供与参与活动有关的诊断性信息；③有利于活动的计划或设置。

表7-3　幼儿日常参与行为核查表

日常活动	猜谜语	过家家	滑滑梯	跳绳	剪纸	绘画	泥工	积木	拼板	套圈	动物玩具	拍皮球	看图书	说明
指导教师	刘	刘	刘	何	何	张	张	黄	黄	何	黄	黄	张	
李丽华	√			√	√	√		√		√				
梁欢		√	√		⊘		√	√		√			√	
林雨婷														缺席
黄林烨		√	√	√		√		⊘		√	√			
林乐怡	√			√	√				⊘	√		√		
周梓煜	√	√				√			√					
张坦			√				√	⊘	√	√				
郑然	√			⊘	√	√				√	√		√	
林鋆	√	√	√	√	√	√	√	√		√		√	√	
蔡国海						√		⊘	√	√		√		
唐树立			⊘	√						√			√	
刘昕原	√	√	√				√		√	√				
邱俊泓		√	√	√			√	√	√	√				
苏泷	√	√		√		√	√	√		√			√	
郑佳琦	√				√	⊘	√			√			√	
陈晓昀			√			√		√		√			⊘	
罗慧琴		√		√	√	√		√	√	√		√	√	
阙莹	⊘		√		√			√		√	√		√	

3.评价

行为核查表具有的明显优点：简便易行，有助于观察者迅速而有效地记录被观察者的行为表现，省时、省力；可以及时记下某种行为第一次发生或第一次被观察到的日期；结果易于整理分析。其局限性在于几乎不能提供有关行为的频率或持续时间，特别是行为性质、特征方面的信息，这使得它的应用受到一定限制。

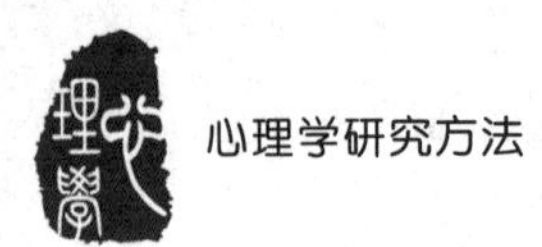

三、观察代码系统的制作

观察代码系统是研究者将行为或事件分为有意义的、可以观察和处理的类别，将大的行为单位分为小的行为单位，并为观察、记录和随后分析处理的方便而制定出的一整套符号系统。

使用观察代码系统，除了具备能收集丰富资料、简化资料的优点外，还兼有如下重要功能：①可以提高观察记录处理分析的针对性、有效性，从而节省大量的时间和精力。在这个意义上，它常被视为观察研究中的速记技术；②由代码所产生的数据可消除大量主观误差，是对所发生事件更客观、准确的描述；③由于观察的信度、效度和分析资料的方法事先已基本确定，因而观察的可行性高，记录更有意义。

根据所使用代码的不同，观察代码系统一般可以分为数字型、符号型两大类。

1.数字型代码系统

数字型代码系统是用不同的数字分别代表各被观察单位，被观察单位可以是被试的行为，也可以是各种环境类别。所用数字的多少取决于具体研究中被观察单位的数量。

为了研究课堂中师生互动方式对学生学习态度和学习成绩的影响，研究者设计了一个记录课堂中师生互动行为的数字型观察代码系统。该系统包括六项教师行为和两种学生行为，最后一项表示沉默或混乱状况。具体内容见表 7-4。

表 7-4 师生课堂互动行为的数字型观察代码系统

Ⅰ.教师行为
表扬或鼓励学生
接受或运用学生的观点
提问
讲述
指导
批评学生，维护权威
Ⅱ.学生行为
学生回答教师提问
学生主动提问
Ⅲ.其他情况
沉默或混乱

数字型代码系统的优点是结果整理工作量小。其不足之处是不易记忆，需花较多的时间记住数字代码，并且研究者要对各代码的意义达到熟练的掌握程度，方能进行观察编码。

2.符号型代码系统

符号型代码系统是用一定符号分别代表各被观察单位。符号的种类很多,可以是抽象的,也可以是形象的。下面是三个不同类型符号代码系统的实例。

(1)师生互动符号代码系统

该符号系统以点、线条、圆圈和正方形为基本要素,共包括 14 种符号,分别表示不同的意义。具体内容见表 7-5。

表 7-5　师生互动符号代码系统

代码符号	行为特征内容
•	学生举手
⊙	学生举手并被老师提问
⊙̩	学生举手并被老师提问,只回答了一个字
⊙-	学生举手并被老师提问,回答一般
⊙̍	学生举手并被老师提问,回答良好
-⊙	学生举手并被老师提问,回答非常好
□	学生没有举手,但被提问
□̩	学生没有举手,但被提问,只回答了一个字
□-	学生没有举手,但被提问,回答一般
□̍	学生没有举手,但被提问,回答良好
-□	学生没有举手,但被提问,回答非常好
⊠	学生没有举手,但被提问,不做回答
>	学生问一个问题
|	学生未经老师允许,自己讲话

该符号系统常被用于评价教师的教学情况,有时还与学生的座位图结合起来,分析考查学生的反应情况以及他们真正参与学习活动的程度。

(2)面部表情符号代码系统

为了观察和记录被试的面部表情,研究者设计了形象生动的模拟代码图形(见表 7-6)。

表 7-6　面部表情符号代码系统

符号	代表意义
	前额
	Ⅰ.愉快的
1	1.光滑的(固定的浅皱纹出现或不出现)
2	2.平行的皱纹在全前额出现
	Ⅱ.不愉快的
3	3.皱纹在前额中间出现,在两边不出现
4	4.皱纹平行或垂直凹陷,被激怒表情
	眉毛
	Ⅰ.愉快的
1	1.两眉平行,它们中间没有隆起或凹陷
2	2.一眉飞扬
3	3.两眉轻轻振动
4	4.两眉均飞扬
	Ⅱ.轻微不愉快的
5	5.双眉或单眉轻缩
6	6.双眉振动,眉心成 V 形
	Ⅲ.不愉快的
7	7.双眉紧缩,眉心 V 形明显
8	8.双眉紧缩,眉心 V 形皱明显
	眼睑
	Ⅰ.愉快的(正常状态)
1	1.眼睑不动 (盲人除外)
	Ⅱ.不愉快的
2	2.上睑振动
3	3.上睑皱起
4	4.上睑皱起并振动
5	5.瞪大眼睛,眼睑皱起
6	6.眼睛开闭频繁

(3)人际空间行为符号代码系统

该系统用于研究幼儿攻击行为方式，包括3个方面的攻击行为特征，使用了示意图形、缩写和数码三种符号。表7-7是该系统的实例。使用该符号代码系统，研究者可完整、准确地观察记录幼儿攻击行为方式，收集的资料易于量化处理。

表7-7　幼儿攻击行为方式代码系统

<table>
<tr><td colspan="2">1.性别</td></tr>
<tr><td>男性
1 ♂</td><td>女性
2♀</td></tr>
<tr><td colspan="2">2. 非言语攻击</td></tr>
<tr><td>1 (ง•_•)ง</td><td>2 (°Д°)ノ三</td></tr>
<tr><td>3 (╯•_•╯)︵[▣]</td><td>3 (╯°□°╯) | —>○</td></tr>
<tr><td colspan="2">3.言语攻击</td></tr>
<tr><td>1 (╯•_•╯)︵&%#</td><td>2 (╯°□°)╯︵🔊<<<</td></tr>
</table>

第三节　观察法的实施

一、观察研究的实施过程

完整的观察研究大体上包括观察设计和观察实施两大步。观察者完成观察设计之后，接下来的重要工作就是观察的实施。通常，观察法的实施可简单分为获取观察资料、呈现观察结果两个过程。前者具体来说就是观察者按照在观察设计中制定的程序进入观察情境，采用事先选择好的观察策略和技术手段进行观察，并把观察到的资料记录下来；后者具体是指对所收集到的观察资料进行整理、分析，做出结论和推论，并将其以报告的形式呈现出来。由此可见，观察实施与观察设计密切相关。观察实施可以说是观察设计的实际化。然而，由于观察实施是在具体环境下进行观察、记录乃至分析，而观察情境是具体、变化的，可能存在许多设计时未考虑的问题。因此，观察实施过程并非简单地把观察设计转化为现实，它常常需要观察者在实施时根据要求不断修改、补充，灵活处理。

为保证观察实施的质量，观察者在具体的观察实施中应注意许多问题。前面已指出观察法是依靠研究者通过观察而收集资料的方法，因而观察者的客观、中立态度是十分重要的，而这一点比较难以做到。例如，研究者在观察实施中常受到“晕轮效

应”“趋中效应”的影响，显然这些因主观影响产生的反应偏差会降低观察结果的可靠性。类似这样的问题，研究者在实施观察时应特别重视，以便防止和控制偏差，保证观察资料客观、可靠。

二、实施过程的注意事项

要想做好观察研究就必须考虑如何对行为和事件进行抽样，如何选择适宜的观察方法，以及如何记录和分析观察数据。在了解观察方法的基本要点之后，还需把握可能产生的问题：①当研究对象觉察自己正在被观察时容易改变行为，这称为观察者的影响。②观察者自身的信念和期待会影响他们对行为的选择记录，这常被称为“观察者偏差”(observer bias)。

观察者在场会导致被观察者改变行为，因为他们知道自己正在被观察。当观察者影响观察的行为时，反应性问题就出现了。当观察者在场时个体做出的“反应”，他们的行为可能不再代表观察者不在场时的行为。

研究中当被观察者注意到他们的行为正在被观察时，会以非常微妙的方式做出反应。例如，被试在参加心理学研究有时会感到不安和焦虑。有研究者在这时测量被试的唤醒水平，如心率和皮肤电反应(GSR)，发现与平时的状态相比心率加快。这可以简单显示出观察者在场时的反应。观察者在场时，被试经常试图以他们想象中研究者所期望的方式做出反应。被研究者知道自己是科学研究的一部分，所以通常想要合作并且成为“好”被试。被试经常试图猜测什么行为是被期待的，并且会使用所获得的线索和其他信息指导自己。

研究者可以用若干种方法来控制反应性问题。首先，可以不让被试发觉观察者在场来消除反应性。当被试不知道他们正在被观察时对其行为的测量称为隐蔽观察。隐蔽观察可能需要隐藏观察者或机械记录设备，如录音笔或录像机。其次，研究者还可以采用伪装的参与性观察来作为情境中的一个角色进行研究，而不是作为观察者。最后，研究者还可以让被试逐渐适应观察者在场，以此来降低被观察者的反应性。当被试适应了观察者在场时，他们就会逐渐显示出正常行为。适应可以通过习惯化完成。在习惯化程序中，观察者在多种不同场合简单地把自己引入一个情境，直到被试不再对他们的在场做出反应。

第四节　应用范例

大班幼儿在建构游戏中的合作行为研究

新疆3～6岁维吾尔族学前双语儿童同伴交往特点研究

思考与练习

1.幼儿在自由游戏中会出现冲突行为。设计一项基于事件观察的研究，分析出现的相应行为的主要特征。

2.针对幼儿攻击行为发生发展的特点，设计一项基于时间取样的观察研究，了解此行为在大中小班变化情况及具体表现。

拓展阅读

张金梅，2008.对美国一所托幼中心全日班一日活动的观察与反思[J].学前教育研究，15(3)：49-54.

该研究者结合时间取样观察和事件取样观察，对美国一所托幼中心全日班的一日活动进行了跟踪观察。通过对幼儿及教师的标号编码、活动区域的划分，研究者翔实地记录了每项活动的时长、参与人次、教师互动内容等。以此与我国幼儿教育进行对比，分析了美国幼儿教育的优点与不足。

于莹，2013.幼儿园中班幼儿自我延迟满足能力干预研究[D].石家庄：河北师范大学.

研究选取63名幼儿园中班幼儿为被试，通过设计榜样示范类游戏等对幼儿延迟满足能力进行干预，采用故事情境和观察法对幼儿表现出来的自我延迟满足能力进行检测。该研究是包含干预的实验观察，发现了根据幼儿自我延迟满足能力培养的规则游戏能促进其延迟满足能力在认知和行为上的协调发展。

陈会昌,李东辉,候静,等,2003.家庭游戏中的母亲控制策略与儿童顺从行为[J].心理学报,35(2):209-215.

该研究采用自然观察的方法,利用录像手段探讨若干家庭自由游戏中母亲的控制策略和儿童的顺从行为之间的关系。由于深入到家庭进行观察,研究更为真实细致,具有生态化的特点。此外,研究者事先进行了习惯化的方式控制被试反应性,使其反应更有信度。该研究结果为儿童社会化理论和家庭教育实践提供了依据。

参考文献

董奇,2004.心理与教育研究方法[M].北京:北京师范大学出版社.

董奇,申继亮,2005.心理与教育研究法[M].杭州:浙江教育出版社.

John J Shaughnessy,2010.心理学研究方法[M].北京:人民邮电出版社.

马静静,2015.新疆 3～6 岁维吾尔族学前双语儿童同伴交往研究[D].乌鲁木齐:新疆师范大学.

辛自强,2012.心理学研究方法[M].北京:北京师范大学出版社.

王囡,2015.大班幼儿在建构游戏中的合作行为研究[D].大连:辽宁师范大学.

第八章　个案研究

本章导读

取样研究关注共性，个案研究立足特性。个案研究往往将特殊个体或单位作为研究对象进行连续且深入的追踪。对个案进行研究最为经济而便利，也更为具体而生动，更显得“原生态”。因此，它在心理学研究方法中有重要的一席之地。本章，在介绍个案研究主要特点及一般程序的基础上将深入探讨质化和量化两种取向个案研究的方法和应用。

第一节　个案研究概述

一、个案研究的概念

个案研究(case study)作为质化研究一种重要的研究方法，是将具有特殊意义的一个个体或一个单位作为主要研究对象，进行深入追踪、发现，或建构理论假设的一种研究方法。

具体看来，个案研究有三方面特点：

(一)原则的全面性和整合性

个案研究的分析单位既可以是个人、社会机构或社会团体等实体(如班级中学生、某一学校的校长、某一教师等代表的个体，学校、医院、家庭，群众团体等代表的社会团体)，又可以是某些事件、现象(如某一教学方法、某一程序或某一概念等)。但无论以什么为分析单位，研究者都必须采用多种方法收集该现象的各方面的信息，并将这些信息进行综合加工，使之构成一个可识别的整体，而非割裂的资料。因此，全面

性和整合性是个案研究必须遵循的重要原则，又是个案研究的重要特点。

（二）研究方法的多样性和综合性

个案研究是质化研究与量化研究相结合的研究方法，因此，研究方法的多样性和综合性是个案研究的另一重要特点。个案研究是对研究对象进行深入而全面的研究，因而需要采用多种方法收集有关被试多方面的信息资料，并采用质化和量化的方法来分析信息资料。从心理学研究的发展趋势来看，质化研究和量化研究不断在向纵深发展的同时，也在不断地进行综合，个案研究正是这一趋势的表现之一。

（三）分析的深入性

个案研究是对所选取的研究对象（包括被试和所研究的变量）及其发展或相互关系进行深入的考察，而非只是关注少数几个对象，虽然从表面上看，许多个案研究的被试量确实较小，但事实上，个案研究对变量关系的考察，尤其是对因果关系的确定才是其本质特征和目的。由于个案研究采用了多种研究方法来收集研究对象各方面的信息，因而可能为变量间因果关系的探讨提供多方面的重要依据。这种对研究对象的深度考察是其他类型的研究难以实现的。当然，这一目的的达成，还有赖于个案研究的各个环节，尤其是高质量的数据收集和统计分析工作。

二、个案研究的一般程序

个案研究的整个研究过程并没有严格先后顺序，但有其一般顺序。下面将分别介绍个案研究实施的一般程序。

（一）收集资料

收集资料是对个案进行深入分析的前提，运用合理的方法收集个案资料，并将其真实、准确地记录整理出来，是研究的重要一环。

1.资料的来源与收集方法

准确、有效地收集资料是对资料进行分析、解释以及做出合理结论的基础和保证。因此在开展个案研究时首先应考虑资料来源与收集方法。个案资料来源主要有如下四个方面：

（1）测量或测验

心理测验是获取被试在心理状态与过程、发展水平等方面资料的最为直接、迅捷的渠道之一。心理测验的形式多种多样，诸如量表、问卷、操作等。就测量的内容而言，主要包括认知、人格和社会性等几个方面。在使用心理测验时必须遵循有关要求，如有信度、效度以及标准化等。

（2）自陈

自陈是指个体对其生活、发展经历的描述。自陈的资料包括自传、日记。从自陈中可以了解许多从外部观察难以或不能了解的信息，对于正确把握个体的发展状况、理解个体的心理体验、了解个体自己对有关问题的感受与归因，具有重要意义。在自陈的资料中，提供了个人、种族或团体的生活史，但是，自陈往往受到主观因素的影响，有时还可能因遗忘等原因产生对实际情况的歪曲。因此，自陈资料需要结合其他来源信息综合分析。

（3）他人描述和档案

他人描述包括被试的亲戚、同事、朋友、邻居以及其他认识被试的人对被试的描述。他人描述的正确性及深度与其同被试的熟悉度有关，在整合个体的有关资料时应考虑这个因素。档案包括被试的病历、存于所在单位的人事档案和有关个人的官方记录及其他类型的正式记录。虽然由他人做出的对某一个体的描述与自陈相比更为客观，但它仍难以了解被试的心理过程和状态。

（4）作品分析

这里所谓的作品，包括由被试独立或参与操作的正式出版或未出版的任何产品，既可以是文学艺术方面的，也可以是科学技术方面的；既可以是书面的、文字的，也可以是制作物或产品；既可以是公开的，也可以是非公开的。对作品进行分析时，既要考虑作品本身，也要考虑其产生时的背景、动机甚至制作过程。例如，对某一被试的房树人作品进行分析，既要考察其内容，又要从画面的大小、笔压轻重及线条连贯性来了解，也就是说，除了要考察房树人的内容所表达的信息，还要从画面的大小、笔压的轻重及线条的连贯性等方面来考察其性格与心境等。

就个案研究而言，使用上述方法时需要注意：

首先，为了保证全面、有效地收集资料，研究者应根据研究主题与个案特点和要求，选择适当方法并做出详细的计划，例如在进行房树人分析时，需要观察画者作画的先后顺序，并提出相关问题，例如“画中的树是什么季节的树”“画中的人物是谁”等。

其次，除了收集个案本身的资料外，还应注重收集事件、行为的环境方面的信息，以便在分析、解释以及读者在阅读研究报告时能够更好地理解事件、行为发生的原因，把握个案的复杂性。各环境因素的重要性因研究问题的不同而不同。

最后，经常检查收集的资料与研究问题是否相符，及时调整收集方式和内容，并对预期之外的与个案或主题有关的信息保持敏感性。

2.资料的录入与整理

录音、录像等现代化设备的应用使资料的记录工作更为省时、简便、准确。然而在有些研究情境下，使用这些设备，可能会影响研究的真实性与自然性，这就要求研究者能够进行迅速、准确的现场记录或事后的回忆记录。

以这些方式记录的原始资料通常需要经过整理才能用于分析和解释。由于个案研究往往会收集到大量信息，因此原始资料的整理是一项非常费时、费力，需要技术和耐心的工作，包括将录音、录像资料转换成文字资料，把速写、简写的记录还原为完整、详细的描述，以及根据研究设计的要求，按照一定的编码系统对这些文字资料进行编码。

（二）资料的分析与解释

资料的分析与解释是挖掘事件、行为、现象等所包含的意义，揭示其间的联系，发现其中规律的过程。对个案研究而言，资料的分析与解释从资料收集的那一刻就开始了，从观察个案时获得最初的印象，直到最后将各种印象整合在一起并得出结论。在这一过程之中，研究者需要进行详尽的观察、深入的思考、不断的反思和质疑。

个案研究主要有两种进行分析和解释的方法。其一是针对描述性的资料直接解释某一事件或现象，这时研究者给自己提出的问题是："这意味着什么？"通过分析，探明它的意义，使它成为可以被人理解的论点，这是一种偏于质化的方法。其二是整合重复发生的事件，将之作为一类现象来分析，以期发现在特定条件下保持不变的事项，或总结出现象背后的规律，这是一种偏于量化的方法。经过编码的资料更易于在变量之间进行比较，发现变量间的联系，从而使分析过程变得更为简便。以上两种方法经常结合使用，且根据资料的特征以及时间安排而不同，具体如下：

(1)资料的特征：对于描述性的资料倾向于用质化的方法，对经过编码的资料倾向于用量化的方法。

(2)时间安排：时间紧迫时倾向于用质性的方法；时间允许时，则可以对较为重要的资料进行编码，采用量化的方法。

从多种角度考虑问题是为了避免主观性，研究者需要综合考虑来自不同角度的信息，对其中的矛盾之处应尤为重视，并采取其他方法进行检验。研究者需要不断质疑先前的印象和假设，并尝试从不同角度对同一现象做出解释，给将来的研究者留下判断、选择的余地。

三、个案研究的优势与局限

个案研究在心理学中的地位十分重要。无论对质化研究的心理学，还是对量化研究的心理学，都起着至关重要的作用。其优势主要体现在以下两点：①个案研究的经费投入相对较少，寻找个案和收集个案的资料相对比较便利。个案研究如"解剖麻雀"，深度挖掘个案特殊的丰富意义，可以作为对那些关注普遍性的实验研究与测验研究的重要补充。②个案研究面对具体、生动的个体更为“原生态”，因此具有丰富的研究资源。个案研究往往成为发现理论的源泉。个案研究可以触发灵感、启迪思考、创设框架、萌动假设。

但个案研究也有其局限性：①个案研究很难重复研究，更难进行检验，且其结论亦难进行普遍性推论。个案研究的结论上升到理论水平主要依靠研究者的理论直觉和专业水平。②由于每个研究者的经历、经验、理论直觉、专业水平各不相同，可能会对同样的个案得出不同的结论与理论。

第二节　质化取向的个案研究

一、质化个案研究的概念

质化个案研究以质性的第一手资料为研究对象，并对其进行质化分析。总的来说，其显性的特点就表现在：这种个案研究不重视或根本就不做任何量化的分析。它收集的是质性的第一手资料，它的分析也不考虑使用数量化的方式方法，它的结果呈现依然是保持质化的形式，而不采用数据表格或统计图形等量化的形式。

二、质化个案研究的特点

质化个案研究主要有以下特点：

(1)丰富描述的“真实感”。通过对个案大量第一手原始资料的呈现与描述，个案研究报告的丰富性可以令人感到如同亲临现场，酷似面对真人，其真实感很强。

(2)特例的“新奇性”。不少个案都是一种特殊的实例，而非在一般情况下可以接触到的。

(3)拓展知识的“桥梁”。一方面，研究者可以通过个案研究发现事实与证据，发展知识。另一方面，读者可以通过个案获取知识。个案作为共性事件的缩影，既能拓展理论，又能促进对既有理论的理解。个案就像搭建了一座桥梁，可以帮助研究者拓展知识。

质化的个案研究所收集的资料都是第一手资料。所有有关该个案的谈话、录音、摄影、录像、传记、信件、日记等原始资料都是第一手资料。正是因为第一手资料的原始性特点带来了其研究的真实性、生动性和丰富性，但与此同时也带来粗糙性、简陋性。

三、质化个案研究资料的收集方法

(一)谈话式

对个案或知情人进行的一切谈话形式的收集资料的方法简称为谈话式。可分为两种主要形式:第一种,访谈法,即与个案或知情人进行一次或追踪访谈并对谈话内容与过程予以详细记录,并加以研究。另外,根据是否有预先设计的固定话题的访谈可分为结构化访谈和非结构化访谈。通过访谈,可以自由灵活地收集到个案各方面的大量资料。访谈法是个案研究最常用、最重要的一种方法。第二种,焦点小组访谈,指围绕一个主题召开的、由相关的多个人员组成的访谈或讨论会。

(二)田野作业式

像人类学家 Malinowski 那样,长时间待在野外,对原始部落的土著人进行各种行为观察,被形象地称为“田野作业”(field study)。个案研究也可以对个案进行追踪式的行为观察,并记录观察到的材料,然后加以研究。与访谈法一样,行为观察也是个案研究经常用到的方法。

(三)文献式

收集并研究有关个案的信件、日记、作品、家谱、档案材料等文献的方法即文献式方法。G. W. Allport 就很重视这样的资料收集方法。他认为这是研究人格的很重要的一种方法。Allport 曾研究过一个叫吉妮的女子,收集了她历时 11 年的 301 封信件,并请 36 位心理学家归纳出吉妮的八种人格特质。

四、质化个案研究资料的记录技术

(一)日记法

在长期的追踪研究中,每天都将个案的各种情况记录下来,将是一种完整记录。相反,如果没有及时记录,时间一久,一些重要的现象、细节可能就会被遗忘。儿童心理学之父 W. T. Preyer 就是坚持整整三年每天观察儿子各方面的发展并坚持写日记。这种做法自然也为他以后写成《儿童心理学》奠定了重要的资料基础。

(二)卡片法

人类学家在做田野作业时发展了各种卡片法。将访谈、观察等获得的资料做成卡片,分类整理,有助于以后进行分析思考。

（三）速记法

进行访谈时，记录速度是问题的关键。如果记录的速度太慢，不仅不能将访谈的重要内容记录下来，还有可能影响访谈的进程，使访谈的进程变慢、停顿、卡壳，甚至难以继续。因此，学会速记法对访谈工作非常重要。

（四）录音

首先，录音必须事先征求当事人同意，并最好签署知情同意书，因为录音可能会涉及当事人的个人隐私。其次，应选用一些体积小、灵敏度高的录音设备，并且在访谈时，应该注意将录音设备尽量隐蔽，以免当事人注意到它的存在，从而影响访谈的正常进行。因为谈话时看到这种设备，会让人特别介意自己说话是否得体等。最后，应尽力提高录音的质量与效果。

（五）录像

与前面介绍的速记方法一样，录像同样也要事先征得当事人的同意，并最好签署知情同意书。一方面通过录像可以将访谈或观察的场面、过程、内容完整地记录下来，然后再根据录像将其文字化，整理出一份报告；另一方面，也可以对录像进行研究，通过编码进行分析。此外，录像可以作为最完整的记录予以保存。

五、质化个案研究资料呈现的方式

个案研究的方法较为自由，其报告的方式与格式也相当自由，没有严格的规定。但总结起来，大致有以下三种常见的格式：

(1)传记与生活史。研究者为被研究者详细、全面地整理了一本传记与生活史。例如，Freud 的著作《弗洛伊德自传》就是关于 Freud 的传记与生活史。

(2)回忆录。研究者通过对自己研究历程的回忆，展开关于个案的叙述与讨论。

(3)叙事报告。这是前两种格式的结合。研究者在描述对象的同时，也加入自己研究的经历。

六、质化个案研究的诠释效度

质性研究无论是研究程序，还是研究结果的呈现，均无单一的规范可言。那么，所有研究都是“好的”“严谨的”“有效的”研究吗？围绕此问题，Altheide 和 Johnson 提出了诠释效度的概念，诠释效度包括以下含义：

（一）有用性

实证研究追求的精确与客观是质性研究难以做到的。于是，质性研究者提出了有用的概念:研究结果真正诠释了被研究现象的意义即有用。如何做到有用呢?让被研究者参与研究,例如阅读和评价研究报告,让被研究者来检验诠释的完整性与精确性,如果研究报告能够解释被研究者的实际情况或被研究的现象的真实情况,那么,研究就是有用的。否则,便是无用的。

(二)完整性

描述的完整性表现在对研究对象的充分描述,对研究时间、地点、场所的详细介绍等方面。完整的描述有助于人们详细了解研究的进程与内容、深入了解研究的结论。如在个案研究中,有时候一些访谈的实录非常有助于人们了解真实的当事人。

(三)反省性

如果研究者能够敏感地意识到自己的角色并考虑这些因素对研究的影响,那么就会使研究结果更可信。

(四)逼真性

逼真性指研究提供的资料尽可能逼真,例如,引用照片、访谈实录、日记材料、笔记材料甚至录像剪辑等。越真实的材料,越有生命力,越有说服力。如果一个研究报告能够提供大量逼真的资料、证据,那将使研究结果更为可信。

(五)交叉性

交叉性指从三个方面提供证据,交叉印证,形成一种证据链。这三个方面是:资料收集的方法、资料的来源、分析者以及分析者提出的理论。这三个方面必须交代清楚,并且相互之间具有一致性,这样才能保证研究结论是有效的、可信的。

第三节　量化取向的个案研究

一、量化取向的个案研究的特点

(一)严谨的量化风格

众所周知,个案资料是很难量化的,即使能够量化,单个样本的数据也很难进行统计分析。然而,正是因为这种困难才体现了心理学家对量化的执着追求。如,Ebbinghaus对自己这个"个案"的研究是非常成功的。他以自己为被试,首次使用无意义音节作为记忆材料，从2300个音节中随机选取一些用来做实验。在实验中，他以间隔20分钟、1小时、8～9小时、1天、2天、6天、31天的方式测试自己识记的保持率，结果，发现了遗忘进程先快后慢的规律，即用遗忘曲线表示。

（二）具备客观性检验

量化取向的个案研究不仅追求量化，更重视客观性检验。因为这种取向的研究者大抵都是实证主义取向的。而实证主义非常重视客观性。个案研究的客观性检验主要是可观测性、可重复性检验。也就是说，虽然是在个案中发现、观测到的现象，但是必须让其他的研究能够观测和重复。例如Skinner在对鸽子的观察中发现其偶然的行为在受到食物的强化后会“习得”这一行为，后来大量的重复实验一再证明了这个规律，因此它的这一个案研究就具备了可观测性、可重复性，也就是客观性检验。

二、量化取向的个案研究的方法

对个案进行量化是非常困难的，但经过量化取向的研究者的不懈努力，终于发展了一些对个案进行量化的方法，如基线设计与Q分类分析。

（一）基线设计

基线设计(baseline design)可以实现对个案观测数据的基本量化，虽然比较简单，但是仍然很有意义。通过基线设计，能够对个案的观测数据进行不同时间与处理的比较。基线(baseline)即对行为的原始的基本的观察。有了这个基线，引入处理变量，就可以考察因变量的变化。基线设计可分为A—B—A设计和多基线设计。

1.A—B—A设计：这是一种简单的基线设计

A为基线，即在没有引入处理前的行为观测数据，B为引入处理后的行为观测数据。先确定基线，进行测量观察；然后引入实验处理，并进行测量观察。有时研究的时间与条件有限，只能进行这种最简单的基线设计。

2.多基线设计：这种设计更为常见

多基线设计增加了第二道甚至更多基线。由于可以进行多次比较，其内部效度较高。当引入实验处理后，如果行为在多条基线上都发生改变，那么多重基线设计就可以证明实验处理的有效性。

（二）Q技术

Q技术(Q-sort)是运用等级顺序程序对Q分类材料进行分析，以收集若干被试或单个被试有关心理、行为的资料，探讨团体中成员的类别或个体心理、行为的变化的一种方法。

在心理科学的测量研究中，通常有两种方法论：一是 R 方法论，二是 Q 方法论。R 方法论以“变量”作为分析单元，运用多数被试在不同测量上反应的相关信息进行研究分析，侧重探讨人际关系或个体行为、态度的改变。因而它适用于小样本或少数被试的研究。在 Q 方法论中，被试相当于 R 方法论中的变量，测验题相当于 R 方法论中的被试，因而它既可以进行自比性研究，即对同一被试前后两次测验结果可以进行相关分析，也可以进行个人间的相关研究，即可以对两个被试的测验结果进行相关分析。Q 方法的具体研究程序即 Q 技术，对个性、人格研究具有重要意义。

1.Q 技术的设计与实施

Q 技术的设计与实施步骤包括确定 Q 分类材料、确定分类程序和处理分析分类结果几个方面。

确定 Q 分类材料应根据研究目的，对所要研究的内容、变量加以分析，并将其形成若干陈述语句或单词，然后写在卡片上或绘制成有关图片，以供被试分类之用。为保证研究结果的可靠性，Q 分类材料的数目一般较多，在 60～140 之间，多数研究采用 100 项。

Q 分类的一般程序是将 Q 分类材料呈现给被试，然后要求其按一定标准将这些材料分几类。分类的标准包括以下三方面：①被试同意、赞成的程度或与被试相同的程度；②所分等级、类别数，通常以分为奇数个等级为宜；③应分到每个等级上的卡片或图片数目，为统计分析方便，一般按接近正态分布的原则来确定。表 8-1 说明了 9 等级 Q 分类各等级上的卡片数目。

表 8-1　Q 分类的赋值

最不赞成（最不相同）	分数									最赞成（最相同）
等级 1	1	2	3	4	5	6	7	8	9		
等级 2	9	8	7	6	5	4	3	2	1		
分数(1)	1	2	3	4	5	6	7	8	9		
卡片数分数(2)	2	3	6	11	16	11	6	3	2	$N=60$	
	4	6	9	13	16	13	9	6	4	$N=80$	

Q 分类结果的计分方式较为简单，主要有两种：一种是直接以各陈述卡片或图片被分到的等级数为其分数(见表 8-1 等级 1 及分数)；另一种是以最高等级减去某等级再加上 1，即得该等级的分数(见表 8-1 等级 2 及分数)。这两种记分方式虽有差异，

但均是以高分代表赞成或相同，低分代表不赞同或不相同，比较实用，易于理解。值得一提的是，由于Q分类的等级及各等级上的卡片数目的多少均由研究者事先确定，因而Q分类结果的平均数和标准差都已确定，因此十分利于结果的分析处理。

如前所述，根据Q分类的计分结果，可以通过计算数个被试得分的相关，来了解他们之间的关系和类别特点。例如，某研究者想要了解4名教师教育观念的不同，通过让4名被试进行教师观念Q分类，结果见表8-2。

表8-2 4名教师Q分类的相关矩阵

人员	A	B	C	D
A	1			
B	0.92	1		
C	−0.08	−0.17	1	
D	−0.08	−0.17	0.75	1

表8-2中相关数据说明这4名被试的相似程度。A、B两人分类的相关系数为0.92，说明二者属于同一类，C、D两人分类的相关系数为0.75，也较为接近，基本属于另一类，而其他相关程度则十分低。这说明四名教师中存在不同教育观念的两类教师，分别是A、B和C、D。通过分析他们分别赞成或不赞成陈述语句的内容，就可以了解这两类教师具有的不同特征。

2.Q技术的评价

Q技术的主要优点在于，其项目根据一定的理论而设计，因而逻辑性、使用性强。它可以适用于单一被试或子样本的研究情境，可对同一被试进行反复测量，对研究被试心理、行为的发展与改变有重要作用。其结果可应用相关法、因素分析法及变量分析法等多种方法。此外，Q技术可用于验证某些心理学理论，特别是人格理论。

Q技术的局限性与不足是，由于该研究被试样本较小，且并非随机取样得来，因而代表性不够，结果较难做推论，需大样本的横断研究加以补充。在统计处理方面，其项目较难完成符合许多统计处理的假设，如项目反映的独立性、资料数据的等距连续性等。此外，Q技术的强迫选择与分类方式一方面会限制被试的自由反应，另一方面也会限制某些统计分析法的运用，使某些统计数据得不到利用。

第四节 应用范例

对一名社交恐怖症青少年的箱庭治疗个案研究

幼儿攻击性行为装扮游戏矫正的多基线研究

具有创造成就的科学家关于创造的概念结构:基于Q分类的研究

思考与练习

1.选择央视《超级育儿师》某期节目,使用质化个案研究的方法对家庭教育进行分析。

2.随着科技发展,青少年网络成瘾成为“现代病”。现设计了一套矫正系统,请你利用所学知识,从量化取向的个案研究方法中选择一种验证其矫正效果。

3.越来越多的人注意到牙齿也是美丽的一部分,纷纷进行牙齿矫正,也有人抱着社交目的。请使用Q分类技术了解成年人牙齿矫正动机。

拓展阅读

官淑华,2010.教师成长中的身份认同:对两位高中英语教师职业生涯的案例研究[D].金华:浙江师范大学.

该研究是典型质化取向的个案研究范例,对两位教师进行了深入的跟踪研究,使用了诸如田野日记、谈话、观察的方法。通过该论文可对本章中质化取向的资料收集方法、记录技术有更进一步的体会,从另一个角度发现质化取向个案研究在拓展和发现理论上的重要作用。

程秀兰，王莉，李丽娥，等，2009.孤独症儿童融合教育干预的个案研究[J].学前教育研究，16(6)：34-38.

该研究对一位孤独症儿童进行长达3年的干预训练，包括感觉统合训练，语言表达训练，强化行为训练等。期间，使用孤独症行为量表收集前后测数据，采用参与式观察法记录该儿童的学习生活表现，以及对家长进行半结构访谈，是典型的单基线设计。说明了融合教育和家庭教育的结合是改善孤独症儿童症状的有效途径。

张皓月，2016.音乐治疗对自闭症儿童共同注意的影响研究[D].重庆：西南大学.

该研究选取三名中度自闭症谱系障碍儿童，采用单一被试的A—B—A—B与跨被试的多基线设计，结合观察法，探究音乐治疗对其共同注意的影响效果。该研究中，研究者将质化取向和量化取向结合起来，既通过设计和统计分析增强内部效度，又具备生态化的优点。

参考文献

董奇，2004.心理与教育研究方法[M].北京：北京师范大学出版社.

黄希庭，张志杰，2005.心理学研究方法[M].北京：高等教育出版社.

李清，王晓辰，程利国，等，2008.幼儿攻击性行为装扮游戏矫正的多基线实验研究[J].中国心理卫生杂志，22(3)：175-178.

童辉杰，2012.心理学研究方法导论[M].北京：中国人民大学出版社.

张景焕，金盛华，2007.具有创造成就的科学家关于创造的概念结构[J].心理学报，39(1)：135-145.

张雯，张日昇，2013.对一名社交恐怖症青少年的箱庭治疗个案研究[J].心理与行为研究，11(6)：832-837.

第九章　研究结果的整理、分析与解释

本章导读

随着心理学研究不断发展，不同研究方法相继出现，也就会获得不同类型的数据和资料。当研究者选用适当方法收集数据、资料之后，便要面临对研究数据、资料的处理过程。但是研究者面对众多研究数据、资料时，对数据和资料应怎么整理？该使用什么方法分析数据和资料？结果又该如何解释？本章将按照整理、分析、解释的流程，介绍如何对数据、资料进行整理和不同的数据分析方法，以及如何对研究结果进行解释。

第一节　研究数据的整理与审核

一、心理学研究数据、资料的整理

（一）数据、资料整理的目的

为了便于进一步分析研究，研究者需要将收集到研究数据、资料进行整理。这样做的目的主要是：①通过研究数据、资料整理使研究者把握主导方向。因此，研究者就要通过研究数据、资料整理，收集、删除或补充有关结果，突出研究主导方向，从而提高研究效率与可靠性。②通过研究数据、资料的整理保证材料可靠性，为进一步质化和定量分析取得正确结论奠定基础。例如，在心理测量的许多测量问卷或量表中，常常设有测量研究对象作答时一致性的“谎值”（如“明尼苏达多项人格量表”），以判断被试答案真实性，如果“说谎值”过高，则该被试数据的可靠性较低，应区别对待。③通过研究数据、资料的整理形成可进行深入分析的材料，初步把握数据的整体情况。对原始材料、数据的审核、评价与汇总等,研究者可以获得比较系统而完整的反映研究对象情况的材料,这样就可以从中发现某些初步的规律。

(二)资料的编码

编码(coding)是将研究所获得的资料转换成计算机可识别的数字、代码的过程。其具体的过程为:①罗列出所有的变量。②将变量归类,如视力、听力、精细动作、平衡能力等可归为身体机能变量。③给变量指定代表符号,如性别用"SEX";同类变量可加数字,如身体机能变量设为"PHYSICAL",则视力可以设为"PHYSICAL1"。④给每一个变量的内容指定代码,如 SEX=1 为男性,SEX=0 为女性。

根据编码制定的时间,可以分为事前编码和事后编码。

事前编码(precoding)是指在开始收集资料之前,根据研究目的做研究设计的同时进行编码设计,使研究结果能直接编录入编码表的方法。前编码适用于变量答案类别事先已知的问题,如封闭式问卷、内容分析的编码等。例如,某心理学研究者通过单向玻璃观察儿童课堂行为表现,并将某儿童的表现对照事先制定的"课堂行为表现核查表"进行编码,这就是前编码。

事后编码(post coding)是指在资料收集工作完成之后,研究者根据研究目的和所记录的被试的反应或答案,构建编码系统,对资料进行编码的方法。对于开放式问卷或一些事先不知道全部情况的观察、测量等,一般采取事后编码的方法。例如,进行问卷调查,某个开放性问题的答案可能有数十种,可以把它们全部列出来,将同一类型、同一性质或相近的答案归为一类,然后对各被试的答案逐一编码。

二、数据、资料的审核

(一)研究数据、资料的质量审核

质量审核就是审查核实研究所获数据、资料的真伪,删除错误的结果,保留合理的结果,并根据实际情况对缺失的结果进行补充,以保证研究结果的质量。研究数据、资料的质量审核包括两个方面的内容:一是从研究的总体看,应检查达到研究目的所要求的各个方面的数据、资料是否收集齐备。二是对被试个体的数据、资料的审核,检查每一个被试的数据、资料有无缺失或遗漏,有无前后矛盾之处,结果登记中有无错行、错号等差误。

质量审核的方法包括:计量审核和逻辑审核。

计量审核即核查研究数据、资料中各项计量资料。数据是否有错误或矛盾的地方,其中包括计量关系是否正确、计量单位是否一致等。例如,被试的总人数应等于不同分组的人数总和,也应等于男、女被试人数之和。

逻辑审核方法即检查研究数据、资料的内容是否合乎逻辑,有无不合理的地方。例如,某量表的选项只有两个选择项,分别用“1”和“2”表示,但答案中却出现了其他数字,这便是不合理的地方。

(二)数据、资料的剔除和补充

当研究者对数据进行质量审核之后,对于一些有明显错误的资料和数据,应尽量加以纠正。如果无法纠正,在不影响抽样效果,保证研究数据一定的有效率(一般为80%,有些研究要求不同)的基础上,应对这些错误结果予以剔除。要注意的是,如果不能确定某些研究结果的正确性和合理性,就应请有关方面的专家或熟悉该方面情况的其他研究者审核。

如果数据不完整,某些部分资料、数据缺失,应想办法补充。一般做法是,找出全部研究数据,资料中缺失、遗漏等有问题的地方,及时访问研究对象,解决其中的疑问以防缺失的数据、资料得不到补充而影响研究的完整性。

第二节　研究结果的质化分析

一、质化分析的特点和方法

质化分析是对研究结果的“定性”分析,是运用分析和综合、比较和分类、归纳和演绎等逻辑分析方法,对研究所获资料进行思维加工,从而认识心理现象和行为本质,揭示其发生发展的规律,为研究结果的解释和理论的构建提供依据。

质化分析有两种含义:一种是专指作为研究方法的质化研究,如参与观察法和深入访谈法就是两种质化研究方法;另一种是作为对研究结果的分析手段的质化研究或分析。在此所讨论的质化研究方法或质化分析是指后一种。

(一)质化分析的特点

质化分析包括以下特点:

(1)质化分析是建立在描述基础上的逻辑分析或推断。用于质化分析的资料,通常是描述性的资料(包括描述性的数量统计),如文字、图片等。例如,在一项关于青少年对网络利他行为表现形式的研究中,研究者首先通过访谈,收集大量的资料,然后通过归纳、比较与分类及分析等逻辑分析方法,概括出网络利他行为发生的四种主要形式,即网络提醒、网络分享、网络指导、网络支持,并建立理论框架,研究概念形成的过程和规律。这种质化分析就是建立在描述基础上的逻辑分析。

(2)质化分析侧重揭示心理过程中的现象或行为的“意义”。质化分析侧重揭示“意义”(现象或变量之间的关系),因此,研究者不仅要尽可能准确地获得研究对象真正的心理活动和行为的原因,而且要善于从研究资料的表面深入下去,揭示“意义”。例如,在一项青少年网络利他行为影响因素的研究中,研究者运用访谈法对被试者提出了一系列问题,从网络利他行为发生的内部和外部影响因素,通过逻辑分析,得出网络利他行为发生的规律。

(3)质化研究或分析倾向于对研究结果进行归纳分析。在质化分析中,研究者倾向于运用归纳分析的方法。研究者从心理学研究的大量研究结果中归纳出其中的规律、关系,从而形成抽象概括的理论。例如,研究者观察儿童的人际交往行为。在实际观察一段时间之后,研究者发现儿童之间的欺负行为(包括言语和身体欺负)很有研究的价值,因此就将研究的指向集中于这一问题。研究者经过一段时间有目的的观察,发现在儿童之间的欺负中,冲突挑起者与结束者总是由某些社会地位较高的儿童充当。这样研究者就可以提出假设,并用进一步的研究来检验假设。上述从实际观察中归纳出研究假设的归纳分析就是质化分析常用的方式。在心理学研究中研究者常用归纳的方式提出研究假设。

(4)质化分析不仅注意对结果和作品的分析,更重视对过程和相互关系的分析。例如,对儿童冲突问题的研究的目的之一在于减少、控制儿童的冲突行为,仅仅研究冲突的挑起人和结束者的有关情况并不能达到目的,还应研究儿童在冲突中的相互作用、情绪及认知变化,以及采取的策略等,这样才能对儿童冲突有全面的考察,从而提出相应的措施和策略。质化分析不仅注重结果和作品的分析,更重视过程的分析。在这个意义上,可以说质化分析是一种动态的、针对过程的分析,可以找出变量之间相互影响过程的规律,从而为结果的解释提供依据。

(二)质化分析的基本方法

在质化分析中常用的方法有以下几种:

1.比较与分类

比较(compare)是指依据一定的标准,确定事物或现象之间的异同及相互关系,从而寻找心理和行为的普遍性及特殊本质。心理学是研究人的心理活动和行为规律的科学,而人的任一心理活动和行为具有共同性和个别差异两方面的内容和表现,这是在心理学研究中运用比较的基础。

在心理学研究中,常用以下两种比较方法:纵向比较和横向比较。纵向比较是指对同一研究对象的心理和行为在不同发展时间的具体特点进行比较的方法。横向比较是指依据一定标准,对同时并存的不同事物或现象进行比较分析的方法。

上述两种比较方法在运用时必须有统一的标准，同时，参与比较的事物或现象之间要有可比性（即事物与现象之间要有内在的本质联系）。

比较是为了区分事物，即分类（classify），分类的原则包括：①分类应根据研究问题和目的进行；②每次分类必须在同一维度上进行；③分类的类别必须穷尽且互斥；④类别之间应有显著的差别，同类资料应有相同的性质。

2.分析与综合

分析与综合的逻辑方法贯穿于研究方法过程的始终。在质化分析中的分析与综合主要是指对研究结果的全面分析研究。

分析（analyze）是指把复杂的研究对象（研究结果、现象等）分成简单的部分，进行单独的考察，从而认识各部分的性质和特点。如研究儿童思维品质，可以将其分为敏捷性、灵活性、深刻性、独创性和批判性五个方面分别加以考察，这样可以更深刻地认识思维品质和智力。但是对研究对象的分析不能脱离综合的方法。

所谓综合（synthesize），是指根据分析的结果，在已经认识到的事物本质的基础上，将事物的各方面的本质联合成为一个整体，从而使人们获得对研究对象的全面、完整的认识。在做出研究结论时，经常用到综合的方法。

3.归纳与演绎

归纳（induce）与演绎（deduce）是质化分析时常用的两种相互对立又相互联系的逻辑推理方法，也是构建理论的两种不同的方法。

根据归纳对象的不同特点，归纳法可以分为完全归纳法和不完全归纳法，后者又可以分为简单枚举法和科学归纳法。归纳法在心理学研究中运用非常广泛，因为提出理论或检验假设时都要求研究者从收集的大量事实资料中，概括或推论出某一类事物、现象所具有的某种属性。例如，个案分析、研究结果的推论统计等，都是通过对个体或样本的考察和分析，从而做出一般性的推论或结论，这实际上是不完全归纳法的具体形式。

演绎法与归纳法的逻辑取向相反，它是从一般性前提推出个别性结论的逻辑方法。演绎法一般可分为简单判断的推理和复合判断的推理，两者又包括多种形式。在心理学研究中，三段论和假言推理运用较为普遍。例如，某思维发展研究结果表明某 3 岁幼儿已形成了“守恒”概念，而已有的研究和理论已证明“守恒”概念要在儿童七八岁以后才可能形成，因此 3 岁幼儿形成“守恒”概念这一结果值得怀疑。这就应检查结果的可靠性了。这个推理过程就用到了演绎法。

4.抽象与具体

心理学的研究对象是具体（concrete）的，要认识心理与行为的本质和规律，必须借助于抽象(abstract)。于是就形成了由具体到抽象和由抽象到具体的两种逻辑方法,这两个过程与综合分析过程分别对应。

心理学研究的结果分析是定量分析与质化分析的结合,只有通过抽象,才能使定量分析上升到质化分析。如果离开抽象,定量分析就不能对认识心理活动的规律有所帮助。在质化分析中,一般借助抽象的概念、数学模型或理论模型等方式进行科学的抽象。从另一方面来看,心理学研究的目的是描述、解释、预测和控制心理现象和行为。

二、质化分析的基本思路与过程

(一)基本思路

质化分析的思路有很多,从变量数目角度分析可分为以下几种:

1.单变量分析

单变量分析是指对研究所涉及的一个变量的描述和分析。一般来说,这个变量应是影响研究结果的主要变量(如主要的因变量)。按变量的性质不同,单变量分析可分为连续变量的分析和间断变量的分析。这里主要讨论连续变量的分析。

单变量分析主要包括数据分布、集中趋势和离散趋势等几种形式,主要是用于描述某一变量的特征与规律。数据分布可用全部描述、数据分布和比例数等三种方式。集中趋势可以用算术平均数、中数和众数表示。离散趋势可以用全距、标准差等表示。单变量分析就是在这些定量描述的基础上,对研究变量进行质化分析。

2.分组比较与双变量分析

分组比较是指对研究对象按一定的标准进行分组,通过组间的相互比较描述变量的特征。分组比较一般也是针对某一个变量而言的。

而双变量分析便涉及两个变量,同时也增加了对变量之间关系的分析。通常研究者通过比较自变量的各种水平在因变量的各种水平上的差异来分析变量间的关系。

3.多变量分析

双变量分析与多变量分析的原理相同,差别在于双变量分析只涉及一个自变量和一个因变量,而多变量分析则有一个以上的自变量来解释因变量(也可以是一个以上)。多变量分析有两种主要方法:一种是多元分析;另一种则是通过其他变量的影响探索两变量之间关系,其主要方法是把样本数据按照控制变量分组后再加以比较。

后一种分析方法其实质是通过变量控制(引入第三个变量)将干扰因素和无关因素加以控制,使两个相比较的群体除一个变量不同外,其余的尽可能接近,以描述或检验变量间的关系。

上面介绍了质化分析的基本思路。在心理学研究中,研究者逐渐认识到心理领域的现象可能受多种因素的影响,单变量分析已难以准确地揭示这些现象的本质和规律,开始越来越多地运用多变量分析方法,这一趋势应该引起研究者的重视。心理学研究是质和量的统一体,因此应强调质化分析与定量分析相结合,强调质化分析基础上的定量分析,在实际研究中不可偏向任一方面。

(二)质化分析的过程

质化分析一般包括下面几个步骤:

1.确定质化分析的目标

质化分析目标的确定是与研究目的、研究设计,尤其是研究假设分不开的。质化分析的目标就是寻找变量之间的关系(相关、因果或其他关系)。

例如,研究者欲研究小学儿童自我意识的特点,设计了一系列问题,采用问卷形式检验儿童自我评价的客观性。结果分析就可以有两种方法:其一是将儿童自我评价水平和活动的结果(如学习成绩、测验分数等)进行比较,考察二者之间符合的程度;其二是将儿童的自我评价与他人考察对象的评价(如教师、同学和家长的评价)进行比较,考察二者之间的符合程度。研究者可以根据研究的具体情况选择其一,也可二者并用。在此,比较二者之间的符合程度就是质化分析的目标。

使用质化分析时,研究者必须根据研究目的和研究结果确定质化分析的目标,然后选择适当的质化分析方法和分析的维度进行分析。

2.整理研究结果

研究结果的整理要根据质化分析的目标进行。

3.寻找关系,探索规律

根据质化分析的目标对研究结果进行整理后,就应采用分析方法寻找变量之间的关系,探索其规律,揭示其本质。在这一步需要运用质化分析的有关逻辑方法,如分析与综合、归纳与演绎、比较与分类、抽象与具体等进行分析,从而得出研究结论。

第三节　研究结果的定量分析

一、统计分析的功能与基本内容

统计分析是心理学研究的重要工具。心理学发展的早期阶段，定量分析很少被运用于研究中，许多研究者仅仅是从个人经验出发，用哲学、逻辑思辨的方法获得研究结论。现代心理学研究一般是在一定范围内进行的，如何设计心理学研究，如何从样本的性质推论总体的性质才能避免犯错误，凡此种种，仅仅依靠个人或少数人的主观经验是不可能完成的，只有借助于统计分析方法，才有可能解决这些问题。目前，统计分析已成为心理学研究的重要工具。

心理学研究中的统计分析，可以依据不同的分类标准划分为不同的类别。其中，最常见的是按照统计分析方法的功能进行分类，分为描述统计、推论统计和实验设计辅助统计三大类。

1.描述统计

主要是对资料进行整理、分类和简化，描述数据的全貌以表明研究对象的某些性质。描述统计包括数据初步整理、数据集中趋势和离散趋势的度量以及相关关系度量等几方面，其目的在于使纷繁的数据清晰直观地显示研究对象的特征，以利于进一步深入分析。

2.推论统计

主要讨论通过局部（样本）数据讨论全局（总体）的情况。推论统计包括总体参数特征值的估计方法和假设检验方法两大类。

3.实验设计辅助统计

实验设计辅助统计包括被试的取样方法和样本容量确定、实验条件的控制以及结果统计方法的选择和设计等内容，一般是在实际研究开始之前进行的，目的在于使研究者能科学地、经济地以及更有效地进行实验。

上述三个方面之间是密切联系的。描述统计是推论统计的基础，推论统计是带有预测性质的统计分析方法；描述统计只对数据进行一般特征的描述分析，若不进行后续进一步的推论统计分析，就不能深刻地揭示统计结果的意义。描述与推论统计都是在良好的实验设计下所得数据基础上进行的，因此，实验设计的优劣是决定统计分析成功与否的关键。当然,一个好的实验设计也必须符合统计分析方法的要求。

二、描述统计

在心理学研究中,当研究者实施了研究设计,收集了大量的研究结果后,首先应对数据进行初步整理,如统计分类和制作统计图表等,随后,就要对数据的特征进行描述。描述数据的集中趋势和离散趋势及相关关系,就被称为描述统计。

(一)集中趋势的度量

心理学研究中,集中趋势度量结果称为集中量数。集中量数就是一组数据的代表值,代表着研究对象的一般水平。常用的集中量数有以下几种:

算术平均数(M)是应用最普遍的一种集中量数。基本计算方法是总体中各单位数值之和除以总体数目单位,其商即为算术平均数。在大多数情况下,它是真值的最佳估计值。

中数(Md)又称中位数,它是指在数据的次数分布上50%位置处的数值,即位于一组数据中较大一半与较小一半中间位置的数。中数既可能是原始数据中的一个,也可能不是原有的数据。中数受抽样的影响较大,稳质化不如算术平均数。

众数(Mo)是指分布中次数最高的数据,即数据中出现次数最多的数据的值。众数可以通过观察方法直接得到,也可以用积分的方法求出。众数主要用于需要粗略、快速的计算中,计算简便。

(二)离散趋势的度量

集中量数只描述了数据的集中趋势和典型特征。由于心理学研究所获得的数据大多是随机变量,具有变异性,因此,要对数据的变异性即离散趋势进行度量。描述数据的离散趋势的统计量称差异量数。常见的差异量数有以下几种:

方差(variance)也称变异数、均方,常用符号 S^2 表示,它是每个数据与该组数据平均数之差平方后的均值。标准差(standard deviation)是方差的算数平方根,常用 S 或 SD 表示。方差和标准差的计算公式为:

$$S^2 = \frac{\sum (X - \overline{X})^2}{N} = \frac{\sum x_i^2}{N}$$

$$S = \sqrt{\frac{\sum (X - \overline{X})^2}{N}} = \sqrt{\frac{\sum {x_i}^2}{N}}$$

式中:$\overline{X}$ 表示样本的平均数,N 表示样本大小,X 表示每个样本的值,x_i 表示每一个原始数据与平均数之差。

在心理学研究中,常用标准分数(Z 分数)表示一个数据在团体中所处的相对位置，便于团体成员间的比较。其计算公式为：

$$Z=\frac{X-\overline{X}}{S}$$

式中：X 表示样本的值，$\overline{X}$ 表示样本的平均数，S 表示样本的标准差。

如果要比较同一团体或个人在不同测量单位的测验中得分，或者比较不同团体进行同一中观测获得的数据，研究者常用到差异系数(也称相对标准差)，差异系数越大，表示该数据在团体中的位置越偏离平均位置(算术平均数)，其计算公式为：

$$\mathrm{CV}=S/M$$

式中：S 表示样本的标准差，M 表示样本的平均数。

此外，研究者有时会使用到全距，全距可在研究预备阶段，用于检查数据的大致散布范围，以便确定统计分组，是最高分与最低分的差值。

（三）相关关系的测量

心理学研究往往需要描述变量之间的关系，考察变量之间的关系可以用相关关系分析法。相关关系有三种，即正相关、负相关和零相关。研究中用相关系数 r 表示变量之间的相关程度。相关系数的数值介于-1.00 和$+1.00$ 之间，数值前的正负号表示相关的方向。正值表示正相关，负值表示负相关，0 表示零相关。相关系数的绝对值越大，相关程度越高。相互系数为$+1.00$ 时，为完全正相关；相关系数为-1.00 时，为完全负相关。

两种最常用的相关是积差相关和等级相关。积差相关适用于正态分布的双列变量，即用等距和等比量表测量获得的数据。常用的是皮尔森(Pearson)积差相关，基本计算公式为：

$$r=\frac{\sum xy}{N\cdot S_x\cdot S_y}=\frac{\sum xy}{\sqrt{\sum x^2\cdot\sum y^2}}$$

式中：x、y 分别为 X、Y 两个变量测量值与平均值之差，N 表示样本大小，S_x 和 S_y 分别表示 X、Y 变量的标准差。

等级相关适用于等级变量(用等级量表测得的数据)和非正态分布的变量之间的相关分析。这种相关方法对变量的总体分布不作要求，因此又称为非参数的相关方法。最常用的等级相关是斯皮尔曼(Spearman)等级相关，其基本公式为：

$$r_R=1-\frac{6\sum D^2}{N(N^2-1)}$$

式中：D 为各对偶等级之差，$\sum D^2$ 是各 D 平方之和，N 为样本大小。

此外，还有表示多列等级变量相关程度的肯德尔等级相关以及质与量相关、点二

列相关等。

上述相关分析有一个重要的假设：变量之间的关系是线性关系。非线性相关关系不能用线性相关的公式计算。

有时，研究者也会报告相关系数的平方值 R^2，即决定系数，或者称为两个变量的共享方差百分比。此值将获得的 r 变为百分率，R^2 的范围是 0.00～1.00。这一百分率表征了一个变量的方差能够被另一个变量解释的百分比，比如，若要考察言语能力与智力的关系，在现实中，言语能力与智力的相关大约是 0.70。这意味着 49%（0.70 的平方）的言语能力变异性能够通过智力的变异性进行解释。因此，解释了 49%的智力变异性，但还有 51%的变异性需要其他变量加以解释。在理想世界中，如果研究者掌握对人的智力有贡献全部其他变量的充分信息，就能够解释 100%的智力变异性。

三、推论统计

（一）总体参数的估计

总体参数的估计可分为点估计和区间估计两类，主要解决通过样本中得到的结果推论总体的问题。本节着重介绍区间估计。区间估计是指用一个置信区间估计总体参数。这个置信区间是在一定的置信度（显著性水平）下建立的，总体参数落在这个区间内可能犯错误的概率等于置信度。区间估值以样本分布理论为基础，依据样本分布做出估计正确概率的解释，依据标准误的大小确定区间的长度。标准误越小，置信区间越短，估计准确概率也较高。一般地，样本容量越大，标准误越小。

区间估计的种类很多，主要有总体均值的区间估计、总体百分数的区间估计、标准差和方差的区间估计、相关系数的区间估计等。其基本计算思维是相同的，都必须先根据置信度计算出标准误，基本公式为：

$$A \pm BaSE$$

式中：A 为样本统计量，如 $\overline{X}$、σ_r 等。Ba 为分布形式，如 Z、t、c^2 分布。SE 为样本统计量的标准误。

（二）假设检验

假设检验（hypothesis testing）是推论统计中应用最普遍，也是最为重要的统计方法。一般地，假设检验分为参数假设检验和非参数假设检验两大类，在假设检验中研究者主要关心的是从两个样本统计值的比较中得出的差异是否存在于两个总体之间。

1.假设检验的基本思想和步骤

在心理学研究中，根据已有的理论和经验或对样本总体初步了解而对研究结果做假设叫作研究假设 H_1(也叫备择假设),而与之相对立的假设称为虚无假设 H_0(也称零假设)。研究者通过对 H_0 进行检验,从而接受或拒绝 H_1 的过程便是假设检验。通常把概率小于 0.05 和 0.01 的事件称为“小概率事件”,这个概率也称显著性水平。

假设检验的基本步骤是:

(1)建立虚无假设 H_0 和研究假设 H_1;

(2)选择适当的显著性水平 α,并根据检验的类型,查出临界值;

(3)根据样本数据计算统计检验值;

(4)比较临界值与统计检验值;

(5)根据比较结果进行决策。

通常地,在显著性水平 α 下,临界值大于统计值,则接受 H_0,拒绝 H_1;临界值小于统计值,则拒绝 H_0,接受 H_1。

2.常用的假设检验方法

在心理学研究中,经常遇到平均数显著检验、平均数差异的显著性检验、相关系数的显著性检验、方差的差异检验及方差分析等问题,其中运用较多的是以下几种检验。

(1)Z 检验

在心理学研究中,对总体正态分布、方差已知或独立大样本平均数的显著性和差异的显著性检验,非正态分布($\rho \neq 0$)的皮尔森积差相关系数和二列相关系数的显著性检验以及两个相关系数分别由两组被试得到的相关系数差异性检验等情况,都可以用 Z 检验。其中平均数差异显著性 Z 检验的基本计算公式为:

$$Z=\frac{D_{\overline{X}}}{SE_{D\overline{X}}}$$

式中:$D_{\overline{X}}$ 是两个平均数的差异,$SE_{D\overline{X}}$ 是两个平均数差异的标准误。

(2)t 检验

t 检验即比较两组平均数之间的差异是否达到显著水平。通常用于总体正态分布、总体方差未知或独立小样本平均数的显著性检验,平均数差异显著性检验,相关系数由同一组被试取得的相关系数差异显著性检验,非正态分布($\rho \neq 0$)的皮尔森相关系数的显著性检验等情况。其中,平均数差异显著性 t 检验公式为:

$$t=\frac{D_{\overline{X}}}{SE_{DX}}(\mathrm{df}=n-1)$$

式中:$D_{\overline{X}}$ 是两个平均数的差异,SE_{DX} 是标准误,df 是自由度,n 为样本大小。

(3)χ^2 检验

χ^2 检验是比较观察次数与理论次数之间差异的统计方法。一般用于计数数据

的检验，也可以用于样本方差与总体方差的差异检验等情况。χ^2 就是统计样本的实际观测值与理论推断值之间的偏离程度。用于计数数据的 χ^2 检验基本公式为：

$$\chi^2 = \sum \frac{(f_0 - f_e)^2}{f_e}$$

式中：f_0 为实计数，f_e 为理论期望次数。

(4)F 检验与方差分析

F 检验是解决从两个正态总体中随机抽取的两个样本变异数之比，从而考验是否达到显著差异的统计方法。常用于独立样本的方差的差异显著性检验，其公式为：

$$F = \frac{S^2_{n_1-1}}{S^2_{n_2-1}} \qquad (\mathrm{df}_1 = n_1 - 1, \mathrm{df}_2 = n_2 - 1)$$

式中：$S^2_{n_1-1}$、$S^2_{n_2-1}$ 分别为两样本的方差，df_1、df_2 分别为样本 1 和样本 2 的自由度，n_1 和 n_2 分别为样本 1 和样本 2 的大小。应该注意的是，F 检验是双侧检验，只有当 $F < F(1-\alpha/2)$ 或 $F > F(\alpha/2)$，两方差的差异才显著。

方差分析又称变异数分析，主要用于心理学研究所分析数据中不同来源变异对总变异的影响大小，从而确定自变量是否对因变量有重要影响。不同的实验设计，所需方差分析的具体过程存在着区别，主要有独立设计和相关设计两种设计的方差分析。使用方差分析应注意满足基本假设：①总体正态分布；②变异具有可加性；③各处理内（即实验组内部）的方差一致。

（三）统计显著性、统计检验力与效应量

1.统计显著性

上面简要讨论了几种常用的假设检验方法。从中可以看出，推论统计（尤其是假设检验）的主要目的是判断统计显著性（statistical significance）是否存在。而推论统计做出的结论是可能性的，做出的推断同样存在犯错误的可能。在作统计推断时可能犯的错误有两种情况：

其一是在应当接受虚无假设时，错误地拒绝虚无假设，即两总体之间并无差异时，错误地做出总体之间有差异的结论。这种错误称为Ⅰ类错误，其概率用 α 表示，故又称为 α 型错误。犯 α 型错误的概率取决于拒绝虚无假设的概率水平。例如，如果显著性水平 $\alpha = 0.05$，那么推论总体有差异时有 5%犯Ⅰ型错误的可能。

其二是当总体实际上存在差异时，错误地接受了虚无假设，这种错误称为Ⅱ类错误，其概率用 β 表示，故又称为 β 型错误。Ⅱ类错误比Ⅰ类错误更难以计算。这两类错误的关系如图 9-1 所示。从图中可以看出，当其中一种错误的可能性增大时，犯另

一种错误的可能性相应减小，但是，$(\alpha+\beta)$不一定等于 1。如果研究者做出推论，在 α 水平上总体差异不显著，接受 H_0 时，还应该考察 β，避免犯Ⅱ类错误，这一点应该引起研究者重视。假设检验的可能性如表 9-1 所示。

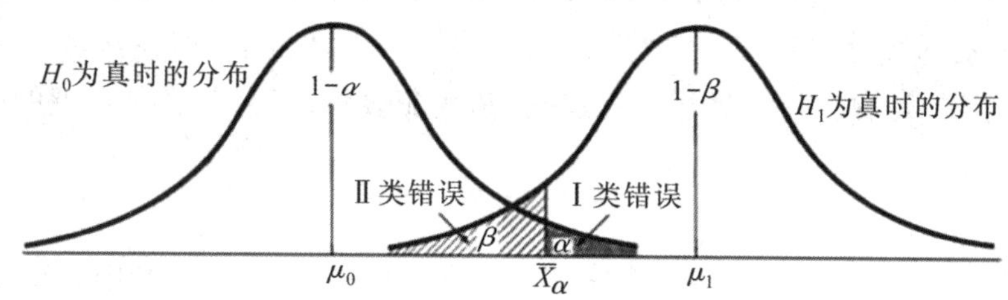

图 9-1　α 与 β 的关系图

表 9-1　假设检验可能情况

决策 / 检验结果	统计推断	决策
	接受 H_0	拒绝 H_0
临界值>统计值	—	α 错误
临界值<统计值	β 错误	—

应该注意的是，假设检验并不能排除效度的其他影响因素，假设检验只能说明两组数据间的差异，但并不能指出造成差异的原因。此外，统计显著性并不能保证研究结果有意义或有价值。“显著性水平”只是统计学意义的概率，而不是理论上或实际上的概率水平。还应当注意的是，差异上的量很大并不意味着统计显著性很好，差异的显著性既取决于差异的大小，同时也取决于样本大小。大样本产生小差异，也可能是显著的。切勿错误将差异的量当作差异的统计显著性程度。这一点也应引起心理学研究者重视，如果研究者使用了很大的被试量进行研究，实验组与控制组的结果相差很小，于是就想当然地认为差异不显著，这是不正确的，还应根据样本的大小查表后再做出推断。

2.统计检验力

统计检验力又称统计功效(statistical power)，其值等于 $1-\beta$，是指正确推断虚无假设 H_0 正误的能力。在此主要讨论统计检验力的影响因素及其功用。影响统计检验力的因素很多，主要有三种：①总体的特征。两个总体的实际差异越小，假设检验就越难以检验出其差异，研究假设越难以确认为真(即接受 H_1)，对统计检验力的要求越高。对于一个总体，如果其他条件不变，总体的变异程度越大，统计检验力越小。②样本的容量。一般地，统计检验力与样本容量成正比，当$(1-\beta)>\alpha$ 时，随着样本容量的增大，统计检验力提高。③显著性水平 α。从图 9-1 中可以看出，当 α 减小时，β 相应增大，$(1-\beta)$ 就随之减小，统计检验力下降。

统计检验力对于实验设计和结果解释是很重要的，在实验设计时，应考虑到影响统计检验力的几种主要因素，使研究设计能最敏感地体现出实验处理的作用。在心理学研究中，有时可能出现实验组与控制组的结果差异不显著，即在显著性水平 α 下接受 H_0 的情况，这时应该考虑统计检验力，避免犯 β 型错误，并做出合理的推论。

3.效应量

在一般的心理学实验中，研究者进行推论统计时，主要关注实验中自变量是否对因变量具有显著性作用，即 p 值是否小于显著性水平。但是容易忽略样本量会对实验结果产生重要影响，当样本量很大时，即使自变量对因变量的作用实际上并没有显著性影响，但 p 值仍然可能小于显著性水平。所以需要一个不受样本量影响但能测量自变量效果的量数——效应量(effect size，ε^2)。

效应量是衡量实验效应强度或变量关联强度的指标，它不受样本容量大小的影响(或影响很小)。效应量与研究设计和研究目的有关，它可以是任何研究者感兴趣的量的大小，可以涉及单变量、双变量和多变量。比如均值、均值的差异、相关系数和方差的比例等。效应量太小，意味着处理即使达到了显著水平，也缺乏实用价值。将效应量具体到假设检验中，效应量即为“虚无假设 H_0 错误的程度”。这种错误的程度可形象理解为虚无假设 H_0 与备择假设 H_1 所代表的两个抽样分布分离程度或面积重叠程度：如图 9-2 所示，当虚无假设被接受时，效应量的值为零；当虚无假设被拒绝时，效应量为非零值，且当效应量越大，H_0 偏离 H_1 而犯错误的程度越明显，两分布的分离程度越高，重叠面积越小，虚无假设的均值与备择假设的均值间的距离越远。

相对于传统行为实验中的 p 值，效应量具有一些优于 p 值的特点：

(1)效应量不依赖样本大小。p 值的大小会极大地依赖于样本量，比如某一实验中，第一次实验中实验组和控制组均为 15 人，最终检验的结果显示差异不显著，而当把人数均增加至 120 人，两组的平均数之差和标准差都不变时，差异却显著。而效应量则可以独立于样本容量而计算实验的实际效果。

(2)效应量是一个纯净值，即它没有测量单位，如此则可以将效应量用于不同研究之间进行比较。例如，在两独立样本 t 检验中，其效应量指标为 d，若 $d=0.25$，则意味着不管两样本数据的单位是米、厘米还是其他单位，两样本均值之间的差异均为 1/4 个标准差。

目前出现过的效应量种类繁多，按效应量的统计意义将其分成三类：

(1)差异类：一般用于实验研究，进行两组均值比较或多组均值比较。

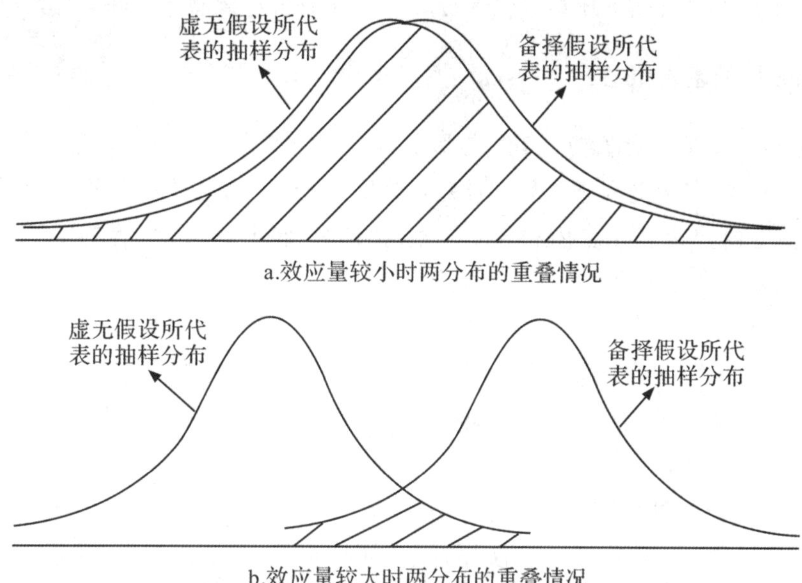

图 9-2　效应量大小与假设分布

(2)相关类:一般用于变量相关的研究中,其大小可以衡量两个或多个变量共变的程度,也可用于差异比较的研究中。因此,相关类效应量应用更广泛。

(3)组重叠:前两类效应量都假定总体方差同质,当方差异质,总体非正态以及组之间的样本容量不一样时,前两类效应量都难以准确地估计实际的效应量,此时便使用组重叠效应量。

不同的研究目的、不同的实验设计以及不同的数据条件,效应量的算法都可能不一样。在具体使用时,需要根据不同的情况,选择合适的效应量指标。对效应量大小的判定并不存在一个放之四海而皆准的法则,而需要兼顾研究主题的特殊性、已有理论背景、研究设计类型、实证操控过程的有效性、估计指标的使用前提等,以此综合权衡结果的实际意义。

(四)多元分析方法

之前讨论的数据统计分析方法大多都是一元的,即只有一个因变量的单因素研究设计统计分析。但是在研究中,影响心理现象的因素不是单一的,而是复杂多变的,其中每一个因素又可以分出许多不同的层面和维度。因为制约心理现象的因素之间相互作用、相互影响,构成了一个完整的系统。如果仅从其中抽出某一因素孤立地加以研究,就难以获得正确的研究结果。而且,影响心理现象的不同因素以及不同因素的不同层次的组合,也可能会使其中某一因素产生不同的作用。可见,孤立地考察单一因素,有时是没有意义和价值的。因而,在心理学研究中采用多因素的研究设计和多元统计分析方法在很多情况下比单变量的设计和统计分析更为有效和符合实际情况。

1.多元分析的基本概念

要学习和掌握多元分析方法，首先要了解多元分析的一些基本概念。除了前面已经介绍过的变量及其连续性、实验研究与非实验研究、描述统计和推论统计等基本概念外，下面主要介绍多元总体和多元样本、标准分析和层次分析等重要概念。

(1)多元总体和多元样本

在多元分析中，把所研究的全部可能的对象称为一个总体，研究对象的每一个属性称为一个变量，若一个总体具有 P 个属性，这个总体就是 P 元变量。从多元总体中随机抽取进行研究的对象称为多元样本。一个样本的 X 个观测值可用一个 X 维向量表示。

(2)标准分析和层次分析

在多元统计中，各变量的关系通常是相关的，即非正交的(所谓正交，即指一种没有任何联系的关系)。例如，学生课堂学习行为常常与个性特征、情绪状态、动机状态及各种外界环境因素相关，这些因素共同引起了总变异，而变量之间也可能共同分担或重叠了部分变异。如何处理这种重叠的变异呢？多元分析提供了两种策略：标准分析和层次分析。

标准分析认为重叠部分的变异不属于任何变量(有时可用更概括的统计变量，如 R_2 来说明这种重叠变异)。图 9-3 说明了标准分析中各变量的关系，斜线部分表示变量 X_1 和 X_2 单独引起的 Y 变异，而带点的重叠部分变异被忽略不计，将其看作既不属于 X_1，也不属于 X_2。层次分析中，每个变量在分析方程中都有其带入顺序。第一个变量及其后各变量都分成单独变异和重叠变异两部分，在图 9-4 中，虽然总的关系与图 9-3 相同，但已将重叠部分变异归于变量 X_1，只将带点部分的变异归于变量 X_2，X_1 和 X_2 对于 Y 的相对贡献发生了改变。

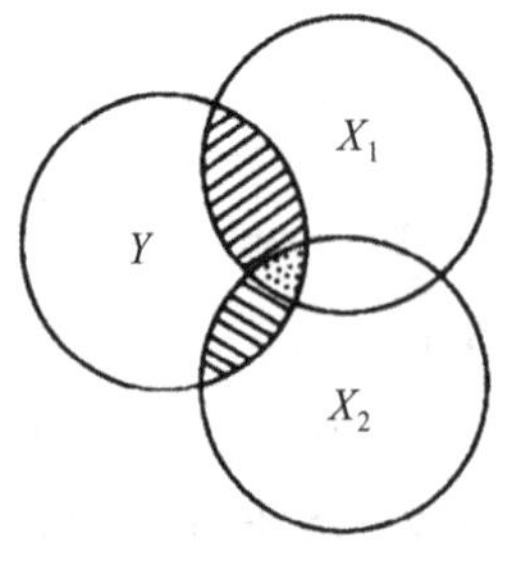

图 9-3　标准分析图解

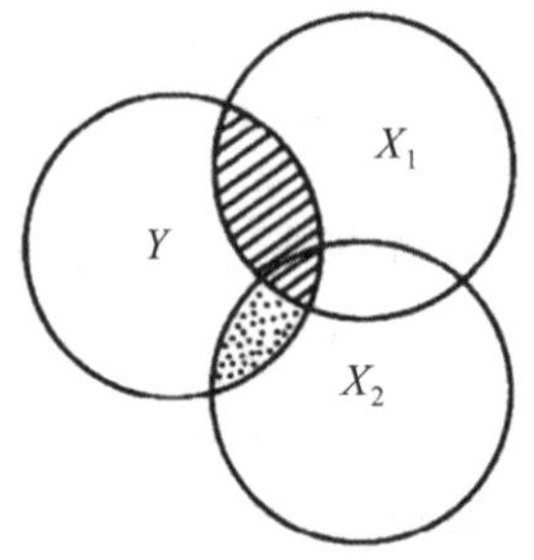

图 9-4　层次分析图解

2.多元分析的基本方法及其选择

多元统计分析已经发展成很多方法,其中基本方法有:多元回归分析、因素分析、路径分析、聚类分析、判别分析和结构方程模型等。下面将对其中主要方法的功能和适用条件作简要介绍,并分析选择多元分析方法时应注意的问题。

(1)多元回归分析

回归分析是通过观测值寻求自变量与因变量之间的函数关系的一种统计分析方法。用以评估和分析一个或多个因变量和多个自变量之间的关系的回归分析就是多元回归分析(multiple regression analysis)。例如,用专业认同度、学习效能感等变量预测护理学生学习投入状况。多元回归分析是多元分析的主要基本方法之一。多元回归分析所涉及的变量的限制很少,可以是四种不同测量水平的变量中的任一种。变量间的关系形式也不限,既可以是直线的,也可以是曲线的;既可以是整体的,也可以是部分的。

尽管各种多元回归方法的基本特征和目的是不同的,但其基本运算思路是相同的,即根据多次观测值建立回归方程,并进行显著性检验。显著性检验主要包括三个方面:对回归系数的检验,对复相关系数 R^2 的检验和对变量所说明变异量的检验。

逐步回归分析就是一种从大量变量中,选择对建立回归方程重要的变量的方法。其中常用的是逐步引入法、逐步剔除法和增减法三种。

(2)因素分析

因素分析(factor analysis)是从众多的可观测变量中概括缩减出少数起主导作用的共同性变量(因素),用以解释最大量的观测事实的统计分析技术。因素分析可以说是主成分分析的深入和推广,它是由心理学家 Spearman 在关于智力的研究中发展起来的。在使用因素分析的过程中,目标是用更综合的名称,如一个因素描述彼此相关的项目。例如,有研究者为了完成研究收集了多个变量的数据而且分析了所有变量之间的关系。那些包含彼此相关项目的变量被认定为因素。最终研究者确定出一个因素的名称是积极的沟通,由 10 个不同却彼此相关的项目构成。

因素分析是考虑到多种变量的观测分析,其结果包含了观测变量中几乎全部的信息,较全面地反映所研究对象的各个侧面,有助于发现心理现象的规律,可从众多变量的交互相关中找出起决定作用的基本因素,有助于建立和发展理论。因素分析主要用于在编制新量表时确定量表的维度(或潜在结构)。

因素分析可分为探索性和验证性。探索性因素分析(exploratory factor analysis)旨在通过变量组合而总结数据,往往用于研究初期提出假设阶段。这种因素分析方法对于观察变量因素结构的寻找,并没有任何事前的预设假定。对于因素的抽取、因素的数目、因素的内容以及变量的分类,研究者也没有事前的预期,而是由因素分析

的程序决定。

验证性因素分析(confirmatory factor analysis)则用于检验有关潜在结构的假设,常在研究的后期运用。这类因素分析是依据一定的理论对潜变量与观察变量间关系做出合理的假设,并对这种假设进行统计检验的现代统计方法,其理论假设包括:①公共因素之间可以相关也可以不相关;②观察变量可以只受某一个或几个公共因素的影响而不必受所有公共因素的影响;③特殊因素之间可以相关,还可以出现不存在误差因素的观察变量;④公共因素和特殊因素之间相互独立。其重要前提是符合实际的理论假设和严格的测量数据。

(3)路径分析

路径分析(path analysis)是研究变量之间的因果关系(但不是发现因果关系)的数学分析方法,它实际上是多元回归分析的一种形式。

路径分析的特点在于其能够对变量之间的相关做出数量性的分解,即将相关系数分解为直接效应、间接效应、归于相关原因和归于共同原因,因而路径分析能更好地了解变量之间的关系,且能指出各个自变量对因变量的相对重要性。值得注意的是,路径分析所涉及的因果关系并不是通过路径分析发现的,而是研究者事先假设的。

路径分析基本上通过变量间关系的理论假定分析关系的方向,之后检验关系的方向是否得到数据支持。路径分析可以计算自变量对因变量的直接效应和间接效应,并用路径系数表示,然后用路径图表示变量之间的结构关系。由于变量之间的结构关系并不是唯一的,因此可以通过路径分析来确定更符合实际情况的模型。图 9-5 中的三个模型都表示社会经济地位(X_1)、智商(X_2)和成就需要(X_3)对大学生学业表现(Y)的影响。这三种模型在理论上精准度是不同的,其中(a)最精准,即假定的关系最明确,(c)精确性最差,即有较多的影响关系不能肯定。可以通过路径系数的计算来确定更符合实际情况的模型。路径系数实际上是标准化了的偏回归系数。

(4)聚类分析

聚类分析(cluster analysis)是研究分类聚集的方法,它是将一批样本或变量按其在性质上联系的紧密程度进行分类,将观测对象(样本或变量)聚成若干可以定义的类别。在聚类分析中,研究者通常将根据分类对象的不同分为 Q 型聚类分析和 R 型聚类分析两大类。Q 型聚类分析是对样本进行分类处理,R 型聚类分析是对变量进行分类处理。

研究者也可以用样本或变量间的距离或相似系数描述样本点之间的紧密程度,采用系统聚类和动态聚类两种方法进行分类。系统聚类是指在样本距离的基础上定义类与类之间的距离,首先将 n 个样本聚成一类,然后每次将具有最小距离的两类合并,并重新计算类与类的距离,逐次重复上述过程,直至所有样本归为一类为止;动态聚类是先对待分类事物作一个初始的粗糙的分类,然后根据某种原则对初始分类进

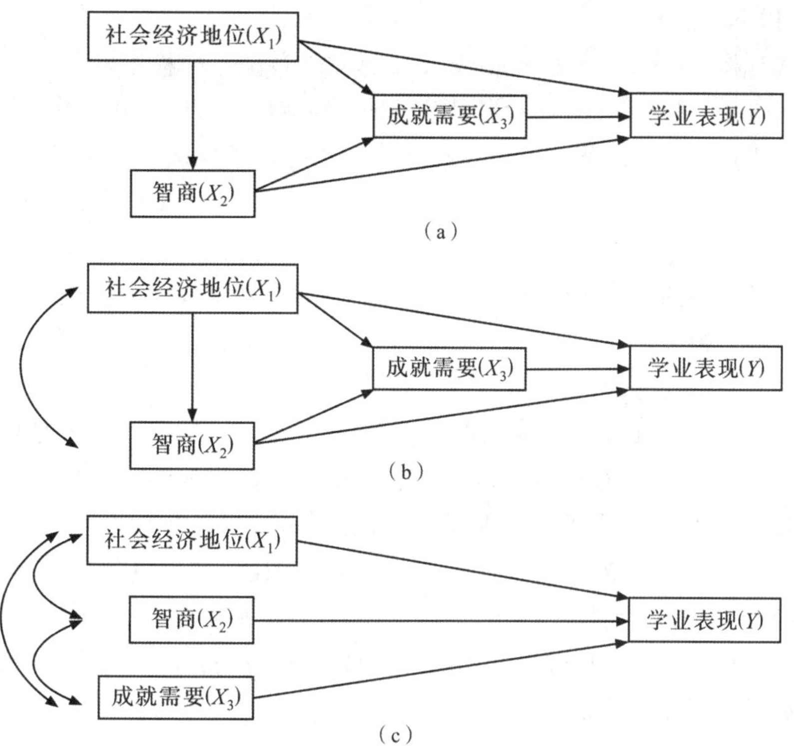

图 9-5　社会经济地位、智商和成就需要与大学生学业表现路径模型

行修改，直至分类被认为比较合理时为止。

(5)判别分析

在心理学研究中，判别分析(discriminant analysis)主要用于解决根据观测数据对所研究的对象进行分类和预测的问题，即在用某种方法或原则已经将部分研究对象分成若干类的情况下，确定新的观测数据属于已知类别的哪一类。判别分析与聚类分析都是分类的方法，其区别在于判别分析以事先存在不同的类别为前提，而聚类分析之前则不必确定类别。

判别分析的具体方法很多，其中最常用的有距离判别、Fisher 判别和 Bayes 判别。距离判别的基本思想是由训练样品得出每个分类的重心坐标，然后对新样品求出它们离各个类别重心的距离远近，从而归入离得最近的类。特点是直观、简单，适合于对自变量均为连续变量的情况下进行分类，且它对变量的分布类型无严格要求，特别是并不严格要求总体协方差阵相等。Fisher 判别的基本思想是投影，即将原来在 R 维空间的自变量组合投影到维度较低的 D 维空间去，然后在 D 维空间中再进行分类。其优势在于对分布、方差等都没有任何限制，应用范围比较广，更适合于两类判别。Bayes 判别是根据总体的先验概率，使误判的平均损失达到最小而进行的判别。其要求各组指标需服从多元正态分布且各组协方差矩阵相等，更适合于多类判别。

(6)结构方程模型

结构方程模型(structural equation model,SEM)是一种检验变量之间复杂因果关系的数学方法,它是因素分析和路径分析的深化和综合。

结构方程模型最大的优点在于能够用非实验的数据检验因果关系,以统计控制代替实验控制。目前结构方程模型主要用于假设检验,即对理论的结构效度进行检验。

结构方程模型的运用步骤如下:①建立模型,即将需检验的理论假设(因果关系)转换成可检验的模型。其中包括三个步骤:首先是建立验证性测量模型或因素分析,界定观测变量与潜变量的关系;其次建立验证性结构模型,即依据一定的理论把潜变量联系起来,界定其间的因果关系;最后是把测量模型与结构模型联系起来。②检验模型,即用数据对假设的模型进行检验。这一过程实际上是将模型再生的协方差、方差与观测数据的协方差、方差进行差异比较,去掉统计不显著的效果,直到得到一个良好的模型。③修改模型,通过估计值与其标准差的比较和对残差的检验,减去或增添路径以提高模型的适切性。常用方法之一是交叉效度法。

结构方程模型的应用比较复杂,需借助计算机进行,目前已有专用软件 LISREL 和 Amos 能够实现结构关系的运算。

第四节　研究结果的解释

一、心理学研究结果解释的内容与方法

研究结果的解释对于心理学研究极其重要,其意义在于:①通过结果的解释可以表达研究结果本身的意义及相互关系,可以对研究假设进行检验;②研究结果的解释是研究报告的组成部分,有助于研究成果的呈现、交流和评价;③研究结果的解释有助于理论的建构与完善;④研究结果的解释有助于发现研究假设之外的成果,发现新问题和新方法。

(一)研究结果解释的方法与原则

1.研究结果解释的方法

在心理学研究中,研究结果的解释方法很多,但都以一定的逻辑规则和推理程序为基础。主要的结果解释方法有推论法、演绎法、归纳法和因果推论法等。下面简要介绍其基本内容。

(1)推论法

推论法就是从已知的数据或事实,推导出未知的原理或规律的方法。心理学研究中的推论一般是指从统计分析的结果中做出逻辑推论后,而推出概括性的结论。例如,假定某一关于父母离婚对儿童心理发展影响的研究从全国城乡取样,数据分析结果表明,在心理发展的某些方面(如情绪、亲子关系、社会化等),离异家庭儿童与完整家庭儿童有显著差异,而且不同单亲生活时间(即儿童在父母离异且未再婚的家庭中生活的时间)的离异家庭儿童与相应年龄的完整家庭儿童在这些方面的差异显著,并不随单亲生活时间的延长而减少差异。就可以据此下结论:在我国,父母离婚对儿童心理发展的某些方面的影响具有长期效应。当然,这一结论不能超过所研究的儿童的年龄范围。推论是以判断为基础的,因此,推论过程必须遵循判断的逻辑规则。此外,推论还应符合实际情况才能做出正确的解释。

(2)演绎法

演绎法包括许多不同的方法,以三段论最为常用。三段论是由已知的两个命题(前提)推论出一个未知的命题(结论)的形式,如:知识分子都是应该受到尊重的,人民教师都是知识分子,所以,人民教师都是应该受到尊重的。

(3)归纳法

归纳法的逻辑与演绎法正好相反,它以许多特殊的事例为基础,归纳出普遍的、一般的原理,在心理学研究中,归纳法用得较多。归纳法一般可分为完全归纳法和不完全归纳法两种。完全归纳法又称枚举归纳法,是将前提中包含的事实全部列举出来,其中每一件事实都包含相同的性质或规律,由此下结论的方法。不完全归纳法是依据前提中的部分事实,根据某些规则做出一般性的结论的方法。例如,Thorndike关于学习的“尝试错误”的理论就是运用了不完全归纳法,从白鼠、鸡等多种动物和人的学习活动中总结归纳出来的。使用归纳法进行研究结果的解释应该尤其注意结论的可推广性,要恰如其分地概括,不可超过一定的限制。例如,只是针对农村留守儿童群体的心理健康特点,不能得出“全体留守儿童”具有什么样的心理特点,因为该群体还包括海外留守儿童。

(4)因果推论法

因果推论法是研究变量之间的因果关系的常用方法或逻辑思路。在心理学研究中,变量关系繁多复杂,变量关系的性质也有正交关系、相关关系和因果关系等几种。研究者要确定因果关系是很困难的。在研究结果的解释中,因果关系的推论有两种方式,即由因推果和由果溯因。例如,利用实验和面板数据,来模拟真实的因果发生程序,就是由因推果;而通过已知的研究结果,反向推导引起该结果的原因,即为由果溯因。

2.研究结果解释的原则

在进行结果解释时，应遵循以下两个基本原则：

(1)客观性原则

在解释研究结果时要客观，排除主观因素的影响。不能为了解释的方便或偏向某一理论而歪曲、忽视数据，也不能为解释某一结果而捏造、曲解有关理论。此外，还应注意避免受政治、经济等外部因素的影响而故意做出不符合实际的解释。

(2)整体性原则

在解释结果时要对全部数据分析有整体的看法，不能只选取局部的数据进行变量关系的说明。

(二)研究结果解释的内容

研究结果解释的重点和主要内容在于解释研究结果的意义。研究结果意义的揭示程度与研究者的专业素养密切相关。在揭示结果的意义时，需要考虑以下问题：

(1)研究结果是否为证实研究假设提供了证据？是否表现出假设的变量关系模式？

(2)研究结果是否与他人的研究结果相矛盾？

(3)研究结果是否与已有的有关理论相符合？解释结果的理论依据是否真实可靠？

(4)研究结果中是否有未考虑到的关系或非预期的发现？

(5)从结果解释中引申的推论是否合理？

(6)研究结果的普遍性(即可推广性)如何？

(7)结果解释中能否指出有待深入研究和进一步探讨的问题？

上述内容都是研究结果解释中应该认真思考的问题，但不是所有内容都必须在研究报告中呈现。在研究结果解释中尤其应该注意是否有非预期的发现。心理学的许多研究成果往往是研究者在研究之前未曾预料的，比如典型的例子是“霍桑效应”的发现。这提醒研究者注意：自变量并不总是实验者所规定的或者事先认为的，往往正是一些非预期研究成果的发现极大地推动了科学的发展。

二、心理学结果解释与研究结论的概括性

(一)研究结果内部维度的概括性

1.变量的概括性

研究结论在变量维度上的概括性对于心理学中大量研究资料的整合和系统化起

着重要的作用。变量的概括性是指某一研究结论所涉及的某一特定的变量在其他同类研究中产生一致效应的程度。例如，Skinner 提出的“条件强化”就是一个概括性很强的变量。

2.方法的概括性

心理学领域中的许多研究，尤其是应用研究，其目的是获得能在实际生活中直接应用的方法。关于方法方面的研究结论的概括性的高低直接关系到该方法在实际应用中能否发挥作用和作用的程度如何。与变量的概括性一样，方法的概括性也须通过大量的各种研究(尤其是应用研究)才能做出判断。

3.心理过程的概括性

心理学通常是以被试的心理现象和心理过程为因变量的，心理过程是通过两个以上的变量或程序的交互作用而获得的。例如，通过动物和人类被试的学习过程研究总结出的“分化”过程，就是由强化和消退程序的结合而引起的。对人类被试或动物进行的大量研究验证了这一心理过程的概括性。可见，心理过程的概括性也是通过大量的研究才能获得的。

(二)研究结果外部维度的概括性

1.被试之间的概括性

被试之间的概括性是指研究结论适用于其他被试的普遍性或代表性，即从某一被试群体获得的研究结论推广到其他被试群体的可能性及程度。一般地，被试之间的概括是在取样的总体内进行的，例如，在 4～6 岁幼儿中取样而进行的研究，结论就只能是“4～6 岁幼儿心理某方面的发展”，而不能推广到“儿童”这一整体。对于没有定量数据的质化研究，其研究结论在进行被试之间的概括性时也须考察被试的代表性，然后再作相应概括。如果不注意分析结论在被试之间的概括性，这种推广往往会出现错误。

2.物种之间的概括性

物种之间的概括性是指从一种物种获得的结论推广到另一物种时的适用程度。在心理学研究中，许多研究者出于伦理等原因和客观条件的限制，采用动物来进行研究。因此将从动物研究所获得的结论推广到人类被试，有的可能是正确的，其中有的概括已被证实了，如 Pavlov 根据狗的进食研究提出的条件反射理论，Skinner 根据对鸽子的研究提出的操作条件反射理论，Lorenz 从鸭、鹅等动物研究提出的“关键期”概念等;但有的却可能是错误的。因此,在将动物实验结论推广到人类时应该十分慎重,避免发生错误。

3.情境之间的概括性

研究结论情境之间的概括性是指从某一研究情境做出的结论普遍推广到其他不同的情境的适用程度。最常见的情境之间的概括性是从研究情境(如实验)向实际生活情境的概括。心理学研究一般是在两种情境下进行的,即实验室情境和现场情境。实验室情境如果准确而全面地抽取了现场情境中的要素,也就是说二者的相符程度高,那么,由实验室情境中做出的结论就能概括到较广的情境。有些社会心理学的实验室研究在下结论时,没有考虑到情境之间的概括性,产生不适当的结论,受到了批评。

以上介绍了研究结论概括性的几个维度。应该指出的是,这些维度是紧密联系的。例如,如果一项研究在变量、方法和心理过程上的概括性不高(即内部效度不高),其结论就难以在研究之外的不同被试、情境中进行推广。因此,在考察结论的概括性或做出概括性的结论时,要考虑到上述各个维度。如果不考虑这些维度,那么所做出的概括性结论的外部效度就可能较低,甚至在推广时出现错误,研究成果就失去了普遍推广的可能,因而降低研究的价值。

(三)结论概括性的评价

心理学研究,尤其是实验研究在获得了研究结果,并对结果进行了解释之后,就要根据结果与解释做出概括性的结论。结论的概括性反映了结果解释的普遍推广程度,是研究的科学性和价值的重要指标之一。因此,对研究结论的概括性进行合理的评价是必要的。

评价一项研究结论(实际上是结果解释)的概括性,首先要考虑所有与该研究有关的研究的结果解释,包括诸如研究的理论基础、研究方法、测量手段、数据资料等可能影响结果解释的因素。如果一项研究的结论呈现了变量之间的函数关系,这一函数关系能否普遍推广到其他被试或情境,只有通过对影响这一函数关系的变量或因素的全面深入了解才能回答,为此,必须对考察这些影响的研究的结果进行恰当解释。

其次,考察研究结论所侧重的概括性的种类也是很重要。例如,被试之间函数关系的概括性,可以通过针对大量被试进行相同实验条件的重复研究部分地获得,而且成功地重复该研究的研究数量可以作为衡量结论被试之间概括性的直接指标。对于在某些方面有所不同的相关研究,要评价变量、方法和程序的概括性是比较困难的。即使假设这些研究在方法上都是十分合理的,结果的解释也是恰当的,这些研究在概括性上也是不同的,因为心理学研究的影响因素很多而且复杂,单个研究难以全面涉及或操纵，方法上的不同可能造成结果的巨大差异。

虽然评价研究结论没有明确的规则，但是正如概括性是评价解释的合理程度的标准一样，评价概括性的性质也有一定的标准，这一标准就是研究结论的可重复性（即指对不同的被试在不同的情景中采用相同的方法、程序和变量进行研究，所获得的结果的相同程度）。如果在不同的情境和条件下获得的研究结果都成功地显示出相同的变量关系，那么就可以认为研究结论具有良好的概括性。

在心理学研究中，研究者可以通过考察研究的可重复性来评价结论的概括性。只要研究者严格地按照心理学研究的规范进行研究，并且本着谨慎诚实的科学态度来进行结果解释，是可以获得恰当的概括性结论的，研究的可重复性也会较好。当然，要做到这一点，需要提高理论素养和进行大量的实践。

第五节　应用范例

大学生人格类型与专业认同间的关系研究

基于聚类分析的不同完美类型者心理特点研究

思考与练习

1.对假设进行统计检验的主要方法有哪些？试举例说明相应方法是如何使用的。

2.什么是效应量？这一指标在心理学研究中有着怎样的应用？

3.因素分析包括哪些方法？试结合具体案例说明这些方法的实际应用。

4.结构方程模型的基本思路是怎样的？请查阅相关心理学文献了解其具体应用情况。

拓展阅读

尼尔·J萨尔金德，2011.爱上统计学[M]，史玲玲，译.重庆：重庆大学出版社.

该书非常清晰地阐明了整个抽样调查、统计检验的思想和逻辑，可以帮助读者厘清各种统计方法的适用范围和条件。读者可以通过该书了解、整理和分析数据的基本思路与最常用的技术。

Frederick J Gravette，Larry B Wallnau，2008.行为科学统计[M].王爱民，李悦，译.北京：中国轻工业出版社.

该书以深入浅出、通俗易懂的方式，将统计知识清晰地整合到实际的行为科学研究中，以直接、易学、详尽的方法向学生讲授统计学的应用，是一本非常适用于数学基础薄弱学生的统计入门书。

侯杰泰，温忠麟，成子娟，等，2004.结构方程模型及其应用[M].北京：教育科学出版社.

该书是国内第一本系统介绍结构方程模型和LISREL的著作。书中阐述了结构方程分析的基本概念、统计原理、在社会科学研究中的应用、常用模型及其LISREL程序、输出结果的解释和模型评价。

Barry Cohen，2011.心理统计学(第三版)[M].上海：华东师范大学出版社.

该书是一本非常全面的心理统计学教材，既包括入门性的统计学知识(如假设检验的基本概念和局限性)，也包括心理统计的高级内容(如复杂设计方差分析和多元回归分析)。其重点是讲授各个统计公式或手段的适用条件以及如何解释统计结果的意义。

张敏强，2010.教育与心理统计学[M].3版.北京：人民教育出版社.

该书介绍的教育与心理统计方法包含三部分内容：描述统计、推论统计和多元统计。为适应统计方法的发展，在统计功效、效应量、协方差分析等方面也有所介绍。在多元统计部分详细深入地介绍了探索性因素分析、聚类分析和判别分析的原理和应用。

参考文献

胡志海，黄和林，2006.大学生人格类型与专业认同间的关系研究[J].心理科学，29(6)：1498-1501.

卢谢峰，唐源鸿，曾凡梅，2011.效应量：估计、报告和解释[J].心理学探新，31(3)：260-264.

王彩霞，范晓玲，2007.验证性因素分析及其应用[J].湘潮(下半月)(理论)(3)：66-67.

张厚粲，徐建平，2009.现代心理与教育统计学[M].3版.北京：北京师范大学出版社.

郑昊敏，温忠麟，吴艳，2011.心理学常用效应量的选用与分析[J].心理科学进展，19(12)：1868-1878.

第十章　研究报告的撰写

本章导读

研究者受到良好的方法学训练，可以做出好的研究，好的研究最终需要形成研究成果。如果说研究成果只有汇入人类科学知识的海洋才有意义，那么研究报告就是承载着这些成果驶向海洋的航船。写出高质量的研究报告，打造好“知识之舟”，科学研究的成果才能传播得更远。研究报告是研究者进行交流的重要媒介。因此，规范研究报告的撰写格式是非常有必要的，本章在对研究报告做出概述的同时将重点介绍其撰写的基本格式和行文要求，补充了一些在发表研究报告前需要注意的检查事项。另外还探讨了元分析的概念与特点，着重介绍了元分析的过程。关于报告整体性的应用将在范例中得以呈现。

第一节　研究报告概述

一、定义

研究报告(research report)是指研究者以文字形式正式表达其研究结果和过程的报告。撰写研究报告的基本目的是交流信息。通过及时、规范的报告，可使研究为他人所知，展现研究的价值与功能，有助于研究成果的交流和推广。一篇研究报告能反映出该研究的水平、价值以及研究者的态度。报告提供的研究方法等信息，可以让其他研究者评价该研究的质量，也可以使其他研究者重复和发展该研究，促进心理学的发展。

与心理学相关的研究报告称为心理学研究报告，其基本特点是理论性、创造性和规范性。

1.学术性

心理学研究报告是一类学术性文章，它要求研究者运用心理学的原理和方法，对所研究领域的问题进行分析、论证和抽象概括。虽然研究报告是基于实验、观察、访谈等具体研究方法，获得的是具体的资料，但报告绝不止于客观描述，而是要提炼、加工，在遵循逻辑与实证法则的同时从理论上做出一定的阐述。

2.创造性

一方面，研究报告的创造性来自研究的目的。心理学研究的目的在于发现、创造新知识，如果研究只有继承，没有新见解、新发现，就失去了报告撰写的意义和价值。另一方面，创造性也是研究报告写作过程的特点。因为写作和思考通常是同时进行的，且在写作中研究者的脑海里可能会不时地闪现出新的灵感。

3.规范性

为了达到交流目的，避免给读者带来阅读方面的困难，研究报告要遵循公认的表达方式和结构形式。不同研究报告因不同的研究主题、方法、目的所表现出来的特色，也应该在符合公认表达规范的基础上得以体现。一般报告会依次表达标题、作者姓名和单位、摘要、关键词、引言、方法、结果、讨论、结论、致谢、参考文献和附录等内容，其中致谢、附录等部分内容可以根据具体情况进行取舍。

二、类型

各类报告涉及的内容纷繁复杂，表现的形式也不尽相同，按照不同标准可以将其分为若干类型。

(1)按照读者对象的不同可以把研究报告分为应用型研究报告和学术型研究报告。应用型研究报告面向的读者主要是实践工作者，是为解决实践问题而作，其结构较简单，表达相对通俗易懂。而学术型研究报告主要面向专业研究者，通常为解决理论问题而作，对表达的学术规范性要求较高，大多在学术期刊上发表。

(2)按照研究报告的写作目的可以把研究报告划分为学位论文、学术期刊报告和会议报告。学位论文是高等院校或研究院所的毕业生用以申请相应学位而提出作为考核和评审的研究报告，其行文最为详细，是对整个研究工作全过程的具体描述。学位论文要求作者既要充分表达研究成果，又要表明已掌握的相关知识、方法或技术，以证明其达到了申请该学位的学术水平。

学术期刊报告是研究者在专业刊物上发表的报告。写作期刊报告要求作者同时具备高水平的科研能力和良好的文字功底，能简明扼要地说明问题。这类报告虽然追求简洁,但需要列出较为详尽的参考文献,以方便读者去寻找更详细的论据和材料。

会议报告是各种会议上发布的研究报告。会议报告需要突出重点,多以研究项目中的某个小标题为报告内容。听众感兴趣的方法或发现,应作为重点详细阐述。如果研究还没有明确、肯定的发现,可以分析造成现状的原因和可能的解决途径,也可提出挑战性问题。

三、风格与原则

(一)风格

研究报告是一种兼具陈述性和说明性的科技文体。在表达方式上应以说明为主,包括将研究对象、存在的问题、研究方法、结果等内容解释清楚,使读者理解和信服。在语言运用上则要求客观、准确、简洁。

客观(objective)就是使用中性的语言将事实呈现给读者,避免使用主观、带感情成分的文字或企图去说服读者。在文献回顾时,应同时报告正反两面的资料,不能只引用自己喜好的资料。在报告研究过程时,不能故意隐瞒研究中存在的问题,比如即使实验控制变量不当,也应客观陈述。在报告研究结果时,不管研究假设是否得到支持,所得结果都应如实报告,不能隐藏真正的研究结果,更不能为了支持研究假设而随意修改资料。结果分析前的研究假设讨论部分应是运用逻辑和实证的力量吸引读者阅读,启迪读者思考,而非限制其思维。

准确(precise)是学术报告最基本的要求,即要求使用公认的学术语言表达,用词恰当、搭配合理,以合乎逻辑和语言习惯的方式行文。在行文中,陈述要真实可靠,避免使用模糊的词语,仔细区分近义词、同义词在含义上和用法上的细微差别。变量和术语在行文过程中不要转义,以免造成混淆。对于第一次使用的术语则要给出明确的界定。对于复杂的观念或数据,如果无法用一种方式解释清楚,则需要变换角度表达;要求具体介绍的也不要含糊其词,如“大部分”“很少”就无法让读者知道究竟是多少,“使用了某个测验”也没有说清楚究竟是哪个测验。运用数字可以比单纯使用描述性语言提供更具体的信息,如用“2/3 的学生”代替“多数学生”,用“2.5 个多小时”代替“很长时间”。

简洁(parsimonious)是对学术报告的重要要求,即用最少的文字将研究表达清楚。这既可以节约有限的出版空间,也是对读者时间的尊重。实施过程不应作过多描绘,观点的陈述不做烦琐论证,行文表达直截了当,并删除不必要的文字。文献探讨部分切忌为增加篇幅而找一些无关的资料充数。方法部分除非是新异方法,否则一般不需要详尽无遗地交代,特别是在专业学术报告中,读者都理解研究所采取的常用方法时。结果部分则可以合理地运用图表配合文字表达。将文中过长的表达或者多次出现的词用简略语或外文符号代替,会使行文简洁。但是在一篇报告中大量使用缩略可能会给读者的阅读带来不必要的负担。因此,追求简洁的同时,也应避免不必要的省略。

另外,一篇好的研究报告还应该兼具朴实与生动的特点。朴实是避免华丽的词藻,不随意使用奇特的夸张和比喻,同时避免口语化和晦涩难懂的文字。而生动则是在准确的前提下提高文章的可读性。

(二)原则

研究报告不同于小说、散文、工作总结等,它是对科学研究过程及结果的表述。因此,撰写研究报告应遵循一定的原则。

1.及时性原则

从严格意义上讲,在思考如何收集数据以检验研究假设时,就应考虑到将来如何表述研究结果。在数据收集工作结束之后,应立即着手撰写研究报告,这样做有助于:①使研究工作紧凑、不拖延,早日得到研究结果,使自己的研究在同行、同领域内处于领先地位;②及时完成写作工作,因为此时对所研究的问题比较熟悉,研究相关的信息尚未遗忘,更容易组织材料;③及早发现新问题,开展更深入的研究。

2.整体性原则

在动手撰写研究报告之前,应通过拟定写作提纲来通盘考虑全文的内容与结构,使之谋篇布局合理,层次清晰,重点突出。此外,应注意避免“引言”和“讨论”两部分出现“过繁”或“过简”的现象。

3.客观性原则

研究报告是学术性文章,所以行文要避免主观臆测,表述要客观,具体方法如下:①以事实为依据,不使用情绪性字眼;②遣词造句清晰明确,平铺直叙,不随意使用修辞或抒情;③尽量不使用模棱两可的语句;④尽量避免使用第一人称,宜采用第三人称,如“作者”“研究者”;⑤在引用他人语句或成果时,尽量避免使用恭维的词或头衔,如“著名的×××”“×××教授”等。

4.规范性原则

撰写研究报告是交流学术思想的重要手段,因此,为了便于交流,撰写报告时应遵循一定的规范与体例:①一份研究报告应遵循同一种体例,不可多种体例混用,如正文按 APA 格式(American Psychological Association),而参考文献采用国标格式;②用词要规范,尽量不要用日常用语或口语替代学术名词,也不要任意制造新的学术名词。

四、结构

研究报告结构主要包括标题、摘要、引言、方法、结果、讨论、结论、参考文献等部分,每个部分内容详见表 10-1。

表 10-1　研究报告"八大块"

组成	内容	地位或目的
标题	对文章主题的概括	全文最重要的一句
摘要	对全文内容的简短概括	通常让人决定是否阅读全文
引言	说明要做什么、为什么做、大致如何做	让人明白研究的必要性与可行性
方法	说明具体如何做	要体现研究的"可重复性"
结果	报告研究得到了什么	如实呈现自己的发现
讨论	阐释研究发现的含义与意义	研究结果的含义从来不是"不言而喻"的,必须加以"讨论"
结论	概括基于研究结果达成的确切知识	让读者明白从研究中得到了什么
参考文献	按照顺序罗列文中引用过的文献	不基于文献的研究通常算不上"科学"

研究报告的结构特征主要是为了两个目的而存在。一是说明自己的研究与科学历史长河的关系。一篇研究报告正是通过引言和讨论两个部分,建立起了与科学知识体系的联系,融入科学长河。二是让同行和后来人可以理解并重复自己的研究。如果人们不知道某个研究是如何做出来的,很可能就会质疑研究的结果。因此,研究者不仅要告诉读者世界是什么,还要告诉读者如何做才能认识世界。

研究报告的形式结构由其本质决定,即报告一个有价值的研究结果。研究结果的价值不是自己说"好"就行了,而是要放在纵向的历史体系中,说明在某领域内自己的研究比前人推进了什么,对后人有何启发。所以,研究报告必须采用"前有古人"而"后有来者"的结构。

所谓"前有古人",就是要说清楚在自己研究之前的进展,包括已经取得了哪些认识、做出了什么结果、提出了什么理论,其主要目的在于说明自己的研究原因、研究思路、理论假设如何同前人有关,这些正是引言部分要完成的内容。而讨论部分和引言部分的结构基本是"镜像对称的"。在讨论部分,研究者要说明自己所研究结果的含义、研究结果之间的关系、结果和理论假设的关系、自己的研究结果和同类研究的关系、是否能从自己的研究结果中概括出某些理论认识以及自己解决了什么问题、还有什么问题没有解决、今后应该往哪里努力等。可见讨论的目的是回应“古人”，指引“来者”。

从形式结构上看，引言部分是“从大到小”的聚焦过程，从人类认识的现状及其局限聚焦到自己的研究思路和假设上。而讨论部分正好相反，是个“从小到大”的过程，即先对自己的研究结果进行分析，再扩展到其与科学发展历史的关系上。

五、撰写研究报告的意义

撰写研究报告，主要具有以下三个方面的意义：

第一，表达研究的新成果。心理学研究者在进行了一项研究并取得一定研究成果后，就需要将研究的过程和成果用研究报告的形式表达出来。因此，撰写研究报告的意义首先在于表达研究的新成果。心理学研究领域的新成果可以是对某一问题提出了新见解、新观点(即新的理论或假设)，采用了新的研究材料，运用了新的研究方法，也可以是得出了异于前人的结果，或从新颖的角度分析数据、把握变量关系等。

第二，促进研究者之间的交流和合作。通过撰写研究报告，研究者能够对研究过程和结果进行思维加工和系统分析，使研究在理论和实践方面得以更深刻、更全面的体现。更重要的是，它可以促成心理学研究者之间在成果、方法和经验等方面的交流。在确定研究课题时，研究者必须了解在该研究领域别人已经做了什么，进展如何，还有哪些问题尚未解决等。这些问题大多通过研究报告的引言部分反映出来。通过阅读研究报告，其他研究者可以了解研究的背景，以便对其进行正确的评价；也可获知研究的进展及其问题和不足，并据此去验证、扩展相关研究。因此，研究报告对于研究者的课题选择及研究假设的提出具有重要作用。

第三，有利于对研究的评价。研究者可以通过对一定时期内心理学研究某一领域的全部研究报告进行元分析或知识图谱绘制，来获得对该研究方向或课题进展情况的了解，并对所分析的研究做出比较全面、客观的评价，以促进心理学发展。

六、撰写研究报告的程序

一项心理学研究通常由研究选题与设计、具体实施、数据的收集和分析以及撰写研究报告等几个密切联系的环节构成。其中，撰写研究报告的过程也并非一蹴而就，一般包括以下程序：

1.确定研究报告的类型

撰写研究报告之前，首先要确定研究报告的类型，即用什么形式表达研究成果，是学位论文，还是投稿论文？投稿论文准备投往何种刊物？目前，我国已有多种各级心理学方面的学术和科普期刊，每种期刊对稿件的要求不同，研究者在选择投稿刊物之前，应先了解其办刊宗旨、征稿范围、对论文和对作者的具体要求，以及该刊已发表文章的特征等情况，再决定研究报告的去向。此外，研究者还可以用外文撰写研究报告投往国外的有关学术期刊。

2.拟定提纲

撰写研究报告之前，首先要进行总体规划，具体地讲就是要拟定撰写提纲。这一环节对于进一步提炼材料，充分表达研究者思想、见解，组织研究报告结构，保持研究报告连贯性，突出重点，方便读者阅读和避免不必要的返工等都极其重要。

拟定提纲时，一般按从大到小、由粗到细的顺序逐层逐节地思考拟定。首先确定报告的结构，然后考虑如何组织材料。材料的组织一般有三种顺序：时间顺序，按研究的进展顺序排列材料；空间顺序，按研究的空间结构的顺序来说明，如从整体到局部来加以介绍；逻辑顺序，按研究对象变化的逻辑顺序或课题进展情况的内在逻辑联系排列材料。

常用的提纲包括三种形式：标题提纲、句子提纲和段落提纲，即分别用词语、句子或段落表示研究报告的撰写内容、要求、特点等，研究者应根据实际情况进行选用。

3.撰写初稿

研究报告初稿需按照研究报告的基本格式要求撰写，并且尽可能快速地完成，以确保整体思路的清晰性和连贯性。撰写初稿时具体先写哪一部分可根据自己的习惯和擅长的方式来选择。一般先从引言开始着手，接着阐述研究方法、结果和讨论分析的内容，最后才写结论和摘要。参考文献不应放在最后写，而应随着正文的撰写，随时将文中涉及的参考文献按格式要求做相应记录，以免最后再花时间去补查。

4.修改定稿

初稿完成后，应加以修改，使之完善。修改的方式很多，主要是自己修改和请教专家或同行修改。如果是自己修改，一般需要先将初稿搁置一段时间，待能客观、冷静地看待自己的作品时再进行。

初稿的修改，可以从以下三方面入手：

(1)内容的修改，应先检查引用的研究是否准确无误，结果分析是否合理、新颖，结论是否有数据支持、是否准确、是否具有概括性等，然后再决定如何进行增、删、改。

(2)结构的修改，应先检查研究报告的层次是否清晰、合理，各部分详略是否得当，内容和表达方式是否一致等，然后决定是否做结构上的调整。在修改结构时要注意使局部内容服从整体内容安排。

(3)语言的修改。包括改正错别字、不恰当的用词、语法错误等,且尽量删繁就简,使报告能够准确而简洁地表达研究成果。

在研究报告的撰写中,研究者应早动手,勤修改。只有这样才能使研究报告准确而完善地反映研究成果,成为高水平的研究报告。研究报告经过反复修改,研究者感到满意后,就可以定稿,投寄有关刊物。应注意的是,投往刊物编辑部的研究报告一定要美观、清晰,这一点是影响研究报告是否能发表的重要因素之一。

第二节　研究报告的格式

一、研究报告各要素的写作

(一)标题

标题(title)即研究报告的名称,目的是表达研究的主题思想。研究报告的标题十分重要,它是读者判断报告内容和决定是否继续阅读该报告的重要依据。好的标题往往可以吸引较大的读者群,进而使报告体现其本身应有的价值。标题也是对报告进行检索、收录和引用时的主要标识。因此,研究者必须用心斟酌。

一个好的研究报告标题应该具备准确、概括和简洁的特征。准确是确定报告标题最基本的要求,即标题准确地表达了研究的中心内容,使读者能通过标题了解报告的主题。概括是指标题能做到涵盖全篇内容,应避免标题与报告内容的不匹配情形,做到范围界定恰当,题文相符。简洁是指用简短明确的文字反映报告的主题,一般标题不超过 30 个字,要避免使用多余词语,如“有关××的研究”“一项××的研究”等在不影响表达的情况下可以省略。对于确定标题的注意事项见图 10-1。

◇避免模棱两可的词语	◇尽量不用副标题
◇不要用省略语和没有定义的词语	◇尽量避免中英文混杂的标题

图 10-1　确定标题的注意事项

1.变量式

这类标题由研究的主要变量组成,例:

飞行管理态度对航线飞行驾驶行为规范性的影响(游旭群,晏碧华,李瑛,等,2008);

主管认知信任和情感信任对员工行为及其绩效的影响(韦慧民,龙立荣,2009).

2.主题式

这类标题重在表达研究的主题，所涉及的变量关系往往不明显，例：
学前儿童对疾病的认知(朱莉琪，刘光仪，2007)；
应征公民心理选拔的人格评估(肖利军，苗丹民，肖玮，等，2007).

(二)作者姓名和单位

作者姓名和单位(author name and affiliation)即研究报告的署名问题。署名的目的一是为了表明文责自负，二是记录劳动成果，三是便于读者进行文献检索及其与作者的通信联系。

作者的署名不应加任何称谓，如“教授”“博士”等头衔均不需要。如果需要对作者信息进行说明，可以添加作者注(author notes)。作者注通常包括本文通讯作者的基本个人信息、研究方向、邮箱等，供读者了解和联系；也可以对本研究报告做出说明，如该研究报告是作者学位论文的一部分或已在某学术会议上交流等；另外，还可以在作者注中对研究基金，以及对研究做出帮助的人或者机构表示感谢。作者注一般打印在标题页的下半部分。学位论文一般不需要作者注。

多作者的研究报告按署名顺序列为第一作者、第二作者……对研究工作与报告撰写实际贡献最大的列为第一作者，贡献次之的列为第二作者，依次类推。如果作者属于不同的单位，需要分别列出这些单位并按照作者的署名顺序排列。论文署名体现对作者劳动价值的尊重与保护，没有具体贡献的人，不得在研究报告中署名。

(三)摘要

摘要(abstract)是报告内容不加注释和评论的简短概述。应用型研究报告中篇幅较长的摘要称为执行提要(executive summary)。学术期刊上发表的研究报告、学位论文都要求有中文摘要和外文摘要(通常为英文)。

摘要是与报告主要信息量等同的完整短文，是体现研究价值最简单的表现形式。摘要的功能主要表现在两个方面：一方面，摘要补充了题名的不足，担负着吸引读者和将报告主要内容准确地介绍给读者的任务；另一方面，摘要为文献检索数据库的建设和维护提供方便。直接提供规范的摘要，可以避免在加入文摘杂志或数据库时，由他人编写摘要可能产生的误解、欠缺甚至错误。

从内容上看，摘要是全文的高度浓缩，所提供信息包括研究的目的、对象、方法、结果、结论和应用范围等。实际写作中并不要求每篇摘要都要具备以上六个方面，但是研究对象和研究结果是必不可少的。从表达上看，摘要撰写要求正确、精练、具体、完整。正确，就是忠实于原文，使用规范化的名词术语；精练，就是简明扼要；具体，就是要把关键的步骤、方法、数据、结论交代清楚;完整,就是要语意连贯,能独立成文。摘要长短各有不同,通常在300字以内。在格式上,主要有分为结构化摘要和段落式摘要。

例:研究报告"视觉搜索任务训练对运动员压力下的注意偏向及应激反应的影响"(刘运洲,张忠秋,2017)的摘要如下,该摘要内容主要包括研究的目的、方法、结果以及结论。

目的:探讨视觉搜索任务训练对运动员压力情景下的注意偏向及应激反应的影响,为赛前进行针对性的注意训练提供方法和依据。方法:采用视觉搜索任务对32名运动员进行四周(每两天一次)的注意训练,使用点探测任务对训练前、后压力情景下的注意行为进行测试,使用主观感受和心率变异性(HRV)对训练前、后压力情景下的应激反应进行测试。结果:视觉搜索任务训练后压力情景下的运动员对负性信息的注意偏向降低,压力感受和状态焦虑降低,HRV的低频/高频(LF/HF)和归一化低频(LF norm)降低,归一化高频(HF norm)升高。结论:视觉搜索任务训练能够降低运动员压力下的负性注意偏向,减轻其应激反应。

例:研究报告"场认知方式对心理旋转影响的实验研究"(赵晓妮,游旭群,2007)的摘要如下:

采用2个2×2×6三因素混合设计实验,以图形和数字为实验材料,探讨能反应个体能力水平差异的场认知方式对心理旋转的影响。两个实验结果均表明:(1)场认知方式的主效应显著,场独立性的被试比场依存性的被试反应时短,且正确率高;两类被试的反应时、正确率曲线具有一致的变化趋势;(2)图形和数字的心理旋转反应时呈倒"V"形状,反应时随着旋转角度的增加而增加,180°时反应时最长,以180°为界,曲线两侧的变化趋势对称;(3)正确率随着旋转角度的增加而降低,呈现"V"状,180°时正确率最低,曲线两侧的变化趋势对称。

研究报告附外文摘要是为了国际交流,通常用英文表达。英文摘要通常是题名、摘要和关键词的英译。在撰写英文摘要时,其内容除了与中文对应之外,还要注意符合英文的表达方式、语言习惯,如使用第三人称、被动语态,省略可有可无的助词等(如图10-2)。

◇ 排除本领域已成为常识的内容	◇ 不分段
◇ 不用引文	◇ 用第三人称
◇ 一般不用数学公式,不出现插图、表格	

图10-2 撰写摘要的注意事项

(四)关键词

关键词(keyword)是研究报告的文献检索标志,是表达报告主题概念的词或词组。关键词是研究报告信息的高度概括，直接影响读者对文章的理解，关系到该文的被检索率及其研究成果的利用率。一篇论文的关键词通常有3～5个，放在摘要之后。

关键词的表达要符合规范，通常从专业词汇表中选用，如心理学名词审定委员会审定的《心理学名词》(2001)。如果专业主题词表中没有列出该词，或者需要表达新理论、新技术等出现的新概念，则可以选择有关词语作为关键词，且尽可能从权威的参考书和工具书当中选取。选用的词必须达到词形简练、概念明确、实用性强，既不要生造关键词，也不要生硬地对新现象或新发现套用既有的词语。

关键词选用的要求是能够真正反映报告的主旨，如研究报告"DRM范式下的儿童错误记忆研究"(郝兴昌，2013)给出的关键词"错误记忆、DRM范式、关联性、文字材料、图片材料、预警"就准确表达出了该报告的中心内容。

(五)引言

引言(introduction)是研究报告的重要组成部分，在行文时可以用"引言""问题的提出""文献回顾""研究假设""背景假定"等标题，不同研究报告引言所包含的内容有所差异，是否用小标题也可斟酌，但均需要讲清本研究的目的、所要解决的问题、领域内的研究状况等内容。

1.文献回顾

文献回顾(literature review)是对以往研究的评述，对相关理论和研究的说明与总结。文献回顾篇幅较长，这在学位论文中尤其突出。

文献回顾的目的是评价课题和发展课题。通过回顾文献来论证当前研究问题的可行性，明确研究的问题能否通过本研究加以回答，提供此研究的理论基础和假设依据。通过回顾文献还可以确定当前研究问题的意义性，论证研究的深度或将要做出的贡献。文献回顾也表明研究者对于所研究领域的熟悉程度和理解深度。

文献回顾无固定的写法，一般先系统介绍基本理论，然后再探讨相关研究。在论述过程中，文献材料可以按与研究问题的关系组织，也可以按时间顺序组织。应避免援引一些无关紧要的文献，应从复杂的材料中选择与自己研究关系最密切、具有代表性的材料，将它们组织起来，阐明以前研究与当前研究的关系，为读者提供一个理解研究问题的背景。对于无法找到直接理论依据的探索性研究，则需要陈述与研究相关的间接理论或研究。

文献回顾不能局限于叙述，而必须做评论。对有关理论和研究的归纳、评价，既是在帮助读者理解文献，也是在论证作者自己的研究。因此，文献回顾过程中，要注意先前研究的不足和未解决的问题，仔细检查那些所得结果不一致的研究方法，从而做出相应评价，对于选择文献资料的其他注意事项见图 10-3 所示。

◇ 应注重所选文献与当前研究在变量、样本以及理论观点方面的相关性
◇ 最好选用最新的文献材料，越新越能概括前人已做过的工作
◇ 应考虑文献的权威性
◇ 应鉴别大众媒体的报道和文章，以确定将它们引入研究报告的价值定位

图 10-3 选择文献资料的注意事项

2.研究目的

研究目的(purpose of a study)说明所进行研究的必要性以及研究要探讨的方向，即进行此项研究有何价值，其理论意义和实践意义是什么。较常见的研究目的有验证理论、澄清过去研究的矛盾或是提出解决问题的方法等。在撰写时，需要较详细地说明研究背景及其重要性，而后对研究目的做出简单明了的叙述。

例：研究报告"不同妒忌情绪状态下大学生的注意网络效率差异"(张潮，盛丽君，赵丽霞，2016)中研究目的的表达。

目的：探讨不同妒忌情绪状态下大学生的注意网络效率差异，为有效开展大学生心理健康教育提供依据。方法：方便选取某大学 99 名大学生为被试，用回忆事件的情绪诱发法诱发妒忌组被试的妒忌情绪，通过注意网络测验范式，采用 3(情绪状态：善意妒忌、恶意妒忌、中性情绪)×3(注意网络：警觉、定向、执行控制)的混合实验设计，考察大学生群体在不同妒忌情绪状态下的注意网络效率(警觉、定向和执行控制)差异。

3.研究问题

研究问题(research question)是针对研究目的所列出的具体问题。通常一个研究目的会引申出数个研究问题，这些问题所提供的、尚未检验的答案即研究假设。

例：研究报告"绘画特征分析心理评定中的探索性研究——以门、桥、火山绘画主题为例"(贾轶群，2017)中研究假设的表达。

假设一：SCL-90 心理症状阳性者和阴性者之间存在绘画特征差异。

假设二：16PF 因子人格特质低分者和高分者之间存在绘画特征差异。

假设三：绘画特征和心理变量之间不是一一对应的关系。

假设四：可以建立绘画特征和心理症状间的回归模型，以通过绘画特征预测来访者的心理症状。

假设五：可以建立绘画特征和人格特质间的回归模型，以通过绘画特征预测来访者的人格特质。

(六)方法

研究方法(research method)提供用以检验研究假设的设计和程序,详细地说明如何执行研究的细节。主要由样本选取、研究工具、研究步骤及数据处理等组成,是用以评估本研究方法论最重要的部分,它使其他研究者在必要时可以重复作者所报告的研究。

研究报告的读者通常都具备一定的方法知识,因此这部分描述不必过于细致,但一定要提供给读者以下问题的解答:所执行研究的类型是什么?样本的选择方法是什么?样本的基本资料是什么?资料是如何收集的?采用什么程序?变量是如何测量的?用的仪器或工具是什么?是否具有信度与效度?研究设计中的伦理议题与特定议题是如何处理的?

1.研究对象

研究对象(participants)有时也称为被试(subjects)或样本(sample),即明确指出"谁"是该研究的对象。

样本选取主要是说明样本选取的来源及方法(如简单随机取样、分层随机取样、方便取样等)、所选样本的大小及特性(如性别、年龄、职业等)、实验研究分组原则等。如有必要,还应指明被试是否自愿参加研究。以动物为研究对象,也要交代其基本特征。

例:研究报告"不同任务类型下4～7岁儿童记忆群体参照效应发展特点的研究实验"(侯洁琼,2016)中对被试的描述。

研究选取幼儿园中班、大班和小学一年级的4～7岁儿童各60人,共180人,男女各半。所有被试以前均未参加过类似实验。例:研究报告"不同环境的培养对小白鼠学习记忆能力的影响"(杨占军,1994)中对小白鼠的描述。将出生15天的昆明品系小白鼠分为两组,各15只。一组为环境丰富组:雌性7只,雄性8只,共同饲养在一个培养箱内,除正常饮食外,箱内还设有假山、刨花、吊轮、秋千和皮球等多种"玩具"。另一组为环境单调组:雌性7只,雄性8只,每只小白鼠各占一箱,互相隔离培养;箱内除食物外,无其他物品。

2.研究工具

研究工具(researching instrument)是在研究过程中所使用的仪器或者材料,包括实验仪器、测量工具(或自制实验材料、量表)等获取数据资料的工具,以及数据处理工具。

对于已经定型且众所皆知的工具可简单交代。例如,对于器械说明其厂牌、型号,对于公认量表说明其信度和效度。对于鲜为人知或自行设计的工具则需要详细说明。例如,研究者自行设计的问卷,应说明问卷包含哪几个维度;研究者自制的量表,要说明整个量表编制过程,包括依据的理论、预试、项目分析、选题过程以及该量表的信度和效度等。此外，如果可以的话，研究者最好将整个问卷或量表放在附录里，以供阅读者参考。

数据处理的工具主要包括研究所使用的统计分析方法以及统计程序。如果使用多种方法，应该分别对应交代这些方法所要解决的问题或处理的假设。使用公认的统计程序包，简单说明其版本即可，如 SPSS22.0。

例：研究报告"'心灵鸡汤'对温度知觉、他人评价和自我评价的影响"（朱海燕，宋志一，张晓琳，2018）中对其实验材料的描述。

本研究选取了两种实验材料，分别是"心灵鸡汤"和无故事情节的财经报道。实验前要求被试评定出阅读故事材料后的感受词语，获得诸如温暖、开心、幸福、有趣、激动、无趣、无聊、厌恶、乏味、枯燥、恶心、紧张、恐惧等评定词语，并进一步将"温暖"与上述消极类词语配对，要求学生选择与暖人心故事相匹配的"温暖"的另一端词语，最后确定本研究材料心理感受评定词语为"无聊—温暖"。在对"心灵鸡汤"材料进行筛选时，首先从杰克·坎菲儿、马克·汉森的著作《心灵鸡汤》里选取人们互相帮助的故事 5 则，并另从《读者》《意林》中选取表达人间温暖的故事 5 则。选取的 10 则材料篇幅大约都是 1000 字。要求 20 名评定者在读完每篇故事之后，在五级量表上评定故事带给他的温暖感受程度：1—很无聊、2—有点无聊、3—没有感觉、4—有点温暖、5—很温暖。根据每则故事的平均分，选取平均分最高的一篇作为"心灵鸡汤"的实验材料，评定均值为 4.5。所有呈现的材料均未出现"心灵鸡汤"四个字，只呈现故事内容。

（七）结果

研究报告的结果（result）是将研究所得到的必要数据、典型案例、观察记录等直接、明确地呈现出来。在结果部分的写作中，首先要区分清楚"事实"和"评论"。其基本原则是"如实"汇报，不加解释和评论。

1.统计检验结果的表达

对于一项实证研究，其报告内容通常就是研究所得到的数据结果，包括对数据的描述统计和对推论统计的结果。

（1）描述统计

研究所获得的原始数据往往非常庞杂，它本身难以直接提供有价值的信息，因此，研究报告中一般不直接报告原始数据，而是对其做必要的描述统计。描述统计主要提供有关数据集中趋势和离散趋势的统计量，描述集中趋势的统计量包括平均数、中数和众数等，描述离散趋势的统计量包括方差、标准差、全距等。在变量符合正态分布且是连续变量的情况下，通常提供平均数和标准差即可；对于计数数据则要提供百分数以及相应的频次数据；此外，样本量（包括每种实验条件下的被试数量）也是描述统计必须提供的指标。除了提供关于一个变量分布的基本描述统计(频次、百分数、平均数、标准差、偏态程度等),对于两个变量关系,可以借助散点图等方式加以描述。通常读者在了解这些描述统计信息之后也能更好地理解后续推论统计信息的含义。

例:研究报告"大学生生命意义寻求和视角转换对抑郁的影响——有中介的调节模型"(王玉,吴欣洋,甘怡群,2015)中对生命意义寻求得分、视角转换得分、意义感得分和抑郁得分的相关分析。各时间点的研究变量平均数、标准差和相关关系如表10-2所示,结果表明,视角转换得分与意义感得分呈正相关、与抑郁得分呈负相关;意义感与抑郁呈负相关。

表 10-2 意义寻求得分、视角转换得分、意义感得分和抑郁得分的相关关系(r,n=1/6)

变量	$\overline{x}\pm s$	意义寻求	视角转换	意义感
意义寻求得分(T1)	17.0±5.7			
视角转换得分(T1)	10.2±3.2	0.47***		
意义感得分(T2)	24.4±5.9	−0.07	029**	
抑郁得分(T3)	38.0±8.9	0.04	0.34***	0.35***

注:双侧检验,* $p<0.05$,** $p<0.01$,*** $p<0.001$;T1表示第1时间点测量,T2表示第2时间点测量,T3表示第3时间点测量。

(2)推论统计

描述统计是为推论统计做铺垫,推论统计则更为重要,只有推论统计证明在"统计上"达到"显著水平"的结果才可能有科学意义。常用的推论统计方法有很多,如卡方检验、t 检验、方差分析、回归分析等。无论使用哪种统计方法,都需要完整地报告推论统计的方法和结果,以便让读者明白研究者如何分析数据,获得了什么结果以及结果的含义是什么。

首先,要准确介绍具体的统计方法。例如,t 检验有相关样本检验和独立样本检验,对于一个单因素的被试内实验设计,需要采用"相关样本 t 检验";对于被试间差异的考察,则需采用"独立样本 t 检验"。

其次,报告统计量的精确值及其附加信息。这些统计量包括 t 值、F 值、χ^2 值等。这些值的大小和含义,还与自由度、样本量等附加信息有关,因此统计值的报告要包含这些附加信息。以 F 值为例,研究者需要报告计算它所用到的分子自由度和分母自由度(df_1,df_2)。

再次,报告统计量的显著水平。一般报告研究统计量的数值是否低于或高于某个临界值对应的概率水平就可以了,这个概率水平就是显著性水平。常用的临界概率包括0.05、0.01、0.001三种,比如报告"$p<0.001$"。这种做法避免了报告"$p=0.000$"这样的结果时可能造成的误解。因为实际上"$p=0.000$"并不意味着这个统计量的值出现的概率为0,只是表示概率很小。在报告统计量的显著水平时,还要附带

说明统计量的检验是单侧检验还是双侧检验，若不报告则默认为双侧检验。

最后，要明确表达结果的统计含义与专业含义。统计含义指某个统计结果是否达到统计上的显著水平。例如，“实验组空间认知能力后测得分显著高于对照组”，这句话说明了不同实验处理差异的存在以及差异的方向。然而，这还只是个统计结果，如果能紧接着加一句“这表明某某实验干预措施能有效提高空间认知能力”，则更容易让人理解其心理学含义。

此外，近年来研究者逐渐认识到，在报告研究结果时不仅要关心统计上是否显著，还要报告能反映得分差异程度和变量关系强度的效应量指标，如 d、r^2。

例：研究报告“大学生生命意义寻求和视角转换对抑郁的影响——有中介的调节模型”(王玉，吴欣洋，甘怡群，2015)中对追踪测量的流失分析。首先检验流失数据与有效追踪数据在人口变量和主要研究变量上是否存在差异，对流失组的 49 名被试和追踪组的 116 名被试在第一时间点上主要变量的得分进行差异检验，结果表明：流失组与追踪组的性别差异无统计学意义[$\chi^2(1)=2.07, p=0.233$]；在意义寻求得分、视角转换得分上，流失组与追踪组之间的差异均无统计学意义[$t(163)=0.92, p=0.361$；$t(69)=1.39, p=0.168$]。

2.统计图表的使用

(1)统计表

统计表是用表格形式呈现研究数量化结果的方式之一。统计表的种类很多，主要包括原始数据表、次数分布表和分析结果表等。一般来说，统计表是直观地呈现结果的最简便方式，具有整理、保存和直观显示数据的作用。

一个统计表包括三部分：

①表题

表题部分包括表的序号和表的名称(或标题)。表的序号表示统计表在文章中或书中出现的顺序，表的序号一般采用“表”字与阿拉伯数字组成，如用“表 1”“表 5”等表示，以便读者查阅。表的名称(或标题)通常写在表的正上方。它是对统计表主要内容的概括，应简洁、恰当地指出表格中所列数据的含义或欲说明的问题。如果使用简称或缩写，需在表注部分加以说明。

②表体

表体通常由标目和数字两部分所构成，是统计表的主体内容。标目，即分类的项目，一般列在表的最上面一行和最左侧一列。最上面的一行称为横标目，通常用来表示研究对象或特征的指标、类别，横标目内需注明单位，如“毫秒”“%”“分”等，这样就不必在表中每一数据后都写出单位。最左侧一列又叫纵标目，通常用来表示研究对象或特征。数字是统计表的语言，占据统计表的大部分空间，书写时一定要整齐划一，位数要上下对齐，小数点后缺位的要补零。此外，画表时应注意表的上下两横线条要粗些，表的两边纵线省略不画。

③表注

表注是对统计表中有关内容的说明，包括对表的来源、表中符号、表中数字以及统计检验显著性水平的说明（一般用星号“＊”表示）。通常情况下，表注的文字字体要比正文字体小一号。示例如表10-3所示。

表10-3　变量的描述性统计结果（$N=563$）

变量	M	SD	1	2	3	4	5
1 认知信任	5.21	1.16	(0.85)				
2 情感信任	471	1.33	041**	(0.87)			
3 注意聚焦	3.41	0.67	0.32**	012**	(0.75)		
4 情感承诺	4.64	1.15	026**	0.40**	012**	(0.88)	
5 任务绩效	5.05	1.12	0.12**	0.27**	0.17**	0.28**	(0.93)

注：$^{*}p<0.05$，$^{**}p<0.01$，对角线上括号内为各变量的内部一致性系数。

对于表格规范性方面的核查注意事项见图10-4。

◇ 论文中所有的表格都是必要的吗？
◇ 表格都是三线表吗？所有的竖线删除了吗？
◇ 所有的表格都有表题吗？表题的表述是否简明扼要？
◇ 每列的栏目是否都有名称？
◇ 所有性质相同的表格在形式上是否一致？
◇ 数据位数与格式是否合理？
◇ 所有缩写、特殊符号都在表注中说明了吗？
◇ 所有水平的 p 值都正确标注了吗？星号是否在相对应的数据上标明？
◇ 表格的大小是否适合期刊半栏及通栏的宽度？
◇ 所有的表格都在正文的相应位置处有参照标志吗？

图10-4　表格的核查清单

（2）统计图

统计图是显示统计分析结果的形式之一，同时也是探索变量关系的手段之一。统计图清晰、直观，易于理解。

①统计图的有关要求

统计图由图题、变量说明、坐标轴、单位及图形（如点、线、条、面等）四部分组成。一般来说，一个较好的统计图应符合下述要求：

图题应简明、准确地指出所呈现数据的含义；图形应能简洁、清楚地表示某种结论或变量关系，不用过多的文字说明即可理解；数据的呈现必须准确，不能歪曲失真；

图形所依据的数据若未在图中标示，则需在报告正文中或表格中加以说明；图应在有关的结果叙述之后呈现；说明同一内容的统计表和统计图一般不同时出现；统计图也应编号，并在图题中表示。此外，不同类型的统计图还有不同要求，在作图时应另加注意。

②统计图的类型

统计图的类型很多，常见的有线形图（图 10-5）、条形图（图 10-6）、变量模型图（图 10-7）、路径图（图 10-8）和调节效应图（图 10-9）等，分别呈现如下：

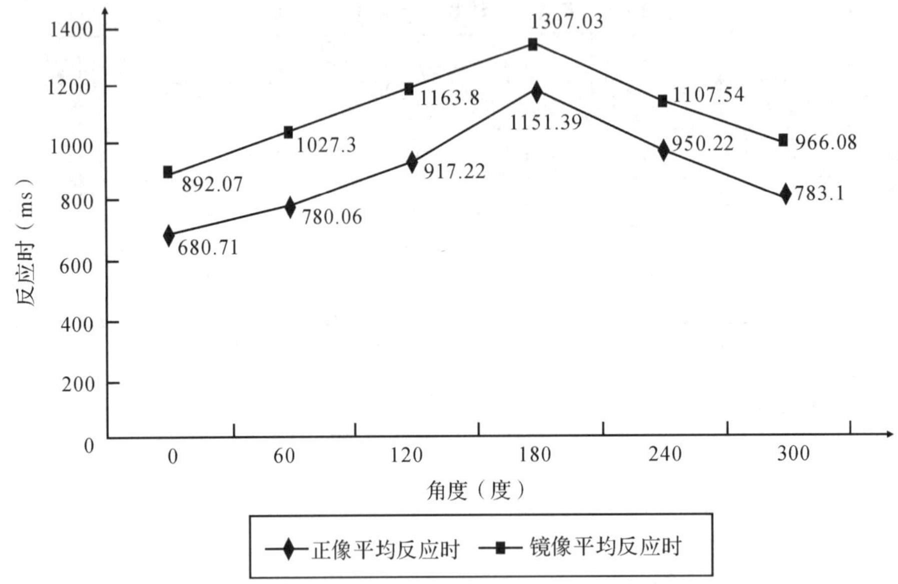

图 10-5　正像、镜像平均反应时与角度的关系

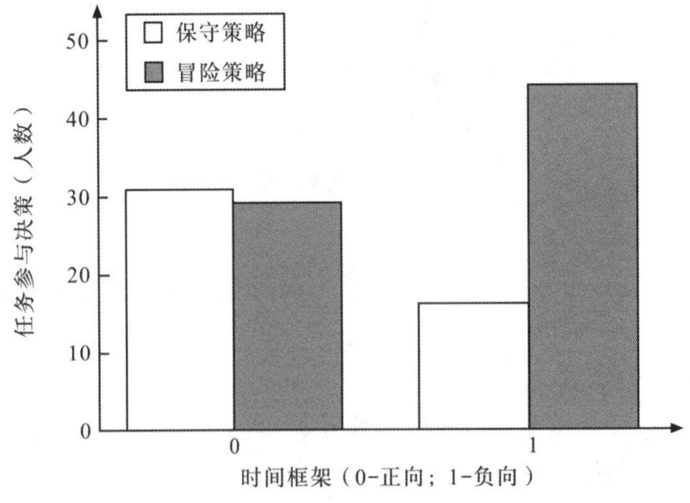

图 10-6　不同时间框架下的任务参与决策

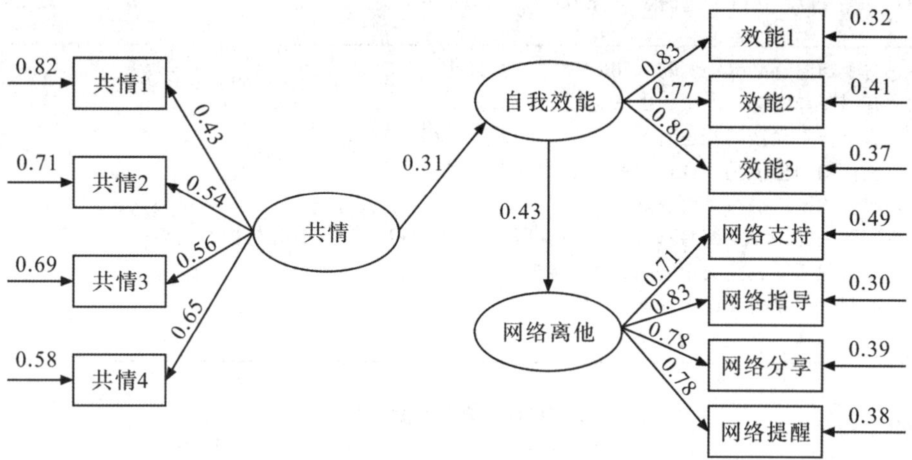

图 10-7　中介模型图

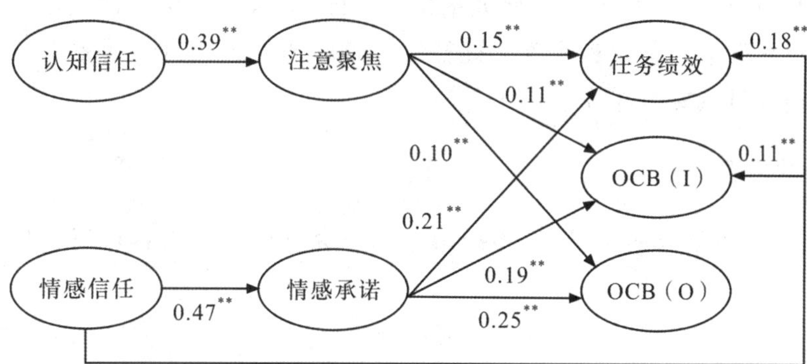

图 10-8　主管认知与情感信任对员工行为及绩效的作用

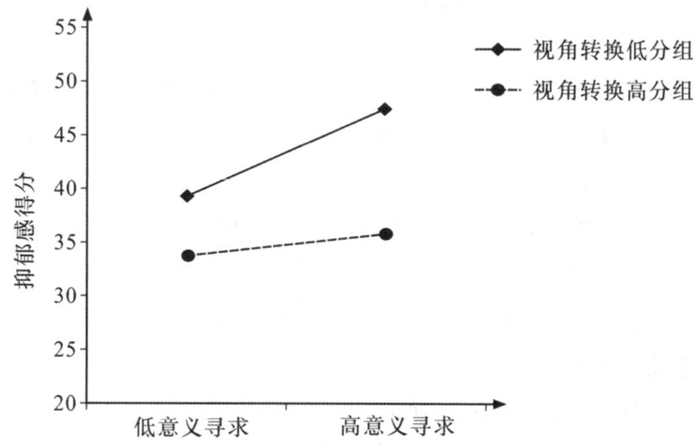

图 10-9　视角转换在意义寻求和抑郁之间的调节效应

对于图的规范性核查清单见图 10-10 所示。

◇ 这个插图有必要吗？与表格和正文是否重叠？ ◇ 有图序和图题吗？图题的表述是否简洁？ ◇ 这个插图简洁吗？还有没有可以删去的无关细节？ ◇ 坐标轴的标值是否合适？坐标名称和图例是否齐全？ ◇ 所有的术语拼写是否正确？ ◇ 插图中的符号及缩写都在图注中有所说明吗？这些符号、缩写与标题是否一致？ ◇ 在其他插图或正文中是否保持一致？ ◇ 插图大小是否不超出期刊的版心？ ◇ 所有的插图在正文的相应位置处是否被提及？

图 10-10　图的核查清单

（八）讨论

讨论（discussion）是研究者对研究结果进行评估，探讨结果支持或不支持研究假设的原因，对其理论意义或实践意义进行综合解释的过程。讨论使整个报告成为一体，是研究报告最重要的部分。

1.讨论的内容

讨论要基于本研究的结果，但不局限于本研究。讨论的内容可以从以下几个方面考虑：

（1）说明研究的结果以及解释新出现的现象

基于心理学的原理和规则，结合本研究领域的知识对研究结果做出说明。如讨论某种差异对于验证某项研究假设、说明有关理论的价值；从理论角度讨论某项研究结果的意外发现、产生不一致的原因及其对研究的意义。

（2）综合分析本研究结果以说明某种理论和可能的展望

以理论洞察力和逻辑推演来讨论研究结果的意义和价值。如各项研究结果和推论是否验证了某项理论，是否具有发展理论、形成新理论的可能，是否具有实践应用价值。

（3）与已有的观点和发现作比较，分析异同和原因

通过与已有的观点和发现作比较，可以提供给读者有关数据的意义和产生结果异同的原因。在比较时，要围绕如何解释研究结果和发展理论进行，切忌堆积琐碎无关的理论或选择性地强调某种观点。

（4）用相关领域的成果来解释本研究的结果和推论

如用脑科学、计算机等有关基础学科的成果或用管理、教育、传播等有关应用领域的成果来解释研究结果和推论。在援引各相关学科成果解释心理科学发现时，要

避免漫无目的地解释，只有那些与研究数据、理论有密切联系的，才可以用来对其进行推测并展开讨论。

(5)研究的限制和进一步研究的建议

研究有时会发生超出研究者能力范围的一些问题，如实验操纵、抽样、被试者参与研究的动机、问卷回收率等。讨论这些研究的限制，可以让读者更深入了解所得结果的意义。一项研究的结束往往是新研究的开始，研究者可以根据该研究提出进一步的建议。

2.讨论的组织形式

并不是所有研究报告都需包含以上五个方面的讨论，应根据具体研究的情况和特点进行取舍。讨论亦无固定的组织形式(写法)，关键是要突出理论深度和逻辑力度。以下给出一种常见的组织方式。

在讨论的开始部分，先简单复述自己的研究发现，并解释研究假设是否得到支持。

例：当前实验待在惊险情境中陌生的异性之间更容易一见钟情的假设。惊险情境组被试比普通情境组被试对异性表现出更为积极的态度。

接下来，以引言中提及的论点为参考，论述与以往研究成果的关系，是否与以往研究结果一致。

例：这些结果与许多研究报告的实验结果是一致的。例如，[引用]的研究表明……另外，在[引用]的研究中，相似的效应在被试……

如果你的研究结果与其他人的研究结果不同，要解释产生该结果的可能原因。

例：当前研究的发现与[引用]等人报告的发现不同。当前的研究发现……；而[引用]发现……对于这种不一致，最确切的解释是……，[引用]用的是一种不同的程序，这种程序会产生的结果是……

接下来说明研究的理论意义和实践应用，最后说明研究局限以及改进建议。

(九)参考文献

研究者在撰写研究报告时，几乎都会引用他人的研究资料。参考文献(references)是撰写研究报告中所引用的期刊文章或图书资料。引用他人的观点、数据或材料，在文中出现的地方予以标注，并在文末列出参考文献的工作称为文献著录(references recording)。不管是直接引语还是间接引语，都需要进行文献著录工作。严肃的学术杂志不可能接受没有参考文献的投稿。著录文献指出所引述资料的正确来源，可供读者评估时参证。有经验的读者，从作者援引的文献中就可以评估论文的起点和深度；同时，文献著录还可将自己的研究与他人的成果区分开来，维护学术忠诚与尊严，避免剽窃之嫌。另外，从节省行文篇幅和有利于文献计量分析的角度来看，文献著录也是必要的。

参考文献的著录格式有一些共同的规范，因来源不同而有所差异。APA 格式(American Psychological Association)在心理学研究领域的接受范围较广，因此以下给出常见的 APA 文献著录格式。文献在文章当中的标注采用的是著者一出版年制，即引用标志包括“著者”和“出版年”，主要包括两种形式，研究者可以根据行文的需要灵活选用其中一种。

(1)正文中的文献引用标志可以作为句子的一个成分，例：

Dell(1986)基于语误分析的结果提出了音韵编码模型。汉语词汇研究有庄捷和周晓林(2001)的研究。

(2)也可放在引用句尾的括号中，例：

在语言学上，音节是语音结构的基本单位，也是人们自然感到的最小语音片段。按照汉语的传统分析方法，汉语音节可以分析成声母、韵母和声调(胡裕树，1995；黄伯荣，廖序东，2001)。

音韵编码模型假设音韵表征包含多个层次(Dell，1986)。此外，研究者还应注意不同著者人数标注时的细节。

1.只有一个著者

只有一个著者时，例：

王建中(2011)研究了大学生人格特征与心理健康的关系。大学生的人格特征和心理健康有密切关系(王建中，2011)。

如果同一篇文献连续引用，则第一次引用需标明出版年，第二次及以后的引用无须写出版年。例：

王建中(2011)研究了大学生人格特征与心理健康的关系……此外，王建中还发现……

2.多个著者

如果有两个著者，正文引用时两个著者的姓(名)都要给出。如果引用标志是句子的一个成分，两个著者之间用“和”；如果是放在引用处的括号中，英文的两个著者之间用“&”，中文用逗号隔开即可。例：

刘洋和郭玉江(2013)发现了体育锻炼对抑郁起到一定的降低作用，这与 Steptoe 和 Bolton(1988)的研究结果一致，而中等程度的锻炼更有效(刘洋，郭玉江，2013；Berger & Owen，1989)。

如果有 3 个、4 个或 5 个著者，第一次引用时需给出所有著者的姓(名)，第二次及以后再引用时，只写第一著者的姓(名)，后面加上“等”或“et al.”。引文标志作为句子成分时，多个著者之间，中文用顿号，英文用逗号，最后两个著者之间用“和”；引文标志放在引用处的括号中时，多个著者之间用逗号，最后两个著者之间英文用“&”，中文仍用逗号。例：

赵景欣、刘霞和张文新(2013)发现，同伴拒绝能够增加儿童的攻击、学业违纪，使儿童体验更多的孤独感。

Rubin，Bukowski 和 Parker(2006)发现儿童在与同伴交往的过程中，会获得一系列的社会技能、社会行为、态度以及体验等，进而影响着儿童的适应结果(Rubin，Bukowski & Parker，2006)。

同伴接纳则能够降低儿童的外化问题和内化问题，这种预测作用在许多追踪研究中得到了证实(Coplan，Prakash，O'Neil & Armer，2004；周宗奎，赵冬梅，孙晓军，等，2006)。

如果有 6 个或更多著者，只写第一著者的姓(名)，后面用“等”或“et al.”(文后的文献列表中，6/7 个著者的姓名都需列出。超过 7 个，列出前 6 位和最后 1 位著者，其余著者用省略号代替)。例：

田录梅等人(2012)的研究表明，在高父母支持的条件下，友谊支持对青少年孤独感的预测作用显著高于低父母支持的情况。

在 Rubin 等人(2004)的研究中，较高的友谊质量可以缓冲低母亲支持对女孩内化问题的消极影响。

本研究发现，与同伴拒绝的预测作用不同，同伴接纳并不能直接预测儿童的攻击，这在一定程度上说明：同伴接纳与同伴拒绝是儿童同伴关系的两个不同方面(纪林芹等，2011)。

研究表明(Vieno et al.，2009)，父母与儿童之间紧密的情感联结会使儿童更愿意对父母进行自我表露。

需要注意的是，如果有两篇文献的第一著者和出版年都相同，那么只写第一著者将会混淆两篇文献，则需加第二著者以示区别。至于应该写几个著者，以能在正文中区分开两篇文献为原则。

参考文献所列位置包括脚注(footnote)与尾注(endnote)两种，脚注列在当页下端，尾注列在报告正文之后，也称附注。尾注可使正文简洁，文意流畅，是研究报告最常用的方式。

1.书籍:作者.(年份).书名.版本(初版不标).出版地点:出版社,页码(选择项).

(1)单一作者著作的书籍,例:

斯滕伯格.(2007).青春期(第 7 版)(戴俊毅译).上海:上海社会科学院.

Sheril R D. (1956). The terrifying future: Contemplating color television. San Dieo: Halstead.

(2)两位作者以上合著的书籍,例:

汪向东,王希林,马弘.(1999).心理卫生评定量表手册(增订版).北京:中国心理卫生杂志社,320-322.

Smith J, Peter Q. (1992). Hairball: An intensive peek behind the surface of an enigma. Hamilton, ON: McMaster University Press.

2.期刊:作者.(年份).题名.期刊名称,卷(期):页码.

特别需要注意的是:(1)当作者超过 3 位时,通常只著录 3 位,有的期刊要求著录到第 6 位作者;(2)如果整卷期刊的页码是连续的,那么就不要包括期号。如果一卷期刊的每一期页码都是从 1 开始,那么应包含期号;(3)期刊名称和卷号都采用斜体。例:

訾非.(2004).完美主义心理研究的历史和现状.心理科学,27(4):943-945.

Bem S L. (1974). The measurement of psychological androgyny. Journal of Consulting and Clinical Psychology,42(2):155-162.

3.研讨会发表的报告:作者.(会议年月份).题名.会议名称,会址(出版社):页码(选择项).例:

赵玉芳,李龙威.(2015).群际威胁对自我意识情绪的影响研究.第十八届全国心理学学术会议摘要集:心理学与社会发展:13-34.

Gates K, Rovine, M. (2009, April). Modeling mother-infant interactions as dynamic processes. Paper presented at the meeting of the Society for Research on Child Developing, Denver, CO.

4.硕博士论文:作者.(年份).题名(硕士/博士学位论文).学位论文单位,城市名.(注:若学位论文单位中已包括城市名,则不需要列出)例:

郭芷璇.(2025).基于受害者和旁观者角度的网络欺凌的认知神经机制(硕士学位论文).四川师范大学.

Squire K. (2004). Replaying history: Learning world history through playing CivilizationⅢ (Unpublished doctoral dissertation). Indiana University.

5.报纸中的文章:作者.(日期).题名.报纸名称.页码.例:

Cole K C. (1995). 大脑工作方法可对偏见起一定的作用. 洛杉矶时报.A18.

Wrong M. (August 17, 2005). Misquotes are "Problematastic" says Mayor. Toronto Sol. pp.4.

6.从互联网中检索

(1)文献:作者.(日期).题名.期刊名称.取自网址.例:

王明亮.(1998-10-04).关于中国学术期刊标准化数据库系统工程的进展.中国期刊网.取自 http://www.cajcd.edu.cn/pub/wml.txt/980810-2.html.

Cullen L T. (Jan 6, 2006). How to-et smarter, one breath at a time. Time. Retrieved from http://www.time.com/time/ma-azine/article/0,9171,11447167-2,00.html.

(2)报纸:作者,(日期).题名.报纸名称.取自网址.例:

傅刚,赵承,李佳璐.(2000-04-12).大风沙过后的思考.北京青年报.取自 http://www.biyouth.com.cn/Bqb/20000412/-B/4216%5ED00412B1401.htm.

Parker-pope, T. (May 10, 2010). The science of a happy marri-e. The New York Times. Retrived from http://well.blo-s.nytimes.com/2010/05/10/trackin — — the-science-of-commitment/

参考文献的多少没有硬性限定,通常在15～25篇(400～600字)为宜。各种专业期刊发表出来的研究报告引用的文献量存在一定的差异,视具体情况而定。参考文献的排列有多种风格,可以按照在文中出现的先后顺序用相应的数字排序,也可以按照第一作者姓名的开头音序排列。应该注意的是,在同一篇研究报告中只能采用一种文献排列风格,不可交叉混用。

二、常见的格式问题与错误

在本科生和研究生的毕业论文以及一些新手准备向学术期刊投稿的论文里,经常会出现一些常见的格式问题与错误。所谓格式问题与错误并非指论文中出现的基本文法以及专业知识方面的问题与错误,而是指在使用基本格式时引用文献、使用表格以及列出参考文献等方面出现的问题与错误。

比较常见的格式问题与错误有:忘记或故意不标明引用文献的出处、分不清参考文献与注释、引用二手文献等。

1.不标明引用出处

不标明引用出处指在实际引用了其他研究者的文献资料后,在自己的论文中不标明引用出处。这种做法很容易导致知识产权的纠纷或剽窃的投诉。有的人可能是忘记了标明,有的人则可能是故意不标明,这显然是违规行为。以下从一些本科生和研究生的论文中选取一些例子作为参考。

例:传统文化中顺从自然的价值观念,是一种出世的思想,强调返璞归真,顺应自然,寻求人的个体价值,崇尚人格的独立和精神的自由。"人法地,地法天,天法道,道法自然""无为而无所不为",即倡导人不要勉强去做有悖于自然规律的事情,顺其自然,保持心境的平和旷达,这自然有利于心理健康。

"人法地,地法天,天法道,道法自然""无为而无所不为",很明显这些句子是引用的,但却没有进行标注。

例:孤独感和自卑感都是不良的情绪体验。孤独感是一种自感社会交往或人际关系不满状态下的颓丧情绪。当一个人所期望的社会性交往,如亲密、安全、相互信赖的人际关系(包括友谊、亲情及性爱等)出现某种质或量的缺陷时,则可能产生孤独感。Wright 指出在友谊研究中,性别差异被过分强调,实际上性别角色可能会影响性别差异这个变量,甚至取代性别差异。

如果不加标注,实际上就等于将 Wright 和王希林等人的论述窃为己有。因为以上关于孤独感和自卑感的说法是这几人的定义。

2.分不清参考文献与注释

很多本科生与研究生分不清什么是注释,什么是参考文献。他们往往在注释中注明参考文献,同时又在参考文献中列举,这显然是一种不必要的重复。注释是一些说明文字,常常用脚注的方式在页末注明,而参考文献则是引用的文献索引。

例:而孟子所说的"天时不如地利,地利不如人和"则强调了和谐的人际关系在社会生活中的重要作用©。

本例中,作者用脚注方式注明:

©琳娜,蓝小萌,陈振业.(1999).不同心理健康状况大学生个性对照研究.中国学校卫生,20(3):194-195.

这个例子当中没有区分参考文献与注释,将参考文献放到注释中去了。

3.二手文献的引用

引用二手文献不仅不被提倡,更要坚决反对。引用二手文献往往是因为偷懒,不愿花费时间去进一步搜索文献。

例:弗洛伊德对创伤的理解包含三个成分,童年早期经历的事件记忆,青春期后经历的事件记忆及后期经历事件触发的早年事件记忆。弗洛伊德不关注创伤事件本身,而是强调创伤性记忆,他对创伤概念的理解来源于严格的线性、时序性的模型。荣格发展了一个从心理分离到形成不同情结的多元模型。荣格最初认为人格是分离的,后来他发现心理创伤是有情结的,它只是许多心理情结中的一种,而情结不仅有分离性,也有聚合性。弗洛伊德强调人格是纵向分离,而荣格则强调人格是横向分离，横向分离形成情结（赵冬梅，2009）。既然是弗洛伊德和荣格的理论，为什么要从赵冬梅的文中引用呢？

第三节　研究报告的交流

一、研究报告的核心——立论

如果抛开研究报告的外在格式，只专注其内在逻辑，可以发现研究报告的核心其实就是立论，换句话说，就是作者如何向读者说明自己的观点、如何用论据支撑自己的观点。新手研究者经常犯的一个错误就是，急于向读者证明自己对这个领域有很多了解，于是就会将所有在研究资料收集过程中获得的信息一股脑地放在研究报告中。实际上，研究者应避免把报告写成如字典、词典一样。研究报告不是说明文，更不能变成百科全书一样的大量信息的集结体。必须注意的是，研究报告永远是围绕着研究问题来展开的。无论大家收集的文献资料或发现的研究结果多么有趣，如果与研究问题无关，那么就没有理由放到研究报告中。

一篇研究报告的内在逻辑应该是：作者提出研究问题（research question），用论点（claim）回答研究问题，用论据（reason）支持论点，用找到的证据（evidence）证明论点。

二、研究报告的发表

（一）投稿前的检查要点

1.标题

（1）是否简洁清楚？
（2）是否指出研究的对象？
（3）是否包含研究的重要变量？

2.中文摘要

（1）字数是否合适？
（2）内容是否包含研究目的、对象、工具、重要研究结果？

3.英文摘要

(1)时态是否恰当?
(2)内容是否完整?

4.引言

(1)研究背景描述是否清楚?
(2)问题是否具有研究价值?
(3)重要理论及相关研究是否有所引用?
(4)研究理由是否充足?
(5)研究目的是否明确?
(6)研究问题是否具体可行?
(7)概念界定是否清楚?
(8)研究假设是否可加以验证?

5.研究方法

(1)研究设计是否清楚易懂?
(2)研究设计是否恰当(自变量操纵、因变量测量、无关变量控制等)?
(3)抽样方法是否恰当?
(4)研究对象的特性和样本是否说明清楚?
(5)研究工具是否描述清楚(如仪器型号,量表的信度、效度,分量表名称和题数等)?
(6)数据分析的方法是否恰当?

6.结果

(1)统计图是否清楚?
(2)在推论统计之前是否呈现描述统计资料?
(3)研究结果的说明方式是否中性客观?

7.讨论

(1)研究结果是否和过去的理论及研究作比较?
(2)对研究假设支持/不支持的结果是否已进行原因分析?
(3)研究限制是否做出说明?

8.结论与建议

(1)研究结果叙述是否简明扼要?

(2)对于研究结果的应用是否提出说明?

(3)是否对未来的研究提出建议?

9.参考文献

(1)是否列出了所有文内引用的文献?

(2)是否按序列出?

(3)是否有错误引用?

(4)是否按规定的格式呈现?

10.附录

(1)研究使用的问卷、量表是否都完整呈现?

(2)研究所用的实验材料是否呈现?

11.撰写方式

(1)文字是否流畅?

(2)层次是否分明?

(3)各级标题是否清楚易懂?

(4)相关内容是否互相呼应(如研究的目的、问题、假设、数据处理等)?

除了学术水平和写作规范,投稿时还应该注意:

(1)查看刊物以往发表的文章内容,搞清刊物宗旨、读者对象、学术水平,以及对文稿书写格式和行文的要求等,有的放矢地写稿和投稿。

(2)初学者最好向初级、中级刊物投稿,或者向面向青年的刊物投稿。

(3)切勿一稿多投。投稿之后若不采用,再另作处理。

(4)提供作者的姓名、所属单位、通信地址、邮政编码、电子邮箱、电话等,以便通信联系。也可以附注对稿件做些说明。

投往期刊的研究报告进入评审流程。评审的结果通常有两种:同意刊出或不同意刊出。同意刊出的文章大多需要按照审稿人的建议进行进一步的修改。如收到退稿通知,不要过分看重,几乎所有的初学者都会有此经历;亦不必气馁,应结合审稿意见冷静思考,找出稿件不足,包括稿件内容、学术水平是否达到投稿刊物的要求,是否有理论和实践的价值等。一般来说,只要作者谦虚冷静,总能从中获得教益。假如遇到研究的价值、方法没有被理解的情况,一方面要坚持原则,另一方面要思考写作方

法的改进。

另一条向学术界分享自己研究成果的途径是参加各种学术会议，并在会议上进行报告。研究者经常会接到各种研究会议的通知，这些会议为科研工作者聚集讨论正在进行的最新研究(特别是未发表成果)提供了宝贵的机会。研究者可以根据自己的研究内容选择合适的会议进行投稿，一旦被会议接受，就有向学术界分享自己研究成果的机会。

(二)评价标准

报告发表与否不但取决于学术质量，还受写作规范的制约。评定一项研究所用的标准包括(中国心理学会，2002)：

(1)研究的问题是否有意义？是否有创新之处？

(2)研究的工具是否有具有令人满意的信度和效度？

(3)研究的设计是否合理？

(4)研究假设是否得到了充分的检验？

(5)研究结果是否真正反映了所考察的变量？

(6)被试是否具有代表性？

(7)研究的结论是否对以前的研究有所发展？

在研究设计和报告方面常出现的缺陷：

(1)分拆出版。将一个报告分拆成几个内容重叠的报告。

(2)分析不深入。报告简单的、没有实际的结果。

(3)缺乏逻辑性。从研究设计到研究结果讨论，研究的思路不够统一。

(4)缺乏控制而使解释困难。研究中涉及的重要变量未得到必要的控制。

(5)没有报告效应量的大小。

(6)论述抓不住研究的重点。

第四节　元分析

一、元分析的概念

在心理学研究中，研究者对于某一问题往往有很多不同的研究结果，而就某一结果来说却很难明确地回答该问题。为了更好地应对这一情况，Glass 提出了元分析(Meta analysis)的概念，他认为元分析这一概念是区别于初步分析和进一步分析而设置的，初步分析是指在该研究人员指导下对研究内容、数据收集等进行初步的整理;进一步分析是指在初步分析基础上借助更优的统计方法对单项研究成果的重新分析;相比之下,元分析则是在无须原始数据的前提下对大量研究所做的总结性资料分析,是为了合并各研究结果而对大量单个研究的分析结果进行的定量分析。

与此同时,国内外许多研究者逐步关注了解元分析的研究,并对此产生了各自不同的理解。Hunter 和 Schmidt 指出,元分析方法是运用系统分析针对某一研究课题的各种有一定内在联系不同研究成果进行的客观定量分析。Hox 将元分析看作是多水平分析的一个特例,认为就参与元分析的各个研究结果的数据结构来看,可将它看作是一群多水平结构的数据,各研究中的被试是第一水平的单位,各个研究是第二水平的单位,同时可以通过建立一个多水平分析模型来探讨各个研究的特征对研究结果的影响。国内研究也表明,相对于传统研究中的文献综述方法,元分析用特定的统计方法对现存的、关于某问题的各研究结果进行整合,若各结果间的差异比较显著,元分析便要进一步解释造成这种差异的原因。国内出版的《心理学大辞典》(2003)则认为元分析是统计分析的一种方法,它是对众多同类问题的研究成果进行定量综合的统计分析方法。

尽管研究者对元分析的概念解释各异,但对其实质性内涵普遍达成一致,即元分析是借助一定的统计技术与原则将不同研究成果进行系统整合,从而得到一个概括性的结论,弥补了单一研究的不足,这也是总结和评价研究的有效手段之一。

二、元分析的特点

(一)在研究目的方面,元分析以得到普遍性的结论为目的

在研究者从事的相同课题研究中,由于缺乏有效的综合分析方法,大量研究成果无法整合,难以获得研究结果所反映的共同效应。而运用定量分析的元分析方法对大量相同课题的研究(包括存在各种问题和未发表的研究)结果进行综合分析,对从课题到结果的研究过程中涉及的各种问题和结果进行全面评价,概括出研究结果所反映的共同效应,即普遍性结论,从而推动了心理学相关学科领域的发展。

(二)在研究对象方面,元分析包含不同质量的研究

对于传统的描述性综合方法,其研究对象一般来源于正式发表的研究报告,而大量期刊论文、重要报纸等其他来源中同一主题的研究成果都不在其讨论范围。作为全面评估研究成果的研究方法,元分析并不因为研究的质量而将其排除于检索和评价范围之外。特别是针对那些由于研究的设计、测量和实施方面的问题而未被发表的研究,都可以通过元分析而得到全面评价,包括分析其方法上的弱点,考察这些缺陷与研究结果的关系。

（三）在研究方法方面，元分析充分利用定性与定量两种方法

一般的研究评价都是以定性研究方法对以往研究结果进行描述性综合，但在处理大量研究结果时，难以做到有效综合，而元分析可以很好避免此类局限。首先，在文献资料的检索上，元分析引入更严格的筛选机制与标准，会议论文与未发表的研究都成为其检索的内容，并要求能够取得研究的原始资料。其次，元分析不再单纯依赖原始数据，对统计结果进行再分析，以效应量为指标来衡量各研究的结果，对这些效应量合成时进行加权平均处理，将复杂的统计方法与定性的分类模型很好地结合起来，而且效应量这一指标受样本量的影响并不大，这保证了元分析的结果比其他方法更为科学可靠。

三、元分析的功能

（一）整合分析研究的效应量

很多领域中的同类研究大多未获得一致结果，元分析能够揭示和解决以往研究结果的矛盾，定量评估实验条件造成的研究效应水平，使有争议甚至相互矛盾的研究结果得出定量的结论。

（二）提高统计检验力

一般而言，相关分析、方差分析结果显著与否，很大程度与样本量大小有关。针对由于样本量较小等造成的统计学上无显著差异等问题，元分析将多个同类研究合并处理，样本量增大，使得相对较弱的研究效应显现，起到改进和提高统计检验功效的作用。

（三）揭示和分析同类研究的差异

由于研究水平、抽样误差等原因，多个同类研究的结果存在较大分歧。元分析可以揭示单个研究中的不确定性，通过异质性检验考察研究结果的变异来源和大小，估计可能存在的偏向。

（四）帮助确定新的研究课题

通过元分析发现以往研究的不足，回答单个研究没有提到或无法解决的问题，揭示各个研究中存在的不确定性，从而提出新的研究课题和假设。

四、元分析的操作步骤

（一）确立问题，制订计划

元分析首先应确定研究问题，将其聚焦于存在较大争议的理论问题的某方面，才能有针对性地开展后续研究工作。提出的研究问题应包含四个要素，包括研究对象、研究设计、处理因素和研究效应。确定课题后，应制定包括研究目的、文献检索与纳入、数据处理和结果解释等步骤的研究计划，以确保整个分析的顺利进行。

（二）检索文献，确定标准

在搜索研究相关文献时，应根据研究计划书确定的检索策略，在中外数据库通过关键字、主题、全文检索等方式全面地收集与主题有关的研究资料，包括发表和未发表的文献，以减少发表偏误对研究结果的影响。具体在实操中，应先通过预检索确定大致范围，再根据预检索结果进一步修订检索策略，如对语种、出版时间和出版类型进行限定。在制定文献纳入和排除标准时，需要对研究对象（性别、年龄、职业等）、研究设计、结果变量、发表时间与语种和样本量等五个方面做出统一规定。同时，要防止标准过严或过宽，避免造成文献过少或异质性过大的后果。

（三）纳入文献，进行编码

由于通过系统、全面的文献检索所得的文献在研究内容和研究方法上存在较大的差异性，所以研究者首先应对已检索文献进行初选，通过阅读文献标题、摘要剔除明显不合格的研究材料，进而通读全文，根据文献纳入及排除标准严格筛选出符合要求的相关文献并纳入元分析，在这一步中剔除的文献应进行详细记录，列出排除原因，使读者充分了解分析过程有无选择性偏倚。其次，对筛选的研究文献进行编码，即对各研究特征进行数量化表示。这一过程包括两种编码方式：一是方法编码，按照发表时间、设计类型和测算指标进行编码；二是内容编码，按照作者职业、被试特征等进行编码。

（四）评价研究质量，构建数据集

一方面，由于研究质量的高低直接反映研究本身在设计、实施过程中系统误差和随机误差的大小，与元分析质量息息相关，所以应当对纳入研究的质量进行评价并报告结果。目前在实际操作中涉及评价的标准通常包括是否随机分配、是否存在测量偏向、统计方法是否正确和样本量大小等四个方面。同时，完成研究的质量评价工作首先需要两个或两个以上的评价者独立评价纳入文献并进行评分，包括对研究对象、研究设计等进行评价,如产生不一致则分析原因,得出符合标准的统一结果。其次确定纳入研究结果的分数线,根据评分选取高质量研究进入元分析。另一方面,在提取数据过程中,应根据不同研究选用不同表格记录纳入研究的各文献基本信息、研究特征、结果变量等内容。为保证收集数据的质量,应当由两人以上的研究者独立进行提取并交叉核对。此外,提取过程应采用盲法,即隐去期刊名、作者单位和基金资助等对提取者产生影响的信息,从而降低选择性偏向。

(五)研究数据的统计学处理

运用元分析软件完成数据的分析处理,这一过程具体包含如下几步:

(1)计算效应值。在实际研究中,表征变量之间关系的系数均不相同,包括 t 值、F 值及其他统计量,需要根据资料类型选择相应的效应指标,之后将其统一转化为效应值进行比较。

(2)同质性检验。进行同质性检验目的在于看各个独立的实验数据能否融合,以便可以选择正确的分析模型进行统计分析。若研究数据间差距很小,说明都是为了验证同一个问题。若数据间差异很大,就要考虑异质性的原因。当异质性检验结果不显著,即 $p>0.05$ 时,采用固定效应模型;当异质性检验结果显著,即 $p<0.05$ 时,表示研究数据间存在差异,可先采用剔除特大、特小统计量,亚组分析,敏感性分析等处理方法,使数据达到同质后采用固定效应模型,若数据经处理后仍不同质,则可选择随机效应模型

(3)总体效应分析。为准确判断元分析研究样本中变量之间关系的整体效应,还需计算总体平均效应量,其计算方法主要包括简单平均、样本量加权平均和变异加权平均等。

(4)发表偏倚分析。在大多数研究中判断发表偏倚问题大多采用绘制漏斗图的方法,若漏斗图对称,则表示发表偏倚得到有效控制,反之则存在发表偏倚问题。

(六)得出结论,提供建议

基于数据处理和模型分析,研究者可以确定假设是否成立,从而给出某一效应如实验处理有效或无效的结论,对已有实证研究中所存在的模糊、混淆甚至冲突性的研究结论作出更为清晰、合理的解释。同时,如果现有资料不足以确定结论,应提出进一步研究的实验建议。此外,后续的研究还应明确元分析的结论并非绝对,研究人员还可以不断更新资料,完善结论。

五、元分析的评价

元分析经过不断发展,已能弥补传统文献综述的不足,现已应用于自然科学和社会科学领域,特别是近些年在心理学领域得到广泛应用。概括来说,元分析主要具有

以下几方面的优点：

第一，元分析的整合具有全面性。针对传统研究中对同一课题的不同研究结果，元分析纳入大量的不同研究进行系统整合分析，一定程度上提高了统计检验力，所得结论比单一实验更为全面。

第二，元分析的整合具有客观性。由于元分析对研究结果并不做事先判断和推测，而是针对独立的研究进行分析，客观地对各研究结果进行统计整合，所以较好地避免了传统研究中只通过理论思维进行定性分析的主观缺陷，所得结论更为客观。

第三，元分析的结果具有可重复性。元分析是对已有各项研究结果的量化评价，具备翔实的数据处理和模型分析过程，最终通过统计检验来得出研究结论，其结果具有可重复性。

与此同时，元分析的理论与方法仍有待进一步发展，其在实际应用过程中受到一定限制。概括而言，具体表现在两方面：

一方面，元分析难以控制研究资料的质量。某些研究报告提供的信息可能不具备元分析的要求，如某些定性研究资料难以使用元分析对结果进行整合，某些资料缺乏进行元分析的数据或统计量，从而造成元分析样本量流失。同时，研究资料的质量参差不齐，高质量研究结果与劣质研究统一纳入元分析可能会造成结论的偏差。另一方面，在元分析过程中也可能存在发表偏倚问题。一般情况下，变量间关系具有显著相关性的研究报告更容易发表，但未发表的研究报告或许能提供更为精确的估计，对于较多依赖已发表研究的元分析而言，这就可能引发由于忽视未发表研究从而降低样本代表性的问题。

第五节　应用范例

完美主义人格的结构及特点

思考与练习

1.有人认为完全按照出版手册的格式撰写研究报告会妨碍研究者创造力的发挥，你对此有什么看法？

2.学术性研究报告中引言部分通常包括哪些内容？有哪些写作技巧？

3.查阅一篇学术性研究报告，并根据本章所学知识对其各部分写作进行评析。

4.根据自己所做的某一项心理学方面的研究，完成一篇研究报告的写作，并进行专业汇报与交流。

拓展阅读

美国心理学会，2011.APA 格式：国际社会科学学术写作规范手册[M].席仲恩，译.重庆：重庆大学出版社.

该书是关于如何准备稿件和如何投稿的说明，每一章的内容都有质的不同，内容是按照研究者撰写稿件时考虑问题的通常顺序安排的，从最初的某个概念始，以最后的论文出版发表终。虽然每一章都是独立的，但是对于那些不熟悉学术出版发表过程的读者，如果能从头到尾先通读一遍，了解全书梗概，相信会有更多收获。

中国心理学会，2018.心理学论文写作规范[M].2 版.北京：科学出版社.

该书基于《美国心理学会出版手册》(第六版)的同时根据我国科技期刊的出版要求编写而成。主要对心理学论文各部分(文题、作者、单位、摘要、关键词、引言、方法、结果、讨论、图表、统计表达、参考文献等)的写作进行规范性说明，同时根据科研新技术、新方法增补了有关内容，旨在规范我国心理学及其他社会科学的论文写作，同时也给向国外投稿的学者、学生提供帮助。

罗伯特·凯尔，2016.心理学英语论文写作指导：规范表达与简洁文风(社科通用)[M].皮忠玲等，译.重庆：重庆大学出版社.

该书从如何写好一个句子到如何写好一个段落进行介绍，最后落实到如何运用写作技巧写好论文的各个部分。作者根据自己多年的教学经验和写作经验，运用大量例句和练习，力图帮助研究者从熟悉写作方法到熟练运用各种“行业技巧”，写出高水平的英文研究论文。该书的一大特色是用不同的写作技巧对一句话进行改写，让读者直观地看到运用不同写作技巧产生的效果。

哈里斯·库珀，2020.元分析研究方法[M].李超平，张昱城，译.北京：中国人民大学出版社.

本书系统介绍了元分析的主要步骤以及注意事项，实操性较强。作者结合了心理学、教育学、医学等领域的实例作为示范，运用通俗易懂的写作风格对元分析研究方法进行了简明清晰的论述和探讨，适合有兴趣进行元分析研究的读者阅读参考。

参考文献

董奇，申继亮，2005.心理与教育研究法[M].杭州：浙江教育出版社.

侯洁琼，2016.不同任务类型下 4～7 岁儿童记忆群体参照效应发展特点的实验研究[D].沈阳：沈阳师范大学.

Glass G V，1976.Primary，secondary and meta-analysis of research[J].Education

Research,6(5):3-8.

黄希庭,张志杰,2005.心理学研究方法[M].北京:高等教育出版社.

Hunter J E,Schmidt F L,1990.Methods of Meta analysis[J]. Newbury Park,Calif Sage.

郝兴昌,2013.DRM 范式下的儿童错误记忆研究[D].上海:华东师范大学.

Hox J J,2002.Multilevel Analysis:Techniquesand Applications[M]. New York:Lawrence Erlbaum Associates:139-155.

贾铁群,2017.绘画特征分析在心理评定中的探索性研究:以门、桥、火山绘画主题为例[D].南京:南京大学.

林崇德,杨治良,黄希庭,2003.心理学大辞典[M].上海:上海教育出版社.

罗明娥,2014.短影片情绪启动对大学生注意偏向的影响[D].贵阳:贵州师范大学.

刘运洲,张忠秋,2017.视觉搜索任务训练对运动员压力下的注意偏向及应激反应的影响[J].中国运动医学杂志,36(12):1076-1080.

Mumuh M Z,2010.The Chicago manual of style.American Journal of Education,19(36):376-379.

童辉杰,2012.心理学研究方法导论[M].北京:中国人民大学出版社.

韦慧民,龙立荣,2009.主管认知信任和情感信任对员工行为及绩效的影响[J].心理学报,41(1):86-94.

王玉,吴欣洋,甘怡群,2015.大学生生命意义寻求和视角转换对抑郁的影响:有中介的调节模型[J].心理卫生评估,29(11):858-863.

肖利军,苗丹民,肖玮,2007.应征公民心理选拔的人格评估[J].心理学报,39(2):362-370.

辛自强,2012.心理学研究方法[M].北京:北京师范大学出版社.

游旭群,晏碧华,李瑛,2008.飞行管理态度对航线飞行驾驶行为规范性的影响[J],心理学报,40(4):466-473.

杨占军,张志稳,1994.不同环境的培养对小白鼠学习记忆能力的影响[J].心理科学,2(13):119.

张潮,盛丽君,赵丽霞,2016.不同妒忌情绪状态下大学生注意网络效率差异[J].中国学校卫生,37(10):1491-1494.

朱海燕,宋志一,张晓琳,2018."心灵鸡汤"对温度知觉、他人评价和自我评价的影响[J].心理科学,41(1):112-117.

朱莉琪,刘光仪,2007.学前儿童对疾病的认知[J].心理学报,39(1):96-103.

张亚利,李森,俞国良,2020.孤独感和手机成瘾的关系:一项元分析[J].心理科学进展,28(11):1836-1852.